平衡中心系列丛书

U0663473

双冷源空调系统

Double Cold Source Air Conditioning System

杨　毅　田向宁　著

中国建筑工业出版社

图书在版编目（CIP）数据

双冷源空调系统 = Double Cold Source Air
Conditioning System / 杨毅，田向宁著. -- 北京：
中国建筑工业出版社，2025. 4. --（平衡中心系列丛书
）. -- ISBN 978-7-112-31010-4

Ⅰ. TU831.3

中国国家版本馆 CIP 数据核字第 2025RA7428 号

责任编辑：张文胜　赵欧凡
责任校对：芦欣甜

平衡中心系列丛书

双冷源空调系统

Double Cold Source Air Conditioning System

杨　毅　田向宁　著

*

中国建筑工业出版社出版、发行（北京海淀三里河路 9 号）

各地新华书店、建筑书店经销

北京科地亚盟排版公司制版

建工社（河北）印刷有限公司印刷

*

开本：787 毫米×1092 毫米　1/16　印张：11¼　字数：232 千字
2025 年 6 月第一版　　2025 年 6 月第一次印刷
定价：**42.00** 元
ISBN 978-7-112-31010-4
（44449）

前　　言

在当今能源形势日益紧张、碳排放备受关注的大背景下，建筑领域的碳排放问题成为焦点，高效利用能源和实现能源的分质利用成为业内共同的追求。而"双冷源空调系统"的出现，无疑为空调领域的探索与创新带来了新的契机。空调系统作为建筑能耗的重要组成部分，其减排任务艰巨。双冷源空调系统在降低能耗的同时，也为减少建筑碳排放做出了积极贡献。随着可再生能源技术的不断发展和应用，双冷源空调系统有望与太阳能、地热能等清洁能源相结合，进一步提高系统的能源利用效率和环保性能。

空调系统作为现代建筑中不可或缺的一部分，其能耗在建筑总能耗中占据着相当大的比例。传统的空调系统在能源利用效率方面往往存在一定的局限，而双冷源空调系统则以其独特的设计理念和先进的技术手段，为解决这一问题提供了一条切实可行的路径。

本书系统地介绍了双冷源空调系统的原理、设计方法及实际应用案例，不仅涵盖了理论知识，更注重设计实践，可以为读者提供全面而详细的指导。通过这本书，读者可以深入了解双冷源空调系统的优势，包括更高的能源利用效率以及更低的运行成本等。

同时，本书也反映了当前空调技术发展的趋势。随着科技的不断进步，空调系统的智能化、绿色化和高效化成为发展的必然方向。双冷源空调系统正是在这样的背景下应运而生，它代表了空调技术创新的一个重要方向，为未来的空调系统设计和应用提供了新的思路和方法。

无论是从事空调设计、运行维护的专业技术人员，还是对能源与环境问题感兴趣的学者、研究人员，本书都具有重要的参考价值。它将帮助读者更好地理解和应用双冷源空调系统，为推动空调行业的可持续发展贡献力量。

双冷源空调系统有着广阔的发展前景。随着能源技术的不断创新，更加高效的冷源将被开发和应用，进一步提升系统的性能和能效。智能化控制技术的持续进步，将使系统能够更加精准地适应不同的环境和需求，实现自动优化运行。此外，随着人们对环保和可持续发展的重视程度不断提高，双冷源空调系统有望在更多的建筑中得到推广应用，为降低建筑能耗和碳排放做出更大贡献。

相信在本书的引领下，我们能够在双冷源空调系统的研究与应用方面取得更加丰硕的成果，为创造更加舒适、节能、环保的室内环境而努力。

最后感谢浙江大学平衡建筑中心、浙江大学建筑设计研究院有限公司和浙江精创建设工程施工图审查中心对本书给予的支持。

目　　录

第1章 绪 论

1.1 能量转化规律

热力学第一定律揭示了能量转换与传递过程中数量守恒的客观规律。然而该定律有两个方面的问题没有涉及：其一，没有考虑不同类型的能量在做功能力上的差别，例如，同样大小的机械能与热能的价值并不相等，机械能具有直接可用性，可以无条件地转换为热能（属于高位能）；而热能必须在一定的补充条件下才可能部分地转换为机械能（属于低位能）。其二，不能判断热力过程的方向，例如，一块烧红的铁板，在空气中自然冷却，经过一段时间后，铁板与空气达到热平衡，但是，反过来，铁板不可能自动从空气中获得失散在空气中的能量使自身重新热起来，虽然这不违反热力学第一定律，但是违反了热力学第二定律。事实表明，任何热力过程都具有方向性——可以自发进行的热力过程，而其反向过程则不能自发进行。

人们从无数实践中总结出了热力学第二定律，该定律揭示了能量在转换与传递过程中具有方向性及能质不守恒的客观规律。

热力过程具有方向性这一客观规律，归根结底是由于不同类型或者不同状态下能量具有质的差别，而过程的方向性正缘于高位能向低位能的转化。热量由高温物体传至低温物体，机械能转化为热能，按热力学第一定律能量的数量保持不变，但是，以做功能力为标志的能质却降低了，称之为能质的退化或者贬值，即熵增。

自然界中一切热力过程都共同遵循着热力学第一定律和第二定律——物质和能量沿着一个方向转换，从可利用到不可利用，从有效到无效，说明了节能和节材的必要性。虽然自然界中能量的数量是无穷无尽的，但是能量的"质量"却普遍下降。能源危机的实质不是能量的数量减少而是能量的品质下降到目前的技术手段无法利用的低品位能量，俗称"垃圾能量"。因此，解决能源危机不仅要发掘新的可利用的高位能源，还应研发新技术利用低品位能源。

1.2 空调系统概况

在我国，建筑能耗已占到社会总能耗的 25% 以上。随着国家经济高速发展、人民生活水平逐步提高，建筑能耗呈现快速增长之势。从 1996 年至 2024 年，我国建筑商品能耗增加了 3.7～4.0 倍。建筑能耗中，空调系统能耗占有不容忽视的位置，详见图 1-1。降低空调系统的能耗是降低建筑能耗的有效途径，研究空调系统的节能技术和节能设备是降低空调系统能耗的两条基本路径。经过多年探索研究和发展，暖通空调专业探索出一条适合自身特点的节能路径，但是在发展过程中还存在一些亟待解决的问题。

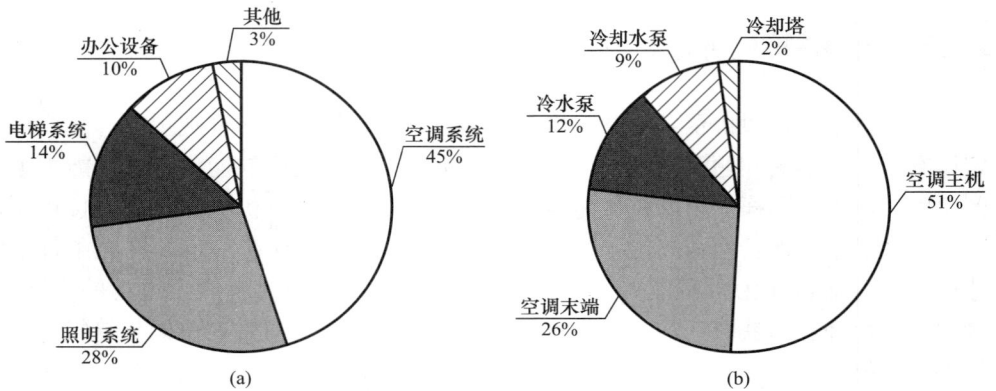

图 1-1　公共建筑及其空调系统能耗组成
（a）建筑能耗组成；（b）空调能耗组成

第一，空调系统的节能更应该通过优化空调系统的内部结构，开发新的空气冷却除湿技术，实现整个空调系统的节能。

降低空调系统能耗最有效的途径就是要提高冷源系统的制冷系数和空气—水之间的换热效率。在逆卡诺循环理论中，提高冷源系统制冷系数有以下三种途径：

（1）提高压缩机效率。研究表明，小型压缩机理论效率有 19％的提高空间，大型压缩机（如螺杆水机）理论效率只有 9％的提高空间[1]。

（2）降低膨胀功损失与内部摩擦损失。降低膨胀功损失的主要方法是采用比热容大的制冷剂，达到减少输配质量的目的。如 R410A 等复合制冷剂由于比热容比 R22 大，使膨胀功损失有所降低，相对提高了理论效率。但是就目前情况看，通过采用比热容大的制冷剂，理论效率的提高空间不会超过 6％（极限空间为 12％）[1]。

减少压缩机内部摩擦损失的主要方法有：①根据压缩机的类型、工作温度、压力等因素，选择黏度合适的润滑油。②对压缩机内部的活塞、气缸壁等运动部件进行精细地研磨和抛光处理，使其表面更加光滑，减小摩擦阻力。同时，也可以采用表面涂层技术，像陶瓷涂层，这种涂层硬度高、摩擦系数小，能有效减少摩擦。三是优化部件之间的配合间隙，间隙过小会导致部件之间摩擦加剧，甚至可能出现卡死的情况；而间隙过大则会导致泄漏增加，降低压缩机的效率。所以，精确设计和控制运动部件之间的配合间隙很重要。目前压缩机内部摩擦损失已经达到了现有技术条件的极限，进一步减少压缩机内部摩擦损失的难度大大增加。

（3）提高冷源的蒸发温度。冷源的蒸发温度提高以后，空气与水之间的对数换热温差将减小，目前表冷器通常采用横流式，空气与水之间存在交叉换热的现象，冷源的蒸发温度提高后，横流式表冷器将不能满足空气的除湿降温需求，必须开发更加高效的表冷器来处理空气。

第二，降低空调系统能耗的同时更应该节材。所谓节材是指降低整个空调系统初投资。以大幅增加系统初投资的方式，用各种高能效的设备和技术堆砌成的空调系统不是节能的空调系统。

第三，空调系统节能发展的另外一个方向是最大限度发挥低品位能源的潜力。当今世界的能源危机不是能源的减少，而是可利用能源等高品位能源的减少，目前几乎所有能源消耗设备都是将高品质能源转成低品位的不可用能，如果双冷源空调系统具备使用低品位能源的能力，将具有里程碑的意义。

基于以上几点，研究空调系统的节能需要创新思路，在优化空调系统内部结构的同时，应该降低空调系统的初投资，充分利用低品位能源。目前，通过提高压缩机的压缩效率、寻找适宜的制冷剂、改善换热条件等来提高空调系统理论效率的传统途径似乎快走到了尽头。因此，寻找一种提高空调系统理论效率的新途径迫在眉睫。双冷源空调系统通过提高冷源的蒸发温度来提高冷源的理论效率，通过增加供回水温差来降低输配系统的能耗，通过改善焓湿图上的空气处理过程来提高空气与水之间的换热效率。与传统空调系统相比，双冷源空调系统的理论效率大幅提高，将为建筑节能做出巨大贡献。

1.3 空调系统定义

《供暖通风与空气调节术语标准》GB/T 50155—2015（以下简称《术语标准》）第 2.1.29 条规定：空气调节（Air Conditioning）使服务空间内的空气温度、湿度、清洁度、气流速度和空气压力梯度等参数达到给定要求的技术，简称空调。空气调节是一个含义非常广的名词。从目标来看，所有对空气采取任何处理的方式，都属于空调的内容；从措施来说，凡是实现空气处理目标的措施，都可以称为"空调"。因此广义上也包括了供暖、通风、净化等。但为了与供暖、通风、净化有所区别，《术语标准》重点放在了对建筑全年参数的保证方面。因此，空调的一个显著特点是：夏季需要对空气进行降温处理。《术语标准》规定：空气调节系统（Air Conditioning System，ACS）以空调为目的而对空气进行处理、输送、分配，并控制其参数的所有设备、管道及附件、仪器仪表的总和，简称空调系统[2]。

《术语标准》中虽然对空气调节的目标和措施进行了翔实规定，但是未明确对送入服务空间的空气品质等参数的调节，空气品质的参数有空气中的含氧量、细菌数、病毒数等涉及室内人员健康的参数；空气调节系统的术语规定缺少了对室内人员和管理系统的描述，室内人员是空调系统主要被服务对象，室内人员的舒适性是衡量空调系统的重要指标，管理系统直接影响着空调系统运行能耗，是空调系统的"大脑"。

空气调节受室外气候条件约束，通过对建筑房间或者空间内的温度、湿度、压力、洁净度和流速等参数的调节与控制，并提供足够量的新鲜空气，为人体建立一个健康舒适的室内生活环境或为工业生产活动创造一个适宜的室内生产环境。空气调节系统以空气调节为目的，受室外气候条件制约，包括对空气进行加热、降温、除湿、加湿、过滤、消杀、输送、分配等处理的所有附属系统，是有人员参与的开放复杂巨系统[3]，空气调节系统包含冷热源系统、输配系统冷水输送系统、冷却水输送系统、冷凝水输送系统、空气处理系统和管理系统 4 个子系统，空气调节系统又分为集中式空调系统和分散式空调系统。

集中式空调系统（Centralized Air Conditioning System，CACS）是对工作介质进行集中处理、统一输送和分配的系统，是一个由制冷（热）系统、空气处理系统、输配系统冷水输送系统、冷却水输送系统、冷凝水输送系统、管理系统等的开放复杂巨系统。其特点是制冷制热量大，运行可靠，管理和维修较复杂，机房占地面积大，系统复杂。集中式空调系统的工作原理如图 1-2 所示。

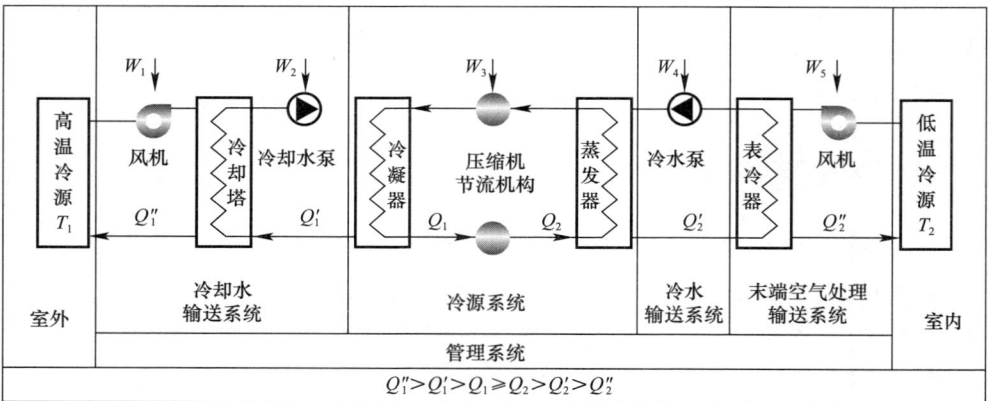

图 1-2 集中式空调系统的工作原理

分散式空调系统（Decentralized Air Conditioning System，DACS）是对工作介质进行分开处理、独立输送和分配的系统，室内空气处理设备分散在各个房间内，室外设备分散安装在房间外或附近，且相互独立，又称局部空调系统。分散式空调系统的特点是制冷制热量小，运行可靠，便于管理和维修，无须机房，系统简单，主要指分体柜式热泵空调系统、家用一拖一分体空调系统或窗式空调系统等。

空调系统是一个典型的热力学系统，是通过工作工质（也称制冷剂、换热介质或者换热载体等）将热量从低温冷源（如室内环境等）移向高温冷源（如室外大气环境）的循环过程（逆卡诺循环），从而将室内环境冷却到低于室外大气环境的温度，并维持此室内环境温度保持不变。通常以空气、水或制冷剂等多种工作介质将冷量或热量输配到室内末端系统，利用这些介质在末端以对流、辐射等方式与室内空气进行热量传递或质量传递，实现对室内热湿环境的有效调控。

空调系统由四个子系统组成，分别是冷热源系统、输配系统（包括冷水输配系统、冷却水输配系统和冷凝水输配系统）、空气处理系统和管理系统，各个子系统由相应的设备组成。冷源系统中制冷设备主要有涡旋式水（风）冷机组、螺杆式水（风）冷机组、离心式水（风）冷机组、吸收式水冷机组等；热源系统中制热设备主要有燃气（油）锅炉、生物质锅炉、涡旋式风冷热泵机组、螺杆式风冷热泵机组、水（地）源热泵机组等；空气处理系统的主要设备主要包括风机盘管、新风机组、组合式空气处理设备等；输配系统的主要设备主要包括冷水泵、冷却水泵、热水泵、冷凝水泵、电动调节阀等；管理系统中自控设备主要包括强电动力设备、弱电控制设备等。

1.3.1　冷热源系统

空调系统的热源为空气调节系统提供用以抵消室内环境热负荷的热量；空调系统的冷源为空气调节系统提供用以抵消室内环境的冷负荷冷量。

1. 空调系统的热源

空调系统的热源分为自然热源和人工热源。自然热源是指自然界存在的可以直接作为空调系统热源的资源，如地热、太阳能等。人工热源，一种是根据热力学的不同过程对某些物质进行绝热汽化和压缩做功来取得热量的人造热源；另一种是利用燃料燃烧释放的热能或者其他热能加热冷媒介质的热源。通过压缩做功方式取得热量的人工热源主要有水源热泵机组、地源热泵机组、空气源热泵机组等；通过燃料燃烧释放热能的方式取得热量的人工热源，根据燃料形式可以分为燃油锅炉、燃气锅炉、燃煤锅炉、生物质锅炉、电加热锅炉等，根据承压方式可以分为承压锅炉、常压锅炉、真空锅炉等。

2. 空调系统的冷源

与热源一样，空调系统的冷源也分为自然冷源和人工冷源。自然冷源是指自然界存在的可以直接作为空调系统冷源的资源，例如有江河湖海、深层地下水等。人工冷源是指当自然冷源无法直接作为空调系统冷源时，根据热力学的不同过程对某些物质进行绝热汽化和气体膨胀做功来取得冷量的人造冷源，比如以电力驱动采用氟利昂为制冷剂的压缩式冷源、以热能驱动采用溴化锂为制冷剂的吸收式冷源等。压缩式的冷源有活塞式冷水机组、涡旋式冷水机组、螺杆式冷水机组、离心式冷水机组等，吸收式冷水源主要有蒸汽型溴化锂吸收式冷水机组、热水型溴化锂吸收式冷水机组和直燃式溴化锂吸收式冷热水机组等。

1.3.2 输配系统

空调系统的输配系统根据驱动方式可以分为有动力提升装置的输配系统和无动力提升装置的输配系统。一般情况下，有动力提升装置的输配系统的空调系统以水或者水的混合物作为冷媒，无动力提升装置的输配系统的空调系统以氟利昂等有机物作为冷媒，如 R134a、R404A、R22 等。有动力提升装置的输配系统有一级泵系统、二级泵系统和多级泵系统等。无动力提升装置的输配系统的空调系统有分体空调系统、变制冷剂流量的多联机系统（VRF）等。

有动力提升装置的输配系统由三个系统组成，分别是冷水系统、冷却水系统和冷凝水系统。冷水系统是通过冷水循环泵把经过冷源蒸发器冷却后的冷水送到末端空气处理设备的输配系统，冷水经过末端空气处理设备换热后又回到冷源蒸发器中进行冷却，如此循环。冷却水系统通过冷却水循环泵把经过冷源冷凝器加热后的冷却水送到冷却塔中进行冷却后又回到冷源冷凝器中，如此循环。冷凝水系统是把末端空气处理设备对循环空气冷却除湿过程中，空气中的水分冷凝成的水集中排放到指定地点的一种排水系统。

1.3.3 空气处理系统

空气处理系统由空气处理和空气输配两个系统组成，空气处理系统对室内外空气进行加热、降温、除湿、净化等处理，主要设备有加热器、表冷器、消毒灭菌设备、净化设备等；空气输配系统提升室内外空气压力并送入输配管道，主要设备有风机、管道、阀门等。空气处理可以分为温湿耦合和温湿解耦两种方式。采用温湿耦合空气处理方式的空调系统有单冷源温湿耦合空调系统和双冷源温湿耦合空调系统；采用温湿解耦空气处理方式的空调系统有溶液调湿空调系统和双冷源温湿解耦空调系统。

所谓温湿度模糊控制空调系统是指既可以实现传统的温湿耦合的空气处理过程，也可以实现温湿解耦的空气处理过程（即温湿度分控的空调系统）。在保证室内舒适度的条件下，温湿度模糊控制空调系统可根据被处理空气的初、终状态点自行调整空气处理方式，以最小的能耗代价获得最大的节能效益。

1.3.4 管理系统

管理系统的功能是在空调系统运行中，对机组、空气处理设备与空调过程进行人工或自动调节与监控。常规控制装置包括传感元件、执行与调节机构等。

1.4　空调系统分类

空调系统根据冷源和空气处理过程的集中程度分为集中式空调系统和分散式空调系统，如图 1-3 所示。

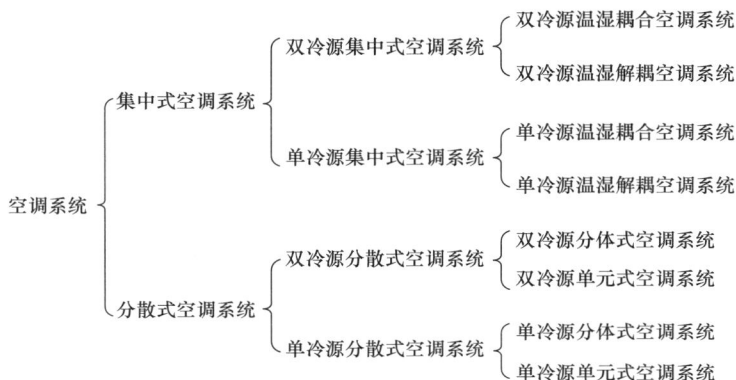

```
                                        ┌ 双冷源温湿耦合空调系统
                        ┌ 双冷源集中式空调系统 ┤
                        │               └ 双冷源温湿解耦空调系统
           ┌ 集中式空调系统 ┤
           │            │               ┌ 单冷源温湿耦合空调系统
           │            └ 单冷源集中式空调系统 ┤
空调系统 ┤                            └ 单冷源温湿解耦空调系统
           │                            ┌ 双冷源分体式空调系统
           │            ┌ 双冷源分散式空调系统 ┤
           │            │               └ 双冷源单元式空调系统
           └ 分散式空调系统 ┤
                        │               ┌ 单冷源分体式空调系统
                        └ 单冷源分散式空调系统 ┤
                                        └ 单冷源单元式空调系统
```

图 1-3　空调系统分类

集中式空调系统根据冷源的冷媒温度分为双冷源集中式空调系统和单冷源集中式空调系统。在双冷源集中式空调系统中，当末端空气处理设备采用温湿耦合的空气处理方式时，称为双冷源温湿耦合空调系统；当末端空气处理设备采用温湿解耦的空气处理方式时，称为双冷源温湿解耦空调系统。分散式空调系统根据冷源的冷媒温度分为双冷源分散式空调系统和单冷源分散式空调系统。在双冷源分散式空调系统中，当冷源和空气处理机组分开设置时，称为双冷源分体式空调系统；当冷源和空气处理机组集中设置时，称为双冷源单元式空调系统。

单冷源空调系统指在供冷季，空调系统冷源仅生产一种温度的冷媒，末端空气处理设备利用冷媒承担空调区域的显热和潜热负荷的空调系统。末端空气处理设备可采用温湿耦合或温湿解耦的空气处理方式。采用温湿耦合空气处理过程的空调系统称为单冷源温湿耦合空调系统（Single Cooling Source Temperature and Humidity Coupled Air Conditioning System，SCCC）；采用温湿解耦空气处理过程的空调系统称为单冷源温湿解耦空调系统（又称为溶液调适的空调系统，Single Cooling Source Temperature and Humidity Decoupling Air Conditioning System，SCDC）。

双冷源空调系统（Dual Cooling Source Air Conditioning System，DCSC）指在供冷季，空调系统冷源生产两种不同温度的冷媒，末端空气处理设备利用高温冷源和低温冷源承担空调区域的显热和潜热负荷的空调系统，末端空气处理设备可采用温湿耦合或温湿解耦的空气处理方式。

不同于单冷源空调系统，在供冷季，双冷源空调系统冷源可以生产两种温度的冷媒，生产的冷媒温度较低的冷源称为低温冷源，冷媒温度通常不高于7℃，生产的冷媒温度较高的冷源称为高温冷源，冷媒温度通常不低于12℃。双冷源空调系统的末端空气处理机组利用高、低温冷源对空气进行热湿处理，可以实现温湿耦合、温湿解耦的空气处理过程。在供热季，空调热源可以采用两种温度的热源对空气进行加热加湿处理，也可以采用单一温度的热源对空气进行加热加湿处理。当空调热源采用燃气热水机组时，采用两种水温对空气进行加热处理，机组的效率没有明显提高，反而增加了系统的复杂性。因此，在供暖季，双冷源空调系统的热源应为单一温度的热源。当空调系统的热源采用电机驱动的热水机组时，采用两种水温对空气进行加热处理，虽然增加了系统的复杂性，但机组的效率明显提高。因此，在供暖季，双冷源空调系统的热源应根据系统特性选择一种热媒温度或两种热媒温度。

双冷源温湿耦合空调系统（又称双冷源梯级空调系统，Dual Cooling Source Temperature and Humidity Coupled Air Conditioning System，DCCC）指在供冷季，双冷源空调系统冷源生产两种不同温度的冷媒，末端空气处理设备采用温湿耦合的空气处理方式，高温冷源承担空调区域高温高湿部分的显热和潜热负荷，低温冷源承担空调区域低温低湿部分的显热和潜热负荷。双冷源温湿解耦空调系统（又称双冷源温湿度独立控制空调系统，Dual Cooling Source Temperature and Humidity Decoupling Air Conditioning System，简称DCDC）指在供冷季，双冷源空调系统冷源生产两种不同温度的冷媒，末端空气处理设备采用温湿解耦的空气处理方式，高温冷源承担空调区域的大部分显热负荷，低温冷源承担空调区域全部潜热负荷和少部分显热负荷[4]。

双冷源温湿耦合空调系统有两种不同冷媒温度的冷源，末端空气处理方式为温湿耦合，高温冷源处理高温高湿的空气，低温冷源处理低温低湿（相对于高温高湿而言）的空气。空气耦合或解耦处理过程的核心问题是空气显热负荷和潜热负荷有无分开处理。空气温湿耦合的降温除湿过程中，空气显热负荷和潜热负荷在同一表冷器中同时降低，即新风和回风混合以后同时进行冷却除湿处理至送风状态点。双冷源温湿解耦空调系统也有两种不同冷媒温度的冷源，末端空气处理方式为温湿解耦，高温冷源承担空气的大部分显热负荷，低温冷源承担空气的全部潜热负荷和小部分显热负荷。温湿解耦的降温除湿过程中，空气的显热负荷和潜热负荷在不同表冷器中降温除湿，即新风先在高温表冷器预冷后进入低温表冷器进一步降温除湿，回风在高温表冷器中降温，最后将新风和回风混合至送风状态点送入室内。

双冷源空调系统与单冷源空调系统最大的区别在于单冷源空调系统在同一个系统中不能同时实现空气的温湿耦合和温湿解耦处理过程，双冷源空调系统可以在同一个系统中同时实现空气的温湿耦合或者解耦处理过程。在单冷源空调系统中，空调系统的冷源能效与空气处理过程无关，但是双冷源空调系统中，高、低温冷源的能效与空气处理过程有关，相同的空气初、终状态点，不同的空气处理过程能耗不相同。

单冷源空调系统中，空调负荷只由单一冷源——低温冷源独自承担，空调冷水的供/回水温度一般为 7℃/12℃，冷源的能效与空调系统中的空气处理过程无关。双冷源空调系统中，空调负荷由高温冷源与低温冷源共同承担，高、低温冷源的性能、承担的负荷比例等均对冷源的能效有影响，因此双冷源空调系统中高温冷源的配置尤为重要。

在双冷源空调系统中可以采用自然冷源作为高温冷源，可在很大程度上降低冷源的能耗，在综合考虑热平衡、取水能效等的基础上，可以充分发挥双冷源空调系统的节能优势。

1.5　空调系统发展

1.5.1　世界空调的发展阶段 [5, 6]

历史上有记录的空调出现在中国周代前后，那时候王公贵族就已经开始使用一种叫"冰鉴"的冰箱空调一体机了。冰鉴，实际上是一个内外两层的青铜容器，里面可以盛放食物，外层放冰，盖子上面有出气孔，可以往屋内排放冷气；到了秦代，贵族们通过挖窑洞，里面再放置冰块，改造成空调房，学名"窟室"；到唐代，水利设施已经非常发达，人们会将温泉水引入农田，在冬季种植反季节蔬菜，也会运用先进的冷水循环系统，在夏天建设避暑凉殿——自雨亭，人们利用机械装置，将凉水输送至房顶，然后让水从房檐四周流下，形成水帘，达到人造降雨降温的目的；宋代火药技术已经非常成熟，人们偶然间发现，硝石溶于水的时候会吸收大量的热能，使周围的水降温直至结冰，于是，一年四季都可以利用该技术制冰，带动了冷饮业的发展。

历史上最早的空气调节系统可追溯到公元前 1000 年左右，波斯人利用装置于屋顶的风杆，使室外的自然风穿过凉水并吹入室内，以提升室内舒适性，这是最简单也是最早的空气调节系统。现代空气调节系统发展经历了四个阶段。

1. 初期发展阶段（19 世纪末—20 世纪初）

集中式空调系统的发展可以追溯到 19 世纪末和 20 世纪初。1842 年，美国新泽西州的工程师阿尔弗雷德·沃尔夫（Alfred Wolff）协助设计崭新的空气调节系统，并将该技术由纺织厂应用到商业大厦，他被认为是舒适性空调系统的先驱之一。1882 年，美国工程师威利斯·开利（Willis Haviland Carrier）发明了现代空调系统，主要用于工业生产中的温度和湿度控制。开利发明的空调系统采用冷水机组，通过冷水循环系统将冷量传递给空气，实现空气的温度和湿度控制。这一发明标志着现代空调系统的诞生，为集中式空调系统的发展奠定了基础。

建于 1906 年位于北爱尔兰贝尔法斯特的皇家维多利亚医院，在建筑工程学上具有特别意义，它被称为世界首座设有集中式空调系统的大厦。1924 年，美国底特律的一家商场安装了 3 台集中式空调设备，自此，集中式空调系统为大众服务的时代正式到来。

2. 扩展应用阶段（20 世纪中叶）

20 世纪 50 年代，集中式空调系统开始在商业建筑和公共设施中广泛应用。冷水机组和风机盘管等设备得到了广泛应用，使得集中式空调系统在提高室内环境舒适度、控制空气质量等方面发挥了重要作用。特别是在美国，随着经济的快速发展和城市化进程的推进，集中式空调系统在办公楼、商场、酒店、医院等建筑中得到了广泛应用，市场需求不断增加。

3. 技术革新阶段（20 世纪末）

20 世纪 80 年代以来，随着电子技术和计算机技术的发展，空调系统的自动化和智能化水平不断提高。变频、直流无刷电机等新技术的应用，使得空调系统的能效显著提高。例如，变频技术通过调节压缩机的转速，实现对制冷量的精确控制，提高了系统的能效比（COP）；直流无刷电机通过电子控制，实现了高效、节能、低噪声运行。

此外，集中式空调管理系统的发展，使得集中式空调系统的管理和控制更加高效、灵活。通过中央控制器和传感器网络，可以实现对整个系统的实时监测和调节，确保系统高效、稳定地运行。

4. 绿色环保阶段（21 世纪初至今）

进入 21 世纪以来，节能环保成为空调系统发展的重要方向。随着全球气候变化问题日益严峻，各国政府和行业组织对空调系统的能效和环保性能提出了更高的要求。例如，欧盟在 2013 年出台的《能源效率指令》，要求新建建筑必须达到零能耗或近零能耗标准，这对空调系统的节能性能提出了更高的要求。

在此背景下，集中式空调系统的发展出现了一些新的趋势和特点：

（1）环保冷媒的应用：传统空调系统采用的冷媒（如 R22、R134a 等）对臭氧层具有破坏作用，并且具有较高的全球变暖潜力（GWP）。因此，近年来环保型冷媒（如 R410A、R744、R32、R1234ZE、R1234YF 等）得到了广泛应用。这些冷媒具有较低的 GWP，对环境的影响较小，符合国际环保标准。

（2）可再生能源的利用：可再生能源（如太阳能、地热能等）在空调系统中的应用越来越广泛。例如，太阳能空调系统通过太阳能集热器将太阳能转化为热能，用于制冷或制热，具有清洁、节能、环保等优点；地源热泵系统通过利用地下土壤或水体的温度稳定性，实现高效地制冷和制热，具有节能、环保、经济性好等优点。

（3）智能化和自动化技术的发展：物联网、人工智能、大数据等技术在空调系统中的应用，使得空调系统的智能化和自动化水平不断提升。例如，智能传感器可以实时监测室内外环境参数（如温度、湿度、空气品质等），智能控制器根据设定的目标参数进行计算和判断，通过执行器实时调节系统运行状态，实现高效、精准的环境控制。

（4）节能技术的推广：节能技术（如磁悬浮技术、气悬浮技术、变频技术、热泵技术、直流无刷电机等）在空调系统中的应用越来越广泛。

综上所述，集中式空调系统的发展经历了初期发展阶段、扩展应用阶段、技术革新阶段和绿色环保阶段。通过不断发展和创新，集中式空调系统在提高人们生活质量、节约能源和保护环境方面发挥着重要作用。然而，集中式空调系统在实际应用中仍面临着能效、维护、环保等方面的挑战。通过技术创新和优化管理，可以有效提升系统能效和用户体验，为人类实现可持续发展目标作出贡献。

1.5.2 我国空调的发展阶段 [7]

我国近代空调发展也经历四个阶段：原始发展阶段、萌芽发展阶段、成熟发展阶段、快速发展阶段。原始发展阶段主要是 1950 年以前，我国才刚刚接触集中空调系统，系统设计、施工以及产品主要依靠进口。萌芽发展阶段主要是1950～1960 年，中华人民共和国成立后，我国开始培养暖通空调专业技术人才并积累暖通空调相关基础知识。成熟发展阶段主要是 1960～1980 年，我国开始自主研发暖通空调设备，并且暖通空调设备逐步开始为工业生产和群众生活服务，在此期间，行业组织成立，暖通空调领域的期刊创刊。快速发展阶段为1980 年至今，随着我国大规模经济建设的开始，暖通空调技术迅速发展，期间成立了暖通空调设备的国家检测检验中心和暖通空调设备的骨干企业。

1. 原始发展阶段（1950 年以前）

1924 年建成的坐落于上海延安西路 164 号、建筑面积 $3300m^2$ 的嘉道理大理石大厦（现中国福利会少年宫）中，使用了美国约克公司氨立式 2 缸和 4 缸活塞式冷水机组，这是我国第一个安装集中式空调系统的商用建筑。

1931 年，上海某纺织厂采用地下井水进行喷雾加湿，成为我国最早采用喷淋式空调系统的工厂。

1936 年，南京新都大剧院安装了美国约克公司的制冷机，是我国第一个采用以氟利昂为制冷剂的集中式空调系统的影剧院。

在上海外滩这个"万国建筑博览会"中，1937 年在上海外滩建成的中国银行大楼（17 层钢框架结构），是当时唯一由我国自己建造的建筑，采用了美国开利公司提供的制冷机，制冷量为 15647kW。

2. 萌芽发展阶段（1950～1960 年）

在第一个五年计划期间，苏联援建 156 项工程，也带进了苏联的暖通空调技术和设备。我国暖通空调高等教育就在这种背景下开始与发展。

1950 年，哈尔滨工业大学开始设置卫生工程专业，供暖通风设置于卫生工程专业中，暖通空调专业开始萌芽。

1951年，为了适应大规模经济建设的需要，在哈尔滨工业大学、东北工学院开始招收本科生，专业正式定名为"供热、供煤气与通风"。1952年，清华大学、同济大学也开始招收暖通空调专业二年制的专修生。

1952年，高等教育部首先在哈尔滨工业大学招收研究生。第一届研究生有5位，他们先在预科专门学习一年俄语，以便直接向苏联专家学习。导师是1953年第一位应聘来校的苏联专家 B. X. 德拉兹多夫（科学技术博士，副教授）。

1953年暑假后，在哈尔滨工业大学有5位本科生与研究生一起学习。这时从全国各高校中还来了十几位进修教师。大家以苏联的供热、供煤气及通风专业为模式，边学边干，在我国创办这个专业。

1955年，B. X. 德拉兹多夫回国，苏联燃气专家约宁（科学技术博士，副教授）来到哈尔滨工业大学。

1955年秋，哈尔滨工业大学招收第三届研究生班，主要是东北工学院四年制暖通空调专业毕业生（共8人）及从哈尔滨工业大学本科生抽调的4位学生，同时，全国各高校又来了一批进修教师跟约宁学煤气工程。

1957年，苏联专家、科学技术博士马克西莫夫教授到西安冶金建筑工程学院培养研究生和指导科研，为我国暖通空调专业教师队伍的建设起到了积极作用。

我国暖通空调专业在苏联专家的帮助下，研究生和进修生陆续毕业，分别被分配或回到清华大学、同济大学、天津大学、湖南大学、重庆建筑工程学院、西安冶金建筑工程学院和太原工学院等，再加上哈尔滨工业大学，共8所院校开设了暖通空调专业，以上8所院校在暖通空调界被称为暖通空调专业老八校。

1954年，我国造出了第一台制冷机（溴化锂吸收式）。哈尔滨空调器厂试制成功我国第一台石油化工用的空气冷却器，填补了国内空白。

20世纪50年代初，空调机组仅在纺织厂应用，后逐渐进入公共建筑。当时空调机组外壳采用砖砌或混凝土结构，其空气处理方式主要采用喷水室冷却除湿或用循环水喷淋加湿。

中华人民共和国成立前，我国的房间空调器生产几乎是空白，至20世纪60年代中期，主要依靠从美国、英国、日本等国家购买的产品来满足特殊场合的需要。当时主要参考国外产品进行试制，并于20世纪六七十年代开始具有小批量生产能力。

3. 成熟发展阶段（1960~1980年）

20世纪60年代开始，随着表冷器的研制以及国外组合式空调机组的引进，当中国建筑科学研究院空气调节研究所与哈尔滨空调器厂共同研制的我国第一台组合式空调机组问世时，组合式空调机组开始在我国各个领域应用。

1963年，我国开始研究蒸发冷却技术的应用。蒸发冷却技术是利用水蒸发效应来冷却空调用的空气。它在空调中应用的历史悠久，人们早就知道用水洒在地上冷却室内空气，工业通风中用喷雾风扇，空调中用淋水室（喷循环水）。将蒸发冷却技术作为自然冷源替代人工冷源的研究早在20世纪60年代已引起国内学者的关注。1963年，徐邦裕教授在《国外空调制冷发展状态》一文中介绍了填料层蒸发冷却技术。

20世纪60年代，我国开始在暖通空调中应用热泵技术，相对世界热泵技术的发展，我国的热泵技术研究工作起步晚20～30年。早在20世纪50年代初，天津大学的一些学者已经开始从事热泵的研究工作，1956年吕灿仁教授的《热泵及其在我国应用的前途》是我国热泵研究现存最早的文献，开启了我国热泵技术研究工作。

1960年，同济大学的吴沈钇教授发表了《简介热泵供热并建议济南市试用热泵供热》，1963年华东建筑设计院与上海冷气机厂开始研制热泵；1965年上海冰箱厂研制成功了我国第一台制热量为3.72kW的热泵型窗式空调器；1965年天津大学与天津冷气机厂研制成功国内第一台水源热泵空调机组。

1965年，洁净空调开始逐渐起步。蚌埠净化设备厂与冶金部建筑科学研究院差不多在同一时期研制出了由超细玻璃纤维制成的高效空气过滤器（HEPA），几乎与日本在同一时期研制成功。

1966年，上海第一冷冻机厂、中国船舶工业总公司上海七零四研究所、合肥通用机械研究所与上海国棉十二厂联合试制成功了国内第一台单效蒸汽型溴化锂吸收式冷水机组。

20世纪70年代，由于旅游业的迅速发展，宾馆客房等小型风机盘管机组供冷或供暖需求增加，我国也开始了风机盘管机组的研制和生产。1972年，北京饭店在调查国外产品性能的基础上，由中国建筑科学研究院空气调节研究所和北京空调器厂共同研制了风机盘管机组，北京市安装公司也同时开发了该产品，并在北京饭店客房使用，取得了较好的效果。

1971年，长春第一汽车制造厂生产的各种型号的红旗牌高级轿车上全部安装了空调装置。为此，当时的第一机械工业部专门拨款在长春第一汽车制造厂轿车厂建立了生产和装配压缩机的车间，在长春第一汽车制造厂散热器厂内建立了蒸发器和冷凝器生产车间，开始批量生产汽车空调装置。

1971年，《暖通空调》杂志创刊。

1977年，中国制冷学会成立，是中国科学技术协会下属的全国一级学会之一。

1978年，中国制冷学会加入国际制冷学会（总部设在巴黎），我国为二级会员国。

1979年，《制冷学报》创刊，在国内外公开发行。

4. 快速发展阶段（1980年以后）

1980年，上海冷气机厂为上海工艺美术服务部设计了国内第一套分散式热泵空调系统，热泵主机采用了该厂生产的 8FS10 型制冷压缩机，夏季提供 7℃冷水，冬季提供 55℃热水。该机组采用 R12 制冷剂，系统中装有 48kW 辅助电加热器，制冷量为 198kW。当时国内无大型四通换向阀，采用阀组进行季节性手动冷热转换，运行效果良好。

1985 年，国家质量监督检验测试中心开始建设国家压缩机制冷设备质量监督检验测试中心。

在合肥通用机械研究所分别建立中国制冷设备、压缩机、阀门、机械密封等专业的质量监督检测中心。

国家空调设备质量监督检验中心是在中国建筑科学研究院空气调节研究所已有实验室基础上扩大和增设空调设备实验室进行建设的，主要有房间空调器检测室、空气分布器实验室、空气过滤器实验室、风机盘管检测室、电气安全检测室等。

1987 年，成功举办第一届中国制冷展。

20 世纪 90 年代到了溴化锂吸收式空调的全面发展阶段，生产企业不断增加，产品产量及产值迅速提高，技术水平也得到了长足进步。

1987～1988 年，上海 704 研究所、合肥通用机械研究所、开封通用机械厂和开封锅炉厂在吸收国外技术的基础上，进行了 30 万 kcal/h 燃气型双效溴化锂冷（热）水机组的研制，并应用于中原油田招待所。最终于 1992 年通过技术鉴定。

进入 20 世纪 90 年代后，水源热泵冷（热）水机组在我国的应用日益增多，特别是在北方地区的一些新建项目，采用了以地下水等为低温热源的水源热泵冷（热）水机组，达到夏季供冷、冬季供热的目的。水源热泵热水机组只按热泵循环运行时，专门制取供暖、生活等用的热水，无须转换水路。

1990 年，大连冷冻机厂与河北衡水变电站合作成功研制了 HRK12.5 型螺杆式水源热泵机组，采用 R12 制冷剂，利用变电站的冷却水作为低温热源，以手动阀组进行水路转换。该机组于 1991 年投入使用，运行情况良好。

水源热泵机组作为空调系统的冷热源，我国在 20 世纪 80 年代末期逐步开始使用，20 世纪 90 年代已得到比较广泛的应用。此后，越来越多的制冷空调产品制造企业涉足该类机组的开发与生产。

1990 年，广东珠海压缩机厂生产的空调压缩机成功出口，这是我国压缩机行业首次进入国际市场。

1993 年 12 月，在河南新乡召开了"全国家用制冷 CFC 替代工作会议"，确定我国家用制冷行业 CFC 替代总体思路。

1999 年，北京市太阳能研究所研制了山东省乳山市 8.6 万 kcal/h 太阳能吸收式空调及供热综合示范系统。

1999 年，"中国家用制冷工业 CFC/HCFC 替代及节能技术国际研讨会"在南京召开。我国第一台完全自主知识产权的户式中央空调机组诞生，从此热泵技术走进千家万户。

2007 年，第 22 届国际制冷大会在我国举办，这是历史上第一次由亚洲国家承办该大会。

2008 年，我国发布《房间空气调节器能效限定值及能源效率等级》（征求意见稿），3、4、5 级能效空调将被强制淘汰。

1.5.3　空气处理系统发展历程

20 世纪 70 年代以前，空调主要采用集中式系统，并采用喷水室进行空气的冷却与加湿，冷水系统采用开式系统。

20 世纪 70 年代以后，表面式空气冷却器替代喷水室进行空气处理，空调冷水系统由开式循环系统走向闭式循环系统。水系统设计也不断有所发展，从单级泵定流量方式发展到双级泵变流量方式等多种形式。

我国在 20 世纪 70 年代后期开始探讨变风量空调系统，但进展不大。由于世界能源危机，空调节能为大众所关注。

20 世纪 80 年代，我国学者发表诸多文章探讨变流量空调系统，并开始用两通阀取代三通阀，采用控制水泵台数的一级泵和二级泵变流量系统。20 世纪 80 年代，由中国建筑科学研究院空气调节研究所首次申请专利，开发了水力平衡阀，并开始应用到实际工程。20 世纪 90 年代，变频器开始广泛用于控制水泵转数，空调冷水系统进入变频变流量系统的时代。

20 世纪 90 年代中期以后，我国对变风量空调系统的特性、设计和运行调节有较多研究，特别是在新风量的保证以及节能运行调节方面。如提出"总风量控制法"替代传统的"定静压控制法"，在应用上取得良好效果。

变制冷剂流量的多联机系统（简称多联机系统）是日本于 20 世纪 80 年代初开发的新型空调系统，随着我国改革开放不断深入，国外空调新技术、新产品不断涌入我国市场。多联机系统最早于 1986 年首先用于深圳一些公共建筑中。20 世纪 90 年代中期以后，我国学者对多联机系统进行系统研究，取得了好的成果，主要是多联机系统的模拟分析与控制方式。美的集团继成功开发生产 MDV 多联机以后，21 世纪初，与韩国三星集团合作，开发出采用数码涡旋制冷压缩机的多联机系统。

1.6　本书内容结构

纵观集中式空调系统的发展轨迹，每一次空调系统技术的发展，都会对建筑节能领域产生新的影响。本书的重点是介绍双冷源空调系统的高温供冷技术、大温差输配技术、空气—水高效换热技术、数字控制技术等技术理念，为从事民用建筑节能、工业工艺节能等相关领域的工程技术人员提供帮助。为了深入介绍相关技术，本书从空调系统定义、分类、历史等相关内容开始介绍，后续将重点介绍双冷源空调系统的冷源系统、输配系统、空气处理系统以及管理系统等相关内容。

本章参考文献

［1］ 田向宁，杨毅，丁德，等. 双冷源梯级空调系统冷源的节能率理论分析［J］. 暖通空调，2021，51（增刊2）：295-299.

［2］ 中华人民共和国住房和城乡建设部. 供暖通风与空气调节术语标准：GB/T 50155—2015［S］. 北京：中国建筑工业出版社，2015.

［3］ 钱学森，戴汝为. 论信息空间的大成智慧思维科学、文学艺术与信息网络的交融［M］. 上海：上海交通大学出版社，2007.

［4］ 刘晓华. 温湿度独立控制空调系统［M］. 北京：中国建筑工业出版社，2006.

［5］ 陈强强，张碧云. "空调之父"威利斯·哈维兰·开利［J］. 自然辩证法通讯，2024，46（12）：101-110.

［6］ R. THEVENOT，邱忠岳. 世界制冷史［J］. 冷藏技术，1990，13（1）：55-62.

［7］ 潘秋生. 中国制冷史［M］. 北京：中国科学出版社，2008.

第2章 空气处理系统

2.1 理想空气处理系统

空气处理过程根据温湿度是否解耦分为温湿耦合的空气处理过程和温湿解耦的空气处理过程。在温湿耦合的空调系统中，根据空气处理过程所需冷源种类分为单冷源温湿耦合的空气处理过程和双冷源温湿耦合的空气处理过程。同样，温湿解耦的空气处理过程也可根据空气处理过程所需冷源种类分为单冷源温湿解耦的空气处理过程和双冷源温湿解耦的空气处理过程。集中式的空气处理过程是指新风、回风以及新回风的混合空气均集中在一起进行降温除湿的空气处理过程；分散式的空气处理过程是指新风或者回风根据服务对象负荷特点分别多点处理的空气处理过程。空气处理过程分类如图 2-1 所示。

空调系统中，空气降温除湿处理是空气向冷水放热被降温除湿，冷水吸收空气的热量升温的过程，该过程均在表冷器中进行。这种传统的空气处理过程从表面上看优点明显，如系统简单，适用性强，可以实现各个工况下的空气处理。在能源日益紧张、节能减排越来越受关注的今天，深入研究这种传统的空气处理过程，会发现该过程蕴藏着巨大的节能潜力。

2.1.1 理想空气处理过程[1]

通过优化空气与冷媒之间的换热条件，可设计出一种新的空气处理过程：在理想的换热条件下，冷源所提供的冷水温度与被冷却空气干球温度之间的温差始终保持恒定，当空气干球温度与冷水之间的温差趋于无穷小时，该冷源综合能效比（指冷源出水温度变化时的等效性能系数，EER）达到最大值，该冷却除湿过程称为空气理想冷却除湿过程（此处所指的冷源均为电力驱动的制冷冷源）。

空调系统空气冷却除湿过程的理论基础，一是冷源性能系数 COP（指冷源冷凝温度恒定时的性能系数）随冷源蒸发温度的变化规律；二是空气在表冷器中的冷却除湿过程。

1. 冷源 COP 随蒸发温度的变化规律

根据逆卡诺循环，冷源 COP 只与冷源的冷凝温度 T_g 和蒸发温度 T_d 有关，与其他因素无关，可由下式表示[1]：

$$COP = \frac{T_d + 273.15}{T_g - T_d} \tag{2-1}$$

空气处理过程
├─ 温湿耦合
│   ├─ 单冷源
│   │   ├─ 集中式
│   │   │   ├─ 夏季一次回风
│   │   │   │   ├─ Ⅰ区
│   │   │   │   │   ├─ 定风量单风道空气处理过程
│   │   │   │   │   ├─ 定风量双风道空气处理过程
│   │   │   │   │   ├─ 定风量再热式双风道空气处理过程
│   │   │   │   │   ├─ 变风量单风道空气处理过程
│   │   │   │   │   └─ 变风量双风道空气处理过程
│   │   │   │   ├─ Ⅱ区空气处理过程
│   │   │   │   ├─ Ⅲ区空气处理过程
│   │   │   │   └─ Ⅳ区空气处理过程
│   │   │   ├─ 冬季一次回风的空气处理过程
│   │   │   ├─ 夏季二次回风的空气处理过程
│   │   │   └─ 冬季二次回风的空气处理过程
│   │   └─ 分散式
│   │   ├─ 预混型空气处理过程
│   │   └─ 后混型空气处理过程
│   └─ 双冷源
│   ├─ 集中式
│   │   ├─ 空气处理过程1
│   │   ├─ 空气处理过程2
│   │   ├─ 空气处理过程3
│   │   ├─ 空气处理过程4
│   │   └─ 空气处理过程5
│   └─ 分散式
│   ├─ 预混型空气处理过程
│   └─ 后混型空气处理过程
└─ 温湿解耦
    ├─ 单冷源
    │   ├─ 集中式
    │   │   ├─ 完全解耦的空气处理过程
    │   │   └─ 部分解耦
    │   │   ├─ 空气处理过程1
    │   │   ├─ 空气处理过程2
    │   │   ├─ 空气处理过程3
    │   │   └─ 空气处理过程4
    │   └─ 分散式
    │   ├─ 预混型空气处理过程
    │   └─ 后混型空气处理过程
    └─ 双冷源
        ├─ 集中式
        │   ├─ 再热型空气处理过程
        │   └─ 预冷再热型空气处理过程
        └─ 分散式
            ├─ 再热型空气处理过程
            └─ 预冷再热型空气处理过程

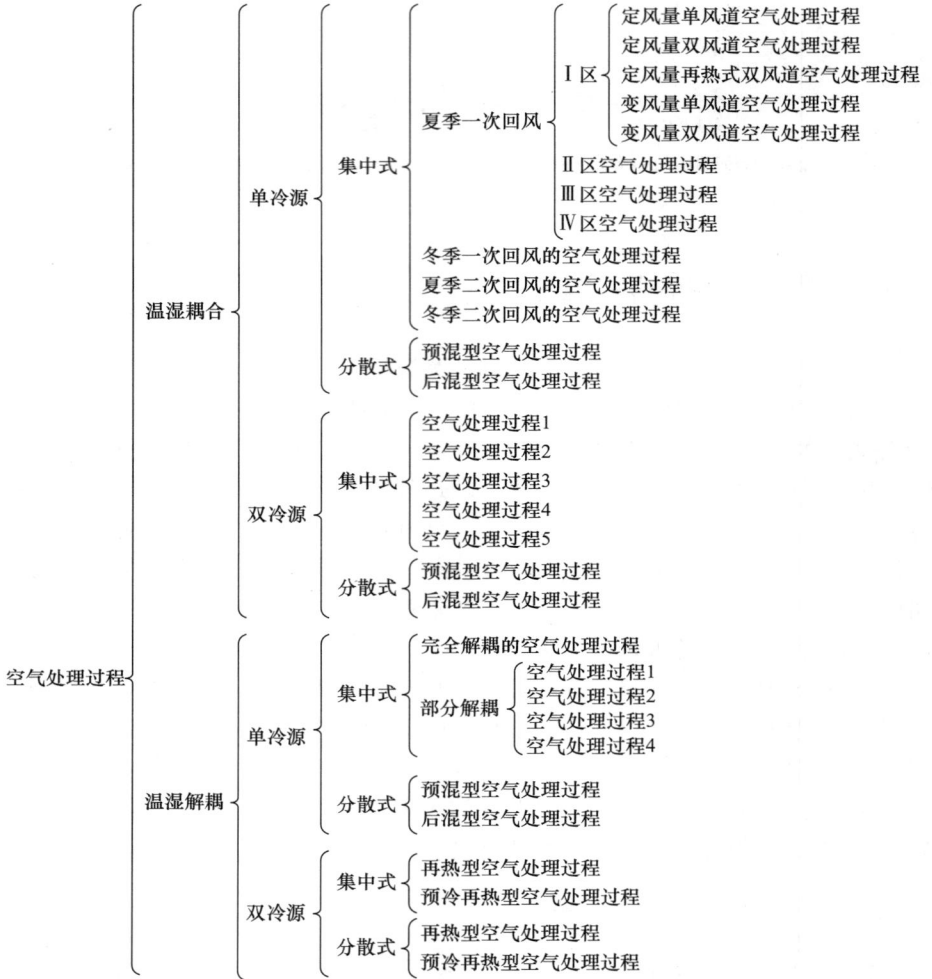

图 2-1　空气处理过程分类

以供/回水温度为 7℃/12℃ 的常规电制冷冷源为例来分析冷源 COP 随蒸发温度的变化规律。假设冷源蒸发温度为 4℃，冷凝温度为 40℃，若冷凝温度不变，随蒸发温度的升高，冷源 COP 的变化如图 2-2 所示。

由图 2-2 可知，在蒸发温度升高的初期，冷源 COP 的增幅很小，随着蒸发温度的逐渐升高，冷源 COP 的增幅也逐渐增大，当蒸发温度趋于冷凝温度时，冷源 COP 趋于无穷大。由此可得出：在相同制冷量和冷凝温度下，要提高冷源 COP，就必须尽可能提高冷源的蒸发温度[2-6]。

2. 冷却除湿过程

空气在表冷器中的冷却过程只有两种，一种是纯降温过程，另一种是除湿降温过程。纯降温过程是指空气的含湿量始终保持不变，而空气的干球温度逐渐降低，此时，空气的焓是温度的单值函数。降温除湿过程中，空气的干球温度和含湿量不断降低，而空气的相对湿度始终为100%，空气中的水蒸气不断凝结变成凝结水，空气的焓仍然是温度的单值函数。空气在表冷器中的冷却除湿过程在焓湿图中的表示如图2-3所示。

如图2-3所示，空气在 n 点和 m 点之间为纯降温过程，此时空气的含湿量 d 恒定不变，干球温度逐渐降低，当空气相对湿度达到100%时，继续被冷却，空气中的水蒸气凝结成冷凝水，空气的相对湿度始终保持为100%，直至被处理至最终状态点。

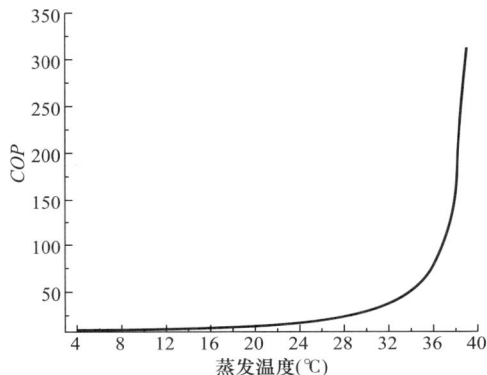

图 2-2　冷源 COP 随蒸发温度的变化

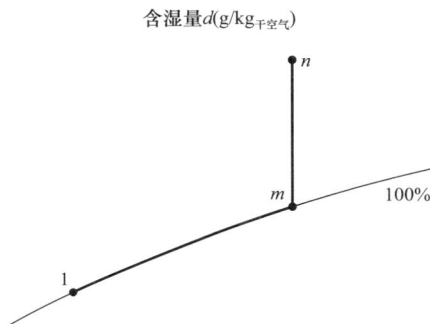

图 2-3　空气在表冷器中的冷却除湿过程在焓湿图中的表示

2.1.2　冷源综合能效比（EER）的计算公式

1. 冷源 *EER* 的多项式方程

在表冷器中，空气冷却除湿过程的焓 $h(t)$ 随空气干球温度 t 变化的方程式可由下式表示：

$$h(t) = \begin{cases} 1.01t + d_n(2.5 + 0.00184t) & t \geqslant t_m \\ 1.01t + d(t, 100\%)(2.5 + 0.00184t) & t < t_m \end{cases} \tag{2-2}$$

式中　　　　t——冷却除湿过程中空气的干球温度，℃；

d_n——n 点的含湿量，g/kg$_{干空气}$；

t_m——m 点的温度，℃；

$d(t, 100\%)$——空气冷却除湿过程中相对湿度为100%时的含湿量，g/kg$_{干空气}$，可通过下式计算[7]：

$$d(t, 100\%) = 3.791 + 0.303t + 7.648 \times 10^{-3}t^2 + 1.004 \times 10^{-4}t^3 + 5.637 \times 10^{-6}t^4 \tag{2-3}$$

将温度区间 $[t_1, t_n]$ 分成 n 个小区间，每个相邻小区间的温差记为 $\Delta t_i = t_{i+1} - t_i$，$\Delta h(t_i)$ 表示 $[t_i, t_{i+1}]$（$t_{i+1} \geqslant t_i$）的焓降，可通过下式计算得出：

$$\Delta h(t_i) = h(t_{i+1}) - h(t_i) \approx h'(t_i)\Delta t_i \tag{2-4}$$

式中 $h'(t_i)$ ——焓 $h(t_i)$ 对温度 t_i 的导数。

对式（2-2）求导数即可得出 $h'(t)$ 的表达式：

$$h'(t) = \begin{cases} 1.01 + 0.00184 d_n & t \geqslant t_m \\ 1.01 + 0.00184 d(t, 100\%) + d'(t, 100\%)\left(2.5 + \dfrac{1.84}{1000}t\right) & t < t_m \end{cases} \tag{2-5}$$

单位质量的空气在微小温度区间 $[t_i, t_{i+1}]$ 的焓降所消耗的电量 N_i 可由下式表示：

$$N_i = \frac{\Delta h(t_i)}{COP(t_i)} = \frac{h(t_{i+1}) - h(t_i)}{COP(t_i)} \tag{2-6}$$

式中 $COP(t_i)$ ——蒸发温度为 t_i 时的冷源 COP，可由下式得出：

$$COP(t_i) = \frac{t_i + 273.15}{t_g - t_i} \tag{2-7}$$

式中 t_g ——冷源的冷凝温度，℃。

单位质量的空气从温度 t_n 被冷却除湿处理到温度 t_1 时，冷源所消耗的总电量 N 可通过微小区间 $[t_i, t_{i+1}]$ 上冷源所消耗的电量 N_i 求和得出，即：

$$N = \sum_{i=1}^{n} \frac{h(t_{i+1}) - h(t_i)}{COP(t_i)} \tag{2-8}$$

空气从 n 点被冷却除湿到 1 点的过程中，冷源 EER 可用下式表示：

$$EER = \frac{h_1 - h_n}{\sum_{i=1}^{n} \dfrac{[h(t_{i+1}) - h(t_i)](t_g - t_i)}{t_i + 273.15}} \tag{2-9}$$

由式（2-9）可得出，在空气冷却除湿过程中，n 越大，即温度区间划分得越小，冷源 EER 越大。当 $n=1$ 时，即为传统的单冷源温湿耦合空调系统，此时冷源 EER 最小，空气的冷却系统最简单。

2. 冷源 EER 的微分方程

将式（2-4）、式（2-7）代入式（2-8）、式（2-9），化简可得：

$$N \approx \sum_{i=1}^{n} \left(\frac{t_g h'(t_i)\Delta t_i}{t_i + 273.15} - h'(t_i)\Delta t_i \right) \tag{2-10}$$

$$EER \approx \frac{h_1 - h_n}{\sum_{i=1}^{n} \left[\dfrac{t_g h'(t_i)\Delta t_i}{t_i + 273.15} - h'(t_i)\Delta t_i \right]} \tag{2-11}$$

设 $\lambda = \max\limits_{1 \leqslant i \leqslant n} \{\Delta t_i\}$ 时，令 $\lambda \to 0$（蕴含着 $n \to \infty$），任取 $\xi_i \in [t_i, t_{i+1}]$，对式（2-10）取极限，则有：

$$N = \lim_{\lambda \to 0} \sum_{i=1}^{n} \left[\frac{t_{\mathrm{g}} h'(\xi_i) \Delta t_i}{\xi_i + 273.15} - h'(\xi_i) \Delta t_i \right]$$

$$= \int_{t_1}^{t_n} \frac{t_{\mathrm{g}} h'(t)}{t + 273.15} \mathrm{d}t - \int_{t_1}^{t_n} h'(t) \mathrm{d}t \tag{2-12}$$

将式 (2-12) 代入式 (2-11)，则有：

$$EER = \frac{h_1 - h_n}{\int_{t_1}^{t_n} \frac{t_{\mathrm{g}} h'(t)}{t + 273.15} \mathrm{d}t - h(t) \big|_{t_1}^{t_n}} \tag{2-13}$$

将式 (2-2)、式 (2-3)、式 (2-5) 代入式 (2-13)，即可求出空气由状态点 n 冷却除湿到状态点 1 的过程中，冷源 EER 的最大值。通过式 (2-13) 可发现，空气冷却除湿过程中冷源 EER 不仅与空气初、终态状态的参数有关，还与空气所经历的冷却除湿过程有关。

3. 例题计算

以某空调系统中实际空气处理过程为例，通过式 (2-13) 来计算空气理想冷却除湿过程中的冷源 EER。空气处理的初始状态点参数为：室外干球温度 35.7℃、湿球温度 28.5℃；空气处理的终了状态点参数为：干球温度 16.4℃、相对湿度 100%。冷源的冷凝温度 $t_{\mathrm{g}} = 40$℃。求解式 (2-13) 即可得出表 2-1 所示结果。在空气冷却除湿过程中，含湿量和焓随空气干球温度的变化如图 2-4、图 2-5 所示。

空气冷却除湿过程中焓和含湿量的变化　　　　　　　表 2-1

干球温度 t(℃)	焓 h(kJ/kg)	含湿量 d(g/kg_{干空气})	瞬时 COP	冷源 EER
35.7	93.989	22.524	74.42	
33.7	91.886	22.524	49.89	
31.7	89.783	22.524	37.40	
29.7	87.68	22.524	29.84	
27.7	85.577	22.524	24.76	
26.5	84.16	22.524	22.45	31.91
25.7	80.732	20.792	21.12	
23.7	72.272	18.382	18.38	
21.7	64.515	16.243	16.25	
19.7	57.382	14.345	14.53	
17.7	50.81	12.660	13.13	
16.4	47.717	11.668	12.35	

由图 2-4 可以看出，当空气温度高于 n 点的露点温度（26.5℃）时，空气的处理过程为纯冷却过程，此时空气的含湿量保持不变，始终为 22.524g/kg_{干空气}；当空气被冷却到温度低于 n 点的露点温度时，空气的处理过程为冷却除湿过程，空气中的水蒸气逐渐被冷凝成凝结水，空气的含湿量逐渐降低。

由图 2-5 可以看出，在空气的纯冷却阶段，空气的焓降低幅度较小，当空气的冷却过程为冷却除湿过程时，空气的焓降低幅度增大，这与式（2-1）描述的过程一致。

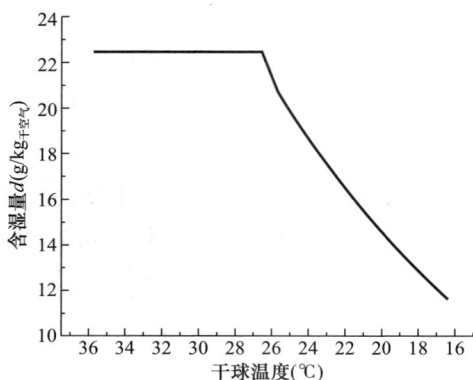

图 2-4　空气含湿量随干球温度的变化　　　　图 2-5　空气的焓随干球温度的变化

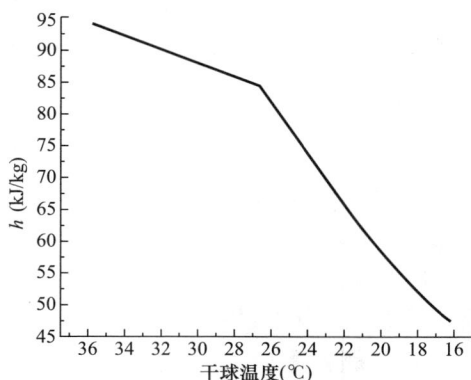

上述空气理想冷却除湿过程具有以下意义：①对于双冷源空调系统的意义：通过求解微分方程得出空气冷却除湿过程中冷源 *EER* 的最大值。②对冷源的意义：通过提供不同温度的冷水来提高冷源 *EER*，为冷源的改进指明了方向。③对空气处理过程的意义：给定空气初、终状态点参数。理想冷却除湿过程中冷源 *EER* 大于其他任何冷却除湿过程。

目前，虽然实际的空气冷却除湿过程无法达到理想过程，即使存在这样的理想冷源，在表冷器中也无法实现空气与冷媒之间的换热。但是可以逐步实现实际冷却除湿过程向理想过程的趋近，比如同时提供 2 种甚至 3 种不同温度冷水的冷源很容易实现。当冷源只提供一种供水温度时即为单冷源空调系统，当冷源提供 2 种不同供水温度时即为双冷源空调系统，当冷源提供 3 种不同供水温度时即为三冷源空调系统，当冷源提供 3 种以上不同供水温度时即为多冷源空调系统。

2.2　单冷源温湿耦合的空气处理过程[8]

单冷源温湿耦合空调系统采用温湿耦合的温度优先调节控制方法——夏季采用冷凝除湿的方式（利用低温冷媒）对空气进行降温与除湿处理，利用低温干燥的空气去除室内的显热负荷与潜热负荷。通常利用 7℃ 的冷水将干球温度为 35.7℃ 的空气（湿球温度为 28.5℃）处理到干球温度为 16.4℃（相对湿度为 90%），7℃ 的冷水吸热升温到 12℃，经过冷凝除湿处理后，空气的含湿量虽然满足要求，但温度过低，在有些情况下还需要再热才能满足送风温湿度的要求。但在实际运行的民用空调系统中，很少在冷凝除湿后设置再热装置，通常直接将处理后的空气送入室内，这种运行方式使得在室内末端热湿环境的营造过程中以温度调节为主，通过调节送风量与送风参数来满足室内的温度要求。

2.2.1 单冷源温湿耦合集中式空气处理过程

根据室内外空气的温湿度，在焓湿图上可以将气候分为 4 个分区，如图 2-6 所示。

Ⅰ区：$h_W > h_N$；$d_W > d_N$。该区域夏季室外空气焓值和含湿量均大于室内，属于潮湿高温地区，主要分布在我国华北、华东、华南等地区，也是双冷源空调系统的主要应用区域，空气处理系统应采用回风工况，需要对新风和回风进行降温除湿处理。

Ⅱ区：$h_W > h_N$，$d_W < d_N$。该区域夏季室外空气焓值大于室内，但室外空气含湿量低于室内，室外新风有一定的除湿能力，空气处理系统采用全新风或者回风运行工况，室外空气经过等含湿量降温后就可处理到室内送风状态点。

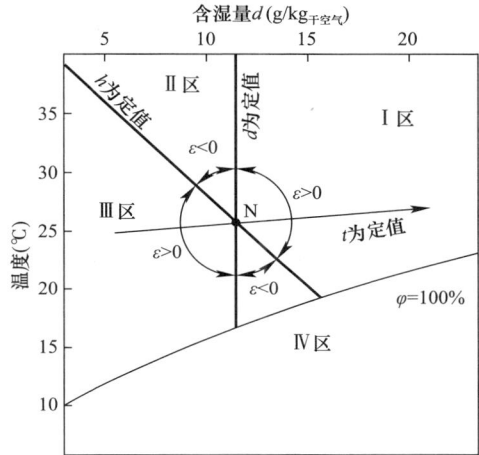

图 2-6 焓湿图中的气候分区

Ⅲ区：$h_W < h_N$，$d_W < d_N$。该区域夏季室外空气比较干燥，如新疆、内蒙古、甘肃、宁夏、青海等地区，空气处理系统全新风运行，室外空气经过等焓加湿后就可处理到室内送风状态点，可采用直接蒸发冷却空调系统。

Ⅳ区：$h_W < h_N$，$d_W > d_N$。该区域夏季室外空气焓值小于室内空气焓值，夏季室外新风含湿量小，但大于室内空气含湿量，空气处理系统全新风运行，室外空气经过降温除湿后就可处理到室内送风状态点。

单冷源温湿耦合集中式空气处理过程根据室内外空气温湿度之间的关系有以下几种（其共同特点是空气先经历一个等含湿量降温过程，然后经历一个冷却除湿过程）：

1. 夏季一次回风的空气处理过程

（1）当室外空气状态点位于Ⅰ区时

1）当采用定风量露点送风单风道系统时，室外空气温度高于送风温度，而室外空气的焓值大于室内空气，一次回风的集中式空气处理过程如图 2-7 所示。室外新风（状态点 W）和室内回风（状态点 N）混合到状态点 M，混合空气经过冷却除湿后被处理到状态点 S，状态点 S 也称为机器露点，其相对湿度一般在

90%～95%之间。当系统不设置再热装置时，则空气从状态点 S 直接送入空调房间。

在该空气处理过程中，低温冷源承担的空调冷负荷 Q 可通过下式计算：

$$Q = \rho L (H_M - H_S) \qquad (2\text{-}14)$$

式中　Q——低温冷源承担的空调冷负荷，kW；

　　　ρ——空气密度，kg/m³；

　　　L——送风量，m³/h；

　　　H_M——混合状态点 M 处空气的焓，kJ/kg_{干空气}；

　　　H_S——机器露点 S 处空气的焓，kJ/kg_{干空气}。

2）当采用定风量双风道露点送风系统时，空气处理过程如图 2-8 所示。图中 N_1、N_2 等分别为不同房间室内空气状态点，N 为室内空气平均状态点。先将室内回风混合至室内空气平均状态点 N，然后将室外新风和室内回风混合至状态点 M，由于每个房间的室内设计参数及热湿比均不相同，因此利用低温冷源将部分混合空气冷却除湿处理到最不利房间的机器露点 D，剩余部分的混合空气利用加热器加热或不做任何处理送入混合箱，根据不同房间的室内空气状态点（N_1、N_2 等），将处理到机器露点 D 的空气与混合状态点 M 的空气相混合，达到送风状态点 S（S_1、S_2），并送到不同的房间中。

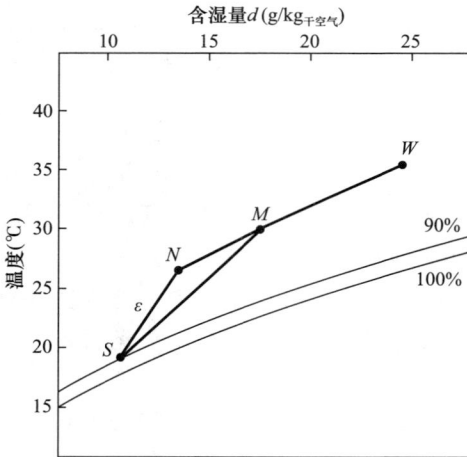

图 2-7　一次回风的集中式空气处理过程

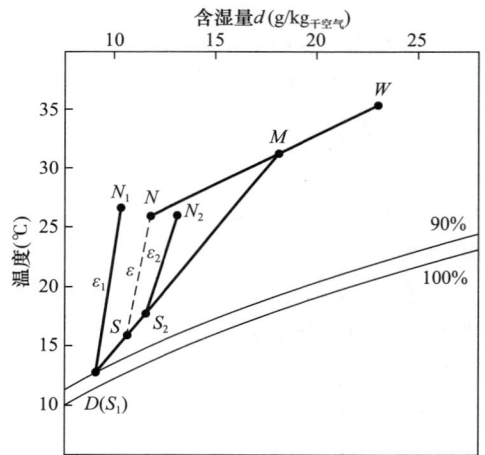

图 2-8　定风量双风道露点送风系统空气处理过程

在该空气处理过程中，低温冷源承担的空调冷负荷 Q 可通过下式计算：

$$Q = \rho L (H_M - H_D) \qquad (2\text{-}15)$$

式中　H_D——机器露点 D 处空气的焓，kJ/kg_{干空气}。

3）当采用定风量再热式双风道空调系统时，空气处理过程如图 2-9 所示。图中 N_1、N_2 分别为不同房间室内空气状态点，N 为室内空气平均状态点。先将室内回风混合至室内空气平均状态点 N，然后将室外新风和室内回风混合至状态点 M，由于每个房间的室内设计参数及热湿比均不相同，因此利用低温冷源将混合空气冷却除湿处理到最不利房间机器露点 D，根据不同房间的室内空气状态点（N_1、N_2），将处理到机器露点 D 的部分混合空气经过加热器加热至状态点 H，再与剩余部分的混合空气根据房间设计参数和冷负荷分别混合到送风状态点 S（S_1、S_2），并送到不同的房间中。

在该空气处理过程中，低温冷源承担的空调冷负荷 Q 可通过下式计算：

$$Q = \rho L (H_M - H_D) \tag{2-16}$$

4）当采用变风量单风道露点送风系统时，空气处理过程如图 2-10 所示。先将室外新风（状态点 W）和室内回风（状态点 N）混合至状态点 M 后，利用低温冷源将全部送风处理到机器露点 D，随着室内负荷的变化，室内热湿比也在变化，那么根据温度调节的结果，就不一定满足房间湿度调节的要求，调节后的室内空气状态点 N_1、N_2 的含湿量偏离了原来状态点 N 的含湿量。

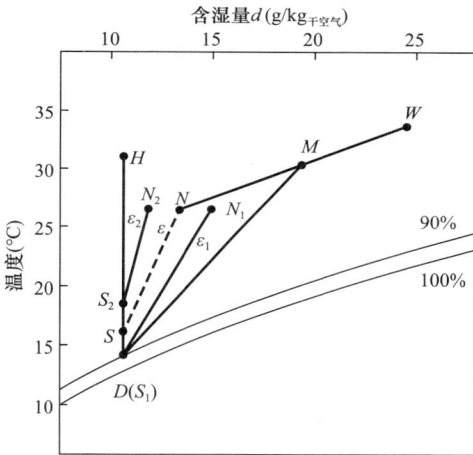

图 2-9　定风量再热式双风道空调
系统空气处理过程

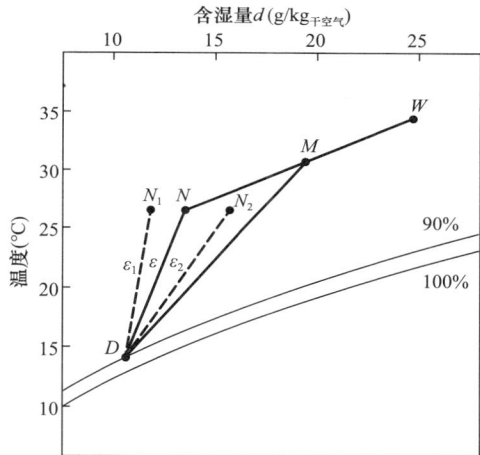

图 2-10　变风量单通道露点送风
系统空气处理过程

在该空气处理过程中，低温冷源承担的空调冷负荷 Q 可通过下式计算：

$$Q = \rho L (H_M - H_D) \tag{2-17}$$

5）当采用变风量双风道露点送风系统时，空气处理过程如图 2-11 所示。图中 N_1、N_2 分别为不同房间室内空气状态点，N 为室内空气平均状态点。先将室内回风混合至室内空气平均状态点 N，然后将室内回风分成两部分，一部分混合空气利用加热器加热或不做任何处理送入混合箱，室外新风和另一部分回风混合至状态点 M 后，由于每个房间的室内设计参数及热湿比均不相同，因此利用低温冷源将该混合空气冷却除湿处理到最不利房间机器露点 D，根据不同房间的室内空气状态点（N_1、N_2），将处理到机器露点 D 的空气与混合箱的空气相混合，达到送风状态点 S（S_1、S_2），并送到不同的房间中。

在该空气处理过程中，低温冷源承担的空调冷负荷 Q 可通过下式计算：

$$Q = \rho L (H_M - H_D) \tag{2-18}$$

（2）当室外空气状态点位于 II 区时

当室外新风的焓大于室内空气的焓，室外新风干球温度大于室内露点送风状态点干球温度，室外空气含湿量小于室内空气含湿量时，可采用两种空气处理过程（图 2-12）：一种是等含湿量的冷却降温过程，将室外新风利用冷源将含湿量冷却至状态点 S_1；另一种是将室外新风和室内回风混合至状态点 M 后，再利用冷源将总送风量等含湿量降温至送风状态点 S。对比两种空气处理过程，取能耗最小的空气处理过程作为室内空气处理过程。

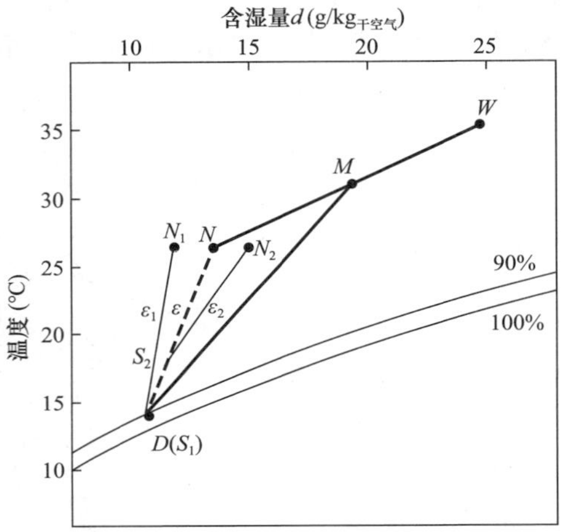

图 2-11　变风量双通道露点送风
系统空气处理过程

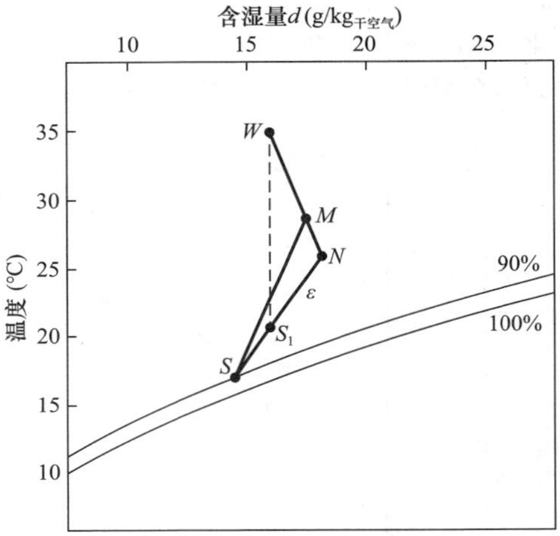

图 2-12　室外空气状态点位于 II 区的
空气处理过程

在该空气处理过程中，低温冷源承担的空调冷负荷 Q 可通过下式计算：

$$Q = \rho L (H_M - H_S) \tag{2-19}$$

（3）当室外空气状态点位于 III 区时

当室外空气的干球温度高于露点送风温度，而室外空气的焓值低于室内空气，且室外新风的含湿量等于送风含湿量要求时，空气处理过程如图 2-13 所示。将室外新风等湿冷却至送风状态点 S，并送到室内。

在该空气处理过程中，低温冷源承担的空调冷负荷 Q 可通过下式计算：

$$Q = \rho L (H_w - H_S) \tag{2-20}$$

（4）当室外空气状态点位于 IV 区时

当室外空气的干球温度高于露点送风温度，而空气的干球的焓值低于室内空气，且室外空气的含湿量高于露点送风含湿量时，一次回风的空气处理过程如图 2-14 所示。直接利用低温冷源对全部新风进行降温除湿，处理至送风状态点

S，并送到室内，此时的空调系统为直流式空调系统或者全新风空调系统。

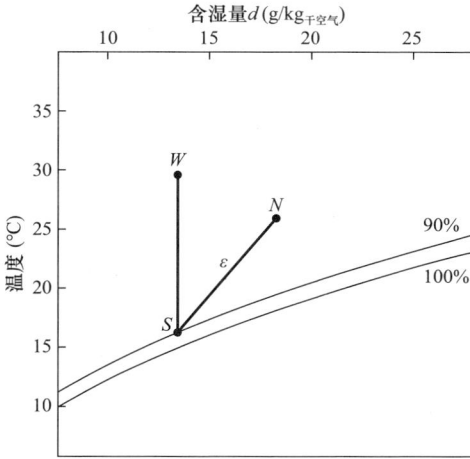

图 2-13　室外空气状态点位于
Ⅲ区的空气处理过程

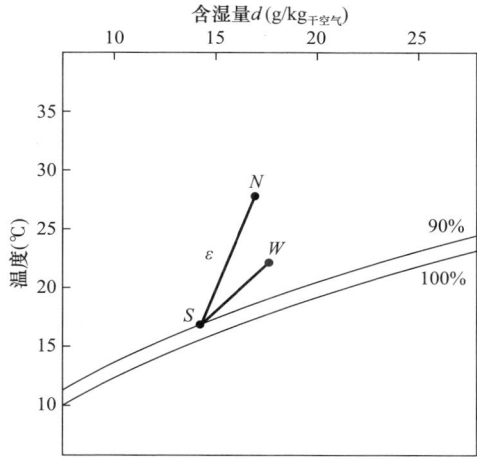

图 2-14　室外空气状态点位于
Ⅳ区的空气处理过程

在该空气处理过程中，低温冷源承担的空调冷负荷 Q 可通过下式计算：

$$Q = \rho L (H_w - H_S) \tag{2-21}$$

式中　H_w——室外空气的焓，kJ/kg；

　　　H_S——送风状态点空气的焓，kJ/kg。

在我国，当室外空气状态点处于Ⅰ区时，属于干热气候区（如新疆、内蒙古、甘肃、宁夏、青海、西藏等地区），夏季空气的干球温度高，含湿量低，其室外干燥空气不仅可直接用来消除空调区的湿负荷，还可以通过间接或者直接蒸发冷却等来消除空调区的冷负荷。在这些地区，应用蒸发冷却技术可节约大量空调系统能耗[9,10]。

蒸发冷却分为直接蒸发冷却（Direct Evaporative Cooling，DEC）和间接蒸发冷却（Indirect Evaporative Cooling，IEC）。直接蒸发冷却是指干燥空气与水直接接触的冷却过程，空气处理过程中空气与水之间的传热、传质同时发生且相互影响，空气处理过程为绝热降温加湿过程，其极限温度能达到空气的湿球温度。在某些情况下，当对被处理空气有进一步的要求，如要求较低的含湿量或焓时，应采用间接蒸发冷却。间接蒸发冷却可避免传热、传质的相互影响，空气处理过程为等湿降温过程，其极限温度能达到空气的露点温度。间接蒸发冷却又可分为两类：①利用直接蒸发冷却的二次空气通过换热器对一次空气（被冷却空气）进行干冷却；②利用蒸发冷却获得的冷水通过换热器对空气进行冷却。

直接蒸发冷却是接近等焓的过程，其空气处理过程如图 2-15 所示，室外空气状态点 W 经过等焓加湿至送风状态点 S_1，直接蒸发冷却的空气处理过程未采用露点送风状态点，空调系统的送风量大于露点送风量，空调系统的风机能耗增加。

用冷却效率 E_d 来评价直接蒸发冷却的换热效能，可通过下式计算：

$$E_d = \frac{t_w - t_1}{t_w - t_{wb}} \tag{2-22}$$

式中　E_d——直接蒸发冷却器冷却效率；

　　　t_w——室外空气的干球温度，℃；

　　　t_1——室内送风的干球温度，℃；

　　　t_{wb}——室外空气的湿球温度，℃。

间接蒸发冷却器类似于空气—空气换热器，换热器换热面的一侧是被冷却空气（称为一次空气），另一侧是蒸发冷却的空气（称为二次空气），二次空气在通过空气—空气换热器的同时进行淋水循环，室外空气状态点 W 等含湿量冷却至送风状态点 S_1，间接蒸发冷却的空气处理过程未采用露点送风，空调系统的送风量大于露点送风量，空调系统的风机能耗增加。常用的间接蒸发冷却器有两类：板翅式和管式。间接蒸发冷却的空气处理过程如图 2-16 所示。

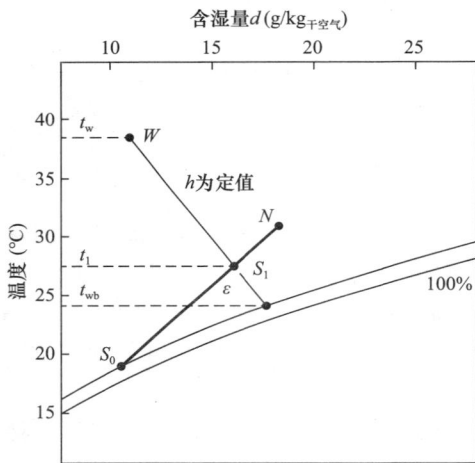

图 2-15　直接蒸发冷却的空气处理过程　　图 2-16　间接蒸发冷却的空气处理过程

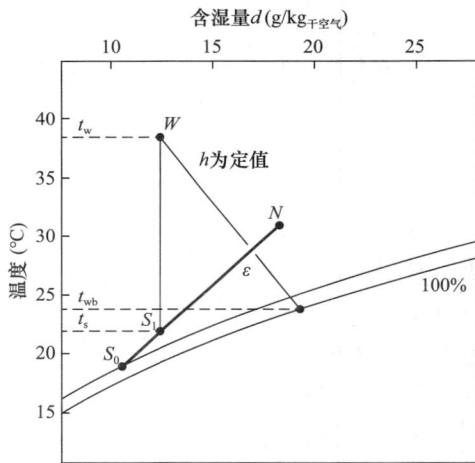

间接蒸发冷却的换热效率也用冷却效率 η_{IEC} 来评价。

$$\eta_{IEC} = \frac{t_w - t_s}{t_w - t_{wb}} \tag{2-23}$$

式中　η_{IEC}——间接蒸发冷却的冷却效率；

　　　t_w——一次空气进口干球温度，℃；

　　　t_s——一次空气出口干球温度，℃；

　　　t_{wb}——二次空气进口湿球温度，℃。

在空调系统中，蒸发冷却的空气处理过程通常有一级蒸发冷却、二级蒸发冷却和三级蒸发冷却，三级蒸发冷却的空气处理过程如图 2-17 所示。

一级蒸发冷却：我国有一些地区夏季空调室外计算干、湿球温度不高，可以用一级直接蒸发冷却或者间接蒸发冷却对室外空气进行冷却，冷却后的空气状态可以达到舒适性空调的送风要求。

二级蒸发冷却：室外空气先经间接冷却处理，再进行直接蒸发冷却，以获得温度和含湿量均较低的送风状态。

三级蒸发冷却：第一级间接蒸发冷却用冷却塔的冷水通过空气冷却器对室外空气进行冷却，第二级为间接蒸发冷却，第三级为直接蒸发冷却。

当室外空气状态点位于Ⅲ区右下角时，存在一种特殊的空气处理过程，室外空气的干球温度低于露点送风温度，当室外空气状态点在 ε 线上时，将室外空气（状态点 W）和室内回风（状态点 N）混合至状态点 M 后，直接送入室内，空气处理过程如图 2-18 所示，此时空气冷却除湿过程不需要任何冷源，但是空调系统送风量大于露点送风方式，空调系统风机能耗增加；当室外空气状态点不在 ε 线上时，将室外空气（状态点 W）和室内回风（状态点 N）混合至状态点 M 后，如果室外空气不采取任何加热措施直接送入室内，室内空气状态点将偏离原设计状态点，此时可采取加热、间歇运行、减少新风量等措施来保证室内设计状态点，有以下三种空气处理过程：

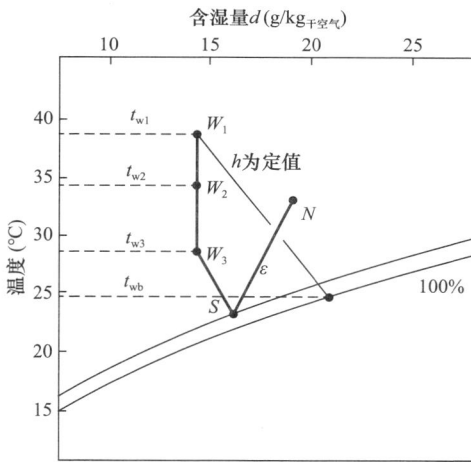

图 2-17　三级间接蒸发冷却的空气处理过程

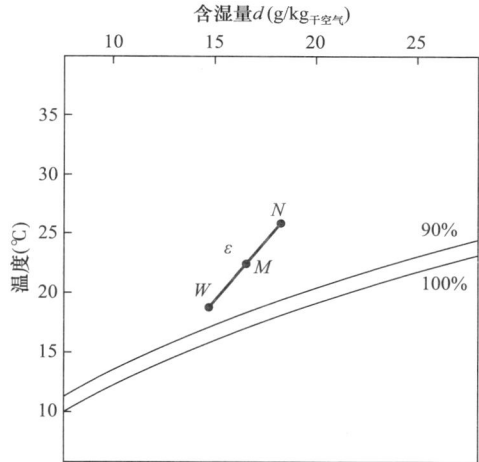

图 2-18　室外空气的干球温度低于露点送风温度的空气处理过程

当室外空气状态点不在 ε 线上时，室外新风与室内回风混合后，空气状态点在 $\varphi=100\%$ 曲线的右上侧 "湿空气" 区时，空气处理过程如图 2-19 所示。先将室外新风（状态点 W）和室内回风（状态点 N）混合至状态点 M 后，通过等温加湿将送风调节至送风状态点 S，送到室内。

在该空气处理过程中，空调承担的空调热负荷 Q 可通过下式计算：

$$Q = \rho L (H_S - H_M) \tag{2-24}$$

当室外新风温度低于送风点温度，室外新风与室内回风混合后，空气状态点位于 $\varphi=100\%$ 曲线的右上侧"湿空气"区，等温加湿后空气状态点可能落在 $\varphi=100\%$ 曲线的右下侧"雾区"时，空气处理过程如图 2-20 所示。先将室外新风（状态点 W）和室内回风（状态点 N）混合至状态点 M 后，通过加热器将送风等湿加热至与送风等温的状态点 H 后，等温加湿至送风状态点 S，送到室内。

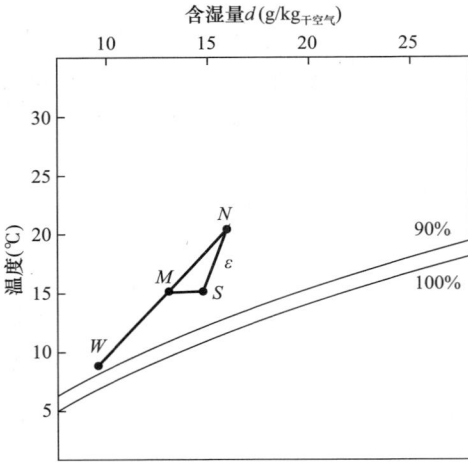

图 2-19　冬季等温加湿的空气处理过程

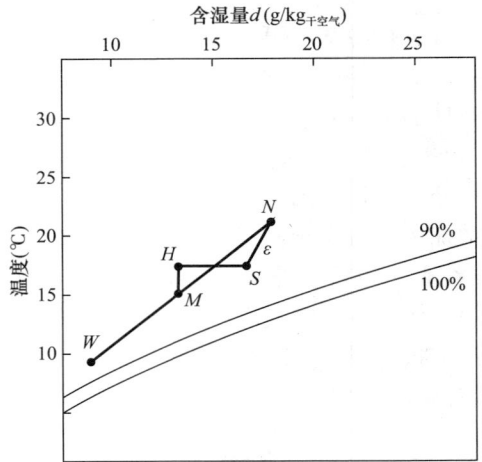

图 2-20　冬季等湿加热、等温加湿的
空气处理过程

在该空气处理过程中，空调系统承担的空调热负荷 Q 可通过下式计算：

$$Q = \rho L (H_S - H_M) \tag{2-25}$$

当室外新风与室内回风混合后，空气状态点可能落在 $\varphi=100\%$ 曲线的右下侧"雾区"时，空气中将有凝结水析出，有可能产生结霜，为此应先对室外新风进行预热，空气处理过程如图 2-21 所示。先将室外新风（状态点 W）等湿加热至状态点 H 后，再将室内回风（状态点 N）和处理至状态点 H 的室内回风混合至状态点 M，等温加湿至送风状态点 S，送到室内。

在该空气处理过程中，空调系统承担的空调热负荷 Q 可通过下式计算：

$$Q = \rho L (H_S - H_M) + \rho L_x (H_H - H_W) \tag{2-26}$$

式中　　　　　　Q——空调冷负荷，kW；

L_x——室外新风量，m³/h；

H_S、H_M、H_H、H_W——分别为状态点 S、M、H、W 空气的焓，kJ/kg。

2. 冬季一次回风的空气处理过程

冬季一次回风的空气处理过程详见《实用供热空调设计手册（第二版）》表 22.3-3 中的空气处理过程，先将室外新风在加热器中预热，预热后的新风与室内回风混合，混合后的空气经过二次加热，最后等温加湿至室内送风状态点，送入室内，空气处理过程可参考《实用供热空调设计手册（第二版）》图 22.3-4。

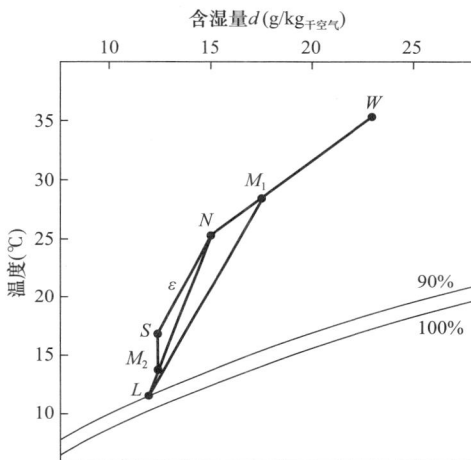

3. 夏季二次回风的空气处理过程

当室外空气状态点位于Ⅰ区，室外新风温度高于送风温度，新风的焓值高于室内空气时，二次回风的空气处理过程如图 2-22 所示。室外新风（状态点 W）和室内回风（状态点 N）第一次混合到状态点 M_1，一次混合空气经过第一级表冷器冷却除湿后被处理到状态点 L 点，状态点 L 的空气与室内空气进行二次混合，至状态点 M_2，状态点 M_2 的空气被再热至送风状态点 S，送入室内。

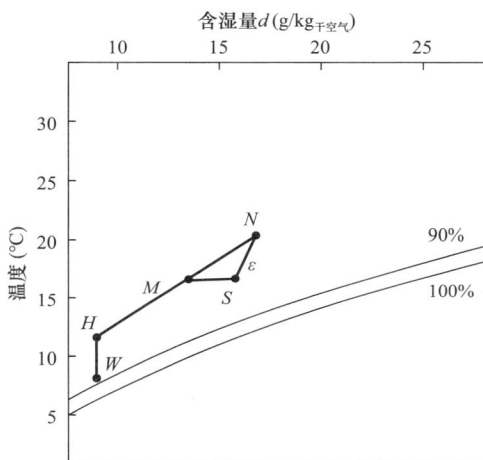

图 2-21　室外新风预热的空气处理过程　　　图 2-22　夏季二次回风的空气处理过程

在该空气处理过程中，空调冷负荷 Q 和再热负荷 Q' 可通过式（2-27）和式（2-28）计算：

$$Q = \rho L (H_{M_1} - H_L) \tag{2-27}$$

$$Q' = \rho L (H_S - H_{M_2}) \tag{2-28}$$

式中　　　　　　Q——空调冷负荷，kW；

$\qquad\qquad\qquad Q'$——再热负荷，kW；

H_{M_1}、H_L、H_S、H_{M_2}——分别为状态点 M_1、L、S、M_2 空气的焓，kJ/kg。

4. 冬季二次回风的空气处理过程

首先，室外新风经过预热盘管预热后，从状态点 W 预热至状态点 W_1，再将预热后的新风与室内回风（状态点 N）混合到状态点 M，然后再将状态点 M 的混合空气等温加湿到状态点 M_1，加湿后的混合空气与室内空气进行二次混合至状态点 C，状态点 C 的空气被二次加热至送风状态点 S，送入室内（图 2-23）。

在该空气处理过程中，空调预热负荷 Q'、二次加热热负荷 Q'' 和加湿量 W 可通过式（2-29）～式（2-31）计算：

$$Q' = \rho L_x (H_{W_1} - H_W) \tag{2-29}$$

$$Q'' = \rho L (H_S - H_C) \tag{2-30}$$

$$W = \rho L_1 (d_{M_1} - d_M) \qquad (2\text{-}31)$$

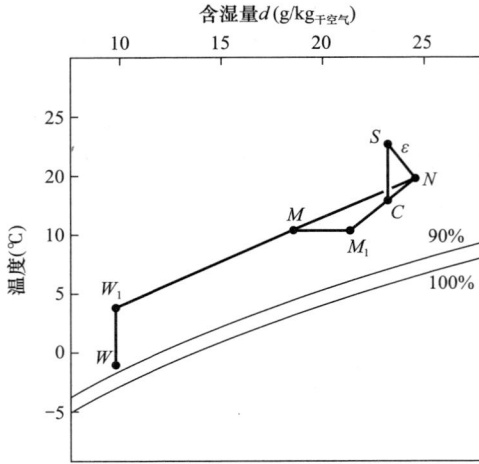

图 2-23　冬季二次回风的空气处理过程

式中　　　　　　　Q'——空调预热负荷，kW；

　　　　　　　　Q''——二次加热热负荷，kW；

　　　　W——加湿量，g；

H_{W_1}、H_W、H_S、H_C——分别为状态点 W_1、W、S、C 空气的焓，kJ/kg；

　　　d_{M_1}、d_M——分别为状态点 M_1、M 空气的含湿量，g/kg干空气；

　　L_x、L_1、L——分别为新风量、新风量和第一次回风量之和、总的送风量，m³。

2.2.2　单冷源温湿耦合分散式空气处理过程

单冷源温湿耦合分散式空气处理过程有两种：一种是室内回风和室外新风分别处理，混合后送入室内；另一种是室内回风和室外新风分别处理，处理后分别送入室内再混合。采用统一的低温冷源（如 7℃的冷水）来完成对新风、室内回风的处理。

1. 预混型空气处理过程

室外新风（状态点 W）经过低温表冷器冷却除湿后，通常被处理到状态点 L_1（状态点 L_1 可以是室内空气状态点的等含湿量点、等焓点等不同状态点），室内空气（状态点 N）经过低温表冷器被冷却除湿到状态点 L_2，处理后的新风（状态点 L_1）与处理后的回风（状态点 L_2）混合至送风状态点 S，送入室内，如图 2-24 所示。

2. 后混型空气处理过程

室外新风（状态点 W）经过低温表冷器冷却除湿后，通常被处理到状态点

L_1（状态点 L_1 可以是室内空气状态点的等含湿量点、等焓点等不同状态点），室内空气（状态点 N）经过低温表冷器被冷却除湿到状态点 L_2，状态点 L_2 的回风单独送入室内，与室内空气热湿交换后达到状态点 N'，最后与状态点 L_1 的新风在室内混合到室内空气状态点 N，如图 2-25 所示。

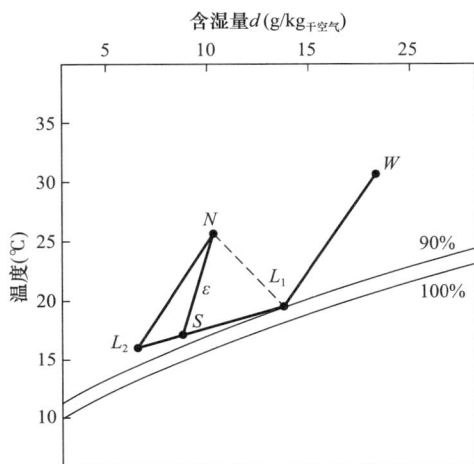

图 2-24　单冷源温湿耦合分散式
预混型空气处理过程

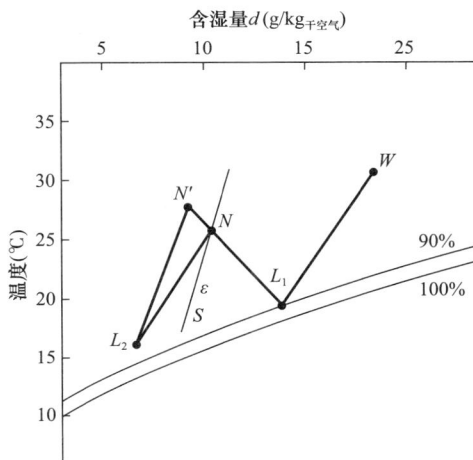

图 2-25　单冷源温湿耦合分散式后
混型空气处理过程

在该空气处理过程中，空调冷负荷 Q 通过下式计算：

$$Q = \rho L (H_N + H_W - H_{L_1} - H_{L_2}) \tag{2-32}$$

式中　　　　　　　Q——空调冷负荷，kW；

H_N、H_W、H_{L_1}、H_{L_2}——分别为状态点 N、W、L_1、L_2 空气的焓，kJ/kg。

2.3　双冷源温湿耦合的空气处理过程[2]

在双冷源温湿耦合空调系统中，集中式空气处理过程有 5 种，分散式空气处理过程有 2 种。双冷源温湿耦合集中式空气处理过程仅对室外空气状态点位于 I 区的情况进行研究，其他分区的空气处理过程另行讨论[11]。5 种集中式空气处理过程对应的是双冷源温湿耦合四管制空调系统的空气处理过程。双冷源温湿耦合两管制和三管制空调系统的空气处理过程可参考单冷源温湿耦合空气处理过程。

2.3.1　双冷源温湿耦合集中式空气处理过程

1. 空气处理过程 1

如图 2-26 所示，先利用高温冷源将室外新风（状态点 W）处理到状态点 L_1，同时将室内回风（状态点 N）等含湿量冷却至状态点 L_2，再将处理后的新风（状态点 L_1）与室内回风（状态点 L_2）混合至状态点 L，然后利用低温冷源处理到露点送风状态点 S 后送到室内。这种空气处理过程充分体现了科学用能的理念，温度高的空气用高温冷源处理，温度低的空气用低温冷源处理。

该空气处理过程中高温冷源承担的空调负荷 Q_1 可通过式（2-33）计算，低温冷源承担的空调负荷 Q_2 可通过式（2-34）计算：

$$Q_1 = \rho L[m(H_W - H_{L_1}) + (1-m)(H_N - H_{L_2})] \qquad (2-33)$$

$$Q_2 = \rho L(H_L - H_S) \qquad (2-34)$$

式中　m——新风比。

2. 空气处理过程 2

如图 2-27 所示，先利用高温冷源将室外新风（状态点 W）处理到状态点 L_1，再将处理后的新风（状态点 L_1）与室内回风（状态点 N）混合至状态点 M 后继续利用高温冷源冷却至状态点 L_2，最后利用低温冷源处理到露点送风状态点 S，送入室内。

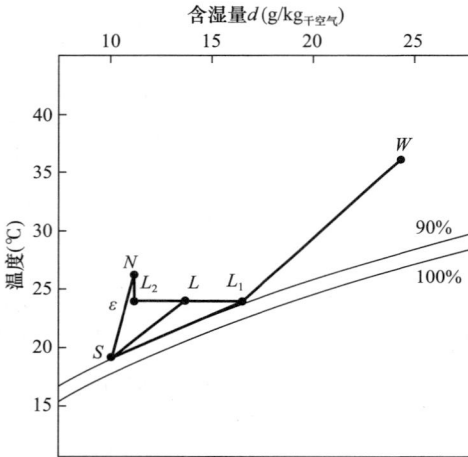

图 2-26　双冷源温湿耦合集中式空气处理过程 1　　图 2-27　双冷源温湿耦合集中式空气处理过程 2

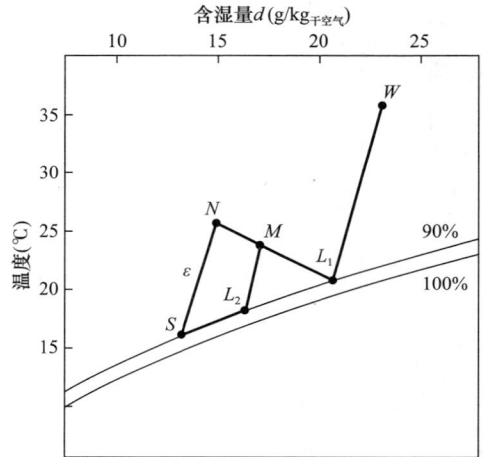

该空气处理过程中高温冷源承担的空调负荷 Q_1 可通过式（2-35）计算，低温冷源承担的空调负荷 Q_2 可通过式（2-36）计算：

$$Q_1 = \rho L[m(H_W - H_{L_1}) + H_M - H_{L_2}] \qquad (2-35)$$

$$Q_2 = \rho L(H_{L_2} - H_S) \qquad (2-36)$$

3. 空气处理过程 3

根据空气处理过程 2 中高温冷源和低温冷源承担的空调负荷的比例不同，衍生出空气处理过程 3，如图 2-28 所示。先利用高温冷源将室外新风（状态点 W）等含湿量冷却至状态点 L_1，再将处理后的新风（状态点 L_1）与室内回风（状态点 N）混合至状态点 M，最后利用低温冷源处理到露点送风状态点 S 后送入室内。

该空气处理过程中高温冷源承担的空调负荷 Q_1 可通过式（2-37）计算，低温冷源承担的空调负荷 Q_2 可通过式（2-38）计算：

$$Q_1 = \rho L m (H_W - H_{L_1}) \tag{2-37}$$

$$Q_2 = \rho L (H_M - H_S) \tag{2-38}$$

4. 空气处理过程 4

如图 2-29 所示，先将室外新风（状态点 W）和室内回风（状态点 N）混合至状态点 M，然后利用高温冷源将全部送风冷却至状态点 L，再利用低温冷源将全部送风处理到送风状态点 S，送入室内。

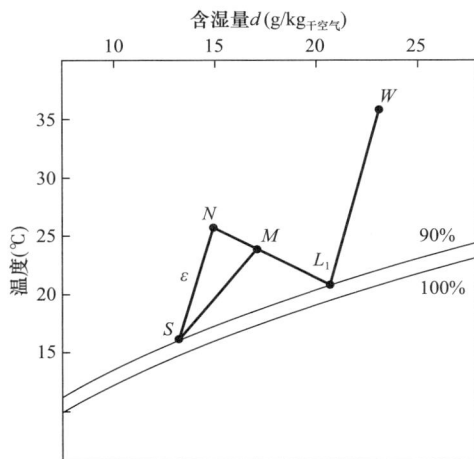

图 2-28　双冷源温湿耦合集中式
空气处理过程 3

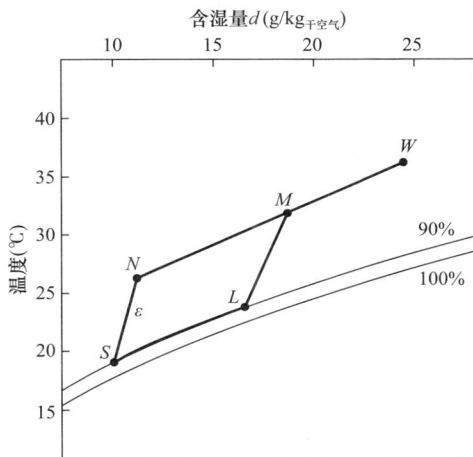

图 2-29　双冷源温湿耦合集中式
空气处理过程 4

该空气处理过程中高温冷源承担的空调负荷 Q_1 可通过式（2-39）计算，低温冷源承担的空调负荷 Q_2 可通过式（2-40）计算：

$$Q_1 = \rho L (H_M - H_L) \tag{2-39}$$

$$Q_2 = \rho L (H_L - H_S) \tag{2-40}$$

5. 空气处理过程 5

根据空气处理过程 4 中高温冷源和低温冷源承担的空调负荷的比例不同，衍生出空气处理过程 5，如图 2-30 所示。将室外新风（状态点 W）和室内回风（状态点 N）混合至状态点 M，然后利用高温冷源将全部送风等含湿量冷却至混合空气的露点 L（状

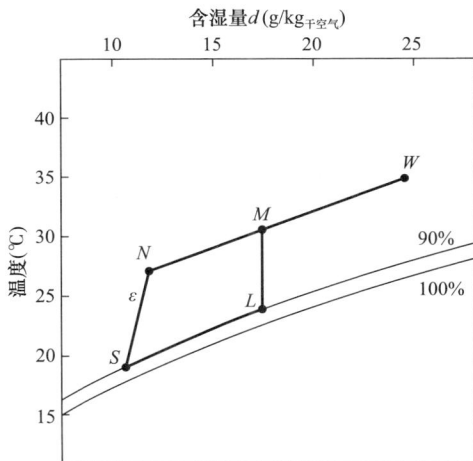

图 2-30　双冷源温湿耦合
集中式空气处理过程 5

态点 L 的空气含湿量等于状态点 M），再利用低温冷源将总送风量（状态点 L）处理到送风状态点 S，然后送入室内。

该空气处理过程中高温冷源承担的空调负荷 Q_1 可通过式（2-41）计算，低温冷源承担的空调负荷 Q_2 可通过式（2-42）计算：

$$Q_1 = \rho L (H_M - H_L) \tag{2-41}$$
$$Q_2 = \rho L (H_L - H_S) \tag{2-42}$$

2.3.2 双冷源温湿耦合分散式空气处理过程

与单冷源温湿耦合分散式空气处理过程不同，双冷源温湿耦合分散式空气处理过程采用两种不同温度的冷源进行冷却除湿。双冷源温湿耦合分散式空气处理过程有两种：第一种是室内回风和室外新风分别处理，混合后送入室内；第二种是室内回风和室外新风分别处理，处理后分别送入室内再混合。

1. 预混型空气处理过程

如图 2-31 所示，室外新风（状态点 W）经过高温冷源冷却除湿至状态点 L_1，状态点 L_3 为室内空气等焓点，状态点 L_1 的空气干球温度与高温表冷器[高温表冷器利用外界高温冷源提供的高温冷水（12～17℃）] 的供水温度有关，二者之间的温差越小，新风承担的室内负荷越大，进而高温冷源承担的空调负荷比例就越大，室内回风（状态点 N）经过低温冷源处理至状态点 L_2，状态点 L_1 的新风和状态点 L_2 的回风混合到达送风状态点 S 后送入室内。

2. 后混型空气处理过程

如图 2-32 所示，室外新风（状态点 W）经过高温冷源冷却除湿至状态点 L_1，状态点 L_3 为室内空气等焓点，状态点 L_1 的空气干球温度与高温表冷器

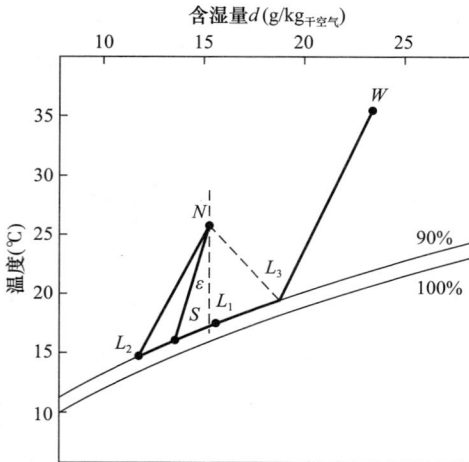

图 2-31 双冷源温湿耦合分散式预混型空气处理过程

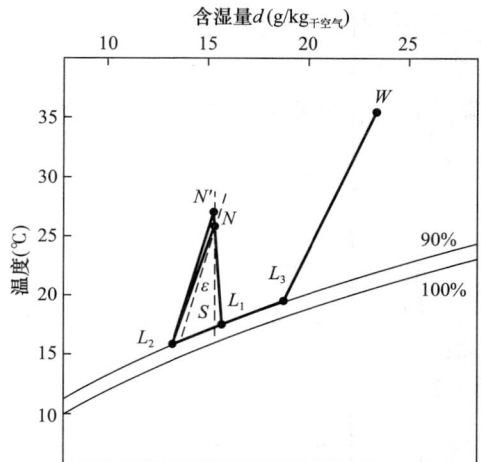

图 2-32 双冷源温湿耦合分散式后混型空气处理过程

［高温表冷器利用外界高温冷源提供的高温冷水（12～17℃）］的供水温度有关，二者之间的温差越小，新风承担的室内负荷就越大，进而高温冷源承担的空调负荷比例就越大，室内回风（状态点 N）经过低温冷源处理至状态点 L_2，状态点 L_2 的回风单独送入室内，与室内空气热湿交换后达到状态点 N'，最后与状态点 L_1 的新风在室内混合到室内空气状态点 N。

　　双冷源温湿耦合分散式空气处理过程中，高温冷源承担的空调负荷 Q_1 可通过式（2-43）计算，低温冷源承担的空调负荷 Q_2 可通过式（2-44）计算：

$$Q_1 = \rho L_x(H_w - H_{L_1}) \tag{2-43}$$

$$Q_2 = \rho L_h(H_N - H_{L_2}) \tag{2-44}$$

式中　L_x——室外新风量，m^3/h；

　　　L_h——室内回风量，m^3/h。

　　对以上各空气处理过程进行分析：①在双冷源温湿耦合空调系统中，高温冷源和低温冷源共同承担空调负荷，不同的空气处理过程中，高、低温冷源承担的空调负荷的比例不同。在双冷源温湿耦合集中式空气处理过程 1、2、4 中，高温冷源与低温冷源承担的空调负荷的比例均未知，需根据服务建筑的空调逐时负荷的特点分析得出；只有双冷源温湿耦合集中式空气处理过程 3 和 5 中，高温冷源与低温冷源承担的空调负荷的比例是定值。②除双冷源温湿耦合集中式空气处理过程 3 和 5 外，在相同的空气处理过程中，高、低温冷源的出水温度不同，其承担的空调负荷的比例也不同。总之，高温冷源与低温冷源承担的空调负荷的比例不仅与空气处理过程有关，还与高、低温冷源的出水温度有关。

2.4　单冷源温湿解耦的空气处理过程

　　单冷源温湿解耦空调系统也称为温湿度独立控制空调系统，采用温度和湿度两套独立的空调子系统分别调节室内的温度与湿度，从而避免了常规空调系统中热湿联合处理所带来的能量损失。温度控制系统包括高温冷源、降温单元等；湿度控制系统包括低温冷源、除湿单元等。单冷源温湿解耦的空气处理过程仅对室外空气状态点位于Ⅰ区的情况进行研究，其他分区的空气处理过程另行讨论。

2.4.1　单冷源温湿解耦集中式空气处理过程

　　单冷源温湿解耦集中式空气处理过程有两种：一种是完全解耦的空气处理过程，另一种是部分解耦的空气处理过程[2]。

1. 完全解耦的空气处理过程

　　夏季工况：高温潮湿的室外新风先进入高温表冷器［高温表冷器利用外界高温冷源提供的高温冷水（12～17℃）］进行预冷，新风从状态点 W 被等湿冷却至状态点 L_1（状态点 W 的空气含湿量与状态点 L_1 相等），预冷后新风进入除湿单元与等温溶液直接接触进行质交换，新风继续被处理至状态点 L_2（状态点 L_2 的空气干球温度与状态点 L_1 相等），新风继续利用低温冷源从状态点 L_2 被等湿冷却至状态点 L_4（状态点 L_2 的空气含湿量与状态点 L_4 相等），同时，室内回风（状态点 N）利用高温冷源提供的高温冷水（12～17℃）处理至露点 L_3，再将新风（状态点 L_4）与回风（状态点 L_3）混合至送风状态点 S，送入室内，如图 2-33 所示。在完全解耦的空气处理过程中，由除湿单元和高、低温表冷器分别控制送风的湿度和温度，整个空气处理过程由 3 个等湿降温过程和 1 个等温除湿过程组成，4 个空气处理过程共同组成了完全解耦的空气处理过程。

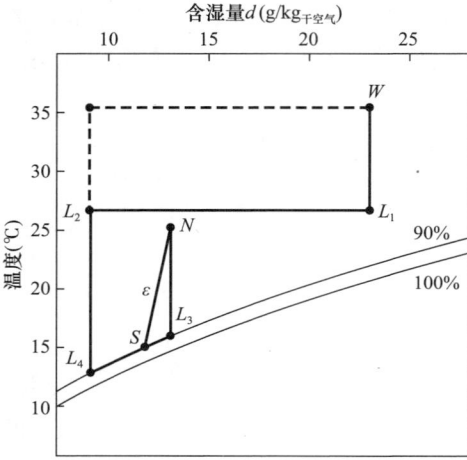

图 2-33　单冷源温湿完全解耦集中式
空气处理过程

在该空气处理过程中，高温冷源承担的空调负荷 Q_1 可通过式（2-45）计算，低温冷源承担的空调负荷 Q_2 可通过式（2-46）计算，溶液除湿单元承担的湿负荷 W 可通过式（2-47）计算：

$$Q_1 = \rho L_x (H_W - H_{L_1}) + \rho L_h (H_N - H_{L_3}) \tag{2-45}$$

$$Q_2 = \rho L_x (H_{L_2} - H_{L_4}) \tag{2-46}$$

$$W = \rho L_x (d_{L_1} - d_{L_2}) \tag{2-47}$$

式中　　L_x——室外新风量，m^3/h；

L_h——室内回风量，m^3/h；

H_{L_3}、H_{L_4}——分别为状态点 L_3、L_4 空气的焓，$kJ/kg_{干空气}$；

d_{L_1}、d_{L_2}——分别为状态点 L_1、L_2 空气的含湿量，$g/kg_{干空气}$。

2. 部分解耦的空气处理过程

部分解耦的空气处理过程有 4 种。

（1）空气处理过程 1：高温潮湿的新风先进入除湿单元与低温溶液直接接触进行热质交换，新风从状态点 W 被降温除湿至状态点 L_2。低温低湿的新风（状态点 L_2）与回风（状态点 N）混合至状态点 M，混合空气进入高温表冷器［高温表冷器利用高温冷源提供的高温冷水（12～17℃）］进行降温，最后被处理至送风状态点 S，送入室内，如图 2-34 所示。

在该空气处理过程中，高温冷源承担的空调负荷 Q_1 可通过式（2-48）计算，溶液除湿单元承担的空调负荷 Q_2 可通过式（2-49）计算，溶液除湿单元承担的湿负荷 W 可通过式（2-50）计算：

$$Q_1 = \rho L (H_M - H_S) \tag{2-48}$$

$$Q_2 = \rho L_x (H_w - H_{L_2}) \tag{2-49}$$

$$W = \rho L_x (d_w - d_{L_2}) \tag{2-50}$$

（2）空气处理过程 2：在空气处理过程 1 的基础之上演化而来，增加 1 级高温表冷器预冷高温潮湿的室外新风，最大限度地利用集中高温冷源，使集中高温冷源承担的空调负荷达到最大值。高温潮湿的新风先进入预冷高温表冷器［高温表冷器利用高温冷源提供的高温冷水（12～17℃）］进行预冷，室外新风从状态点 W 被冷却至状态点 L_1，然后进入除湿单元与低温溶液直接接触进行热质交换，新风从状态点 L_1 被降温除湿至状态点 L_2。低温低湿的新风（状态点 L_2）与回风（状态点 N）混合至状态点 M，混合空气进入高温表冷器［高温表冷器利用高温冷源提供的高温冷水（12～17℃）］进行降温，最后被处理至送风状态点 S，送入室内，如图 2-35 所示。

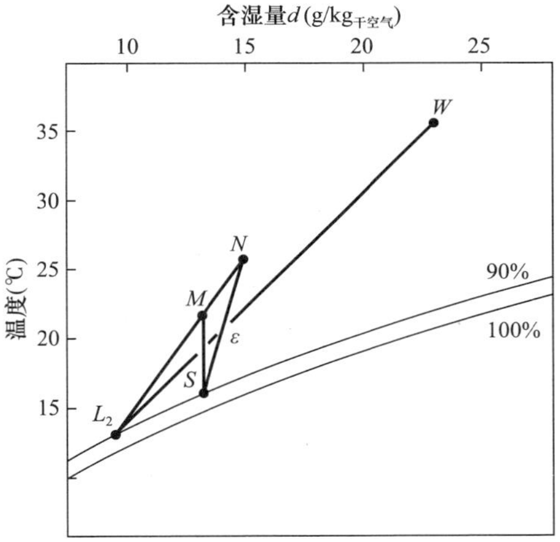

图 2-34　单冷源温湿部分解耦集中式
空气处理过程 1（夏季工况）

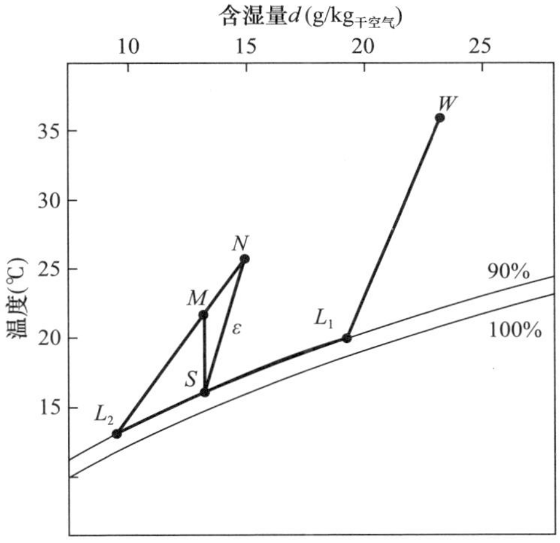

图 2-35　单冷源温湿部分解耦集中式
空气处理过程 2（夏季工况）

在该空气处理过程中，高温冷源承担的空调负荷 Q_1 可通过式（2-51）计算，溶液除湿单元承担的空调负荷 Q_2 可通过式（2-52）计算，溶液除湿单元承担的湿负荷 W 可通过式（2-53）计算：

$$Q_1 = \rho L_x (H_w - H_{L_1}) + \rho L (H_M - H_S) \tag{2-51}$$

$$Q_2 = \rho L_x (H_{L_1} - H_{L_2}) \tag{2-52}$$

$$W = \rho L_x (d_{L_1} - d_{L_2}) \tag{2-53}$$

（3）空气处理过程 3（夏季工况）：高温潮湿的新风（状态点 W）先与室内回风（状态点 N）混合至状态点 M，混合后的空气进入高温表冷器［高温表冷器利用高温冷源提供的高温冷水（12～17℃）］进行降温，混合空气从状态点 M 被冷却到状态点 L_1，然后进入除湿单元与低温溶液直接接触进行热质交换，混合空气被冷却除湿到送风状态点 S，送入室内如图 2-36 所示。

在该空气处理过程中，高温冷源承担的空调负荷 Q_1 可通过式（2-54）计算，溶液除湿单元承担的空调负荷 Q_2 可通过式（2-55）计算，溶液除湿单元承担的湿负荷 W 可通过式（2-56）计算：

$$Q_1 = \rho L(H_M - H_{L_1}) \tag{2-54}$$

$$Q_2 = \rho L(H_{L_1} - H_S) \tag{2-55}$$

$$W = \rho L(d_{L_1} - d_S) \tag{2-56}$$

（4）空气处理过程 4：在空气处理过程 3 的基础之上演化而来，采用 2 级高温表冷器，通过增加表冷器换热面积的方式，最大限度地利用集中高温冷源，使高温冷源承担的空调负荷达到最大值。高温潮湿的新风先进入第一级高温表冷器［高温表冷器利用高温冷源提供的高温冷水（12～17℃）］进行预冷，室外新风从状态点 W 被冷却至状态点 L_1，然后与室内回风（状态点 N）混合至状态点 M，混合后的空气进入第二级高温表冷器［高温表冷器利用高温冷源提供的高温冷水（12～17℃）］进行降温，混合空气从状态点 M 被冷却除湿到状态点 L_2，然后进入除湿单元与低温溶液直接接触进行热质交换，混合空气被处理到送风状态点 S，送入室内如图 2-37 所示。

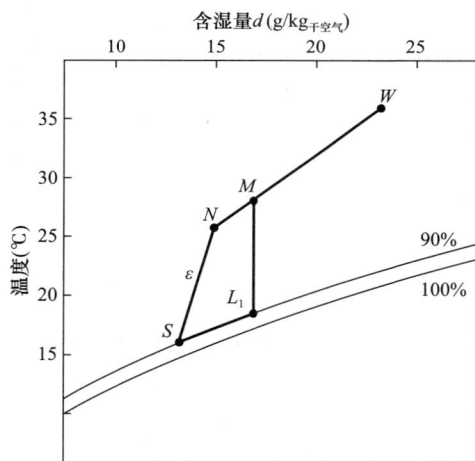

图 2-36　单冷源温湿部分解耦集中式
空气处理过程 3（夏季工况）

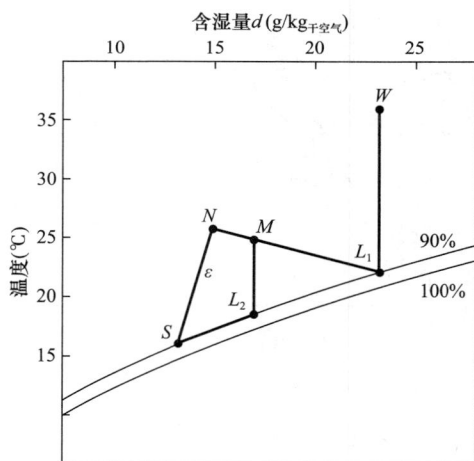

图 2-37　单冷源温湿部分解耦集中式
空气处理过程 4（夏季工况）

在该空气处理过程中，高温冷源承担的空调负荷 Q_1 可通过式（2-57）计算，溶液除湿单元承担的空调负荷 Q_2 可通过式（2-58）计算，溶液除湿单元承担的湿负荷 W 可通过式（2-59）计算：

$$Q_1 = \rho L_x(H_W - H_{L_1}) + \rho L(H_M - H_{L_2}) \tag{2-57}$$

$$Q_2 = \rho L(H_{L_2} - H_S) \tag{2-58}$$

$$W = \rho L(d_{L_2} - d_S) \tag{2-59}$$

与完全解耦的空气处理过程一样，在部分解耦的空气处理过程中由除湿单元和表冷器分别控制送风的温度和湿度,所不同的是部分解耦的空气处理过程由耦合处理过程和解耦处理过程组成。

3. 部分解耦的冬季空气处理过程

冬季工况下,低温干燥的新风先进入加湿单元进行加湿。湿润的新风和回风混合,通过外界提供的热水(50℃/45℃)对混合空气加热,达到送风状态点。由加湿单元和加热器分别控制送风的温度和湿度。

2.4.2 单冷源温湿解耦分散式空气处理过程

单冷源温湿解耦分散式空气处理过程采用新风集中处理、回风分散处理的方式。与双冷源温湿耦合分散式空气处理方式不同,单冷源温湿解耦分散式空气处理方式采用温湿度独立控制的方法,室外新风被处理到可以承担室内湿负荷的状态后再被送入室内,实现湿度控制,室内回风被处理至可以承担室内显热负荷状态后再被送入室内,承担温度控制任务。

单冷源温湿解耦分散式空气处理过程有两种:第一种是室内回风和室外新风分别处理,混合后送入室内;第二种是室内回风和室外新风分别处理,处理后分别送入室再混合。

1. 预混型空气处理过程

如图 2-38 所示,室外新风(状态点 W)先进入除湿单元中被降温、除湿到状态点 L_2,室内回风(状态点 N)经过高温表冷器[高温表冷器利用高温冷源提供的高温冷水(12~17℃)]被处理至状态点 L_1,状态点 L_1 的新风和状态点 L_2 的回风混合达到送风状态点 S,送入房间。

2. 后混型空气处理过程

如图 2-39 所示,室外新风(状态点 W)先进入除湿单元中被降温、除湿到

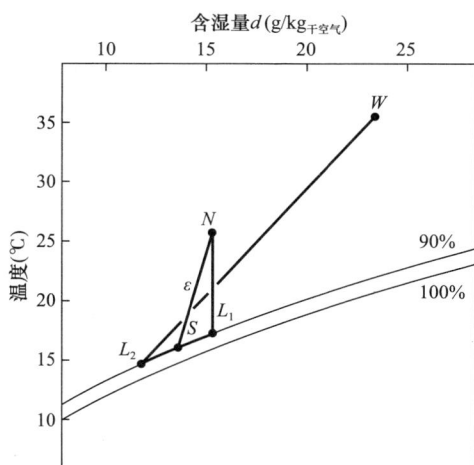

图 2-38 单冷源温湿解耦分散式
预混型空气处理过程

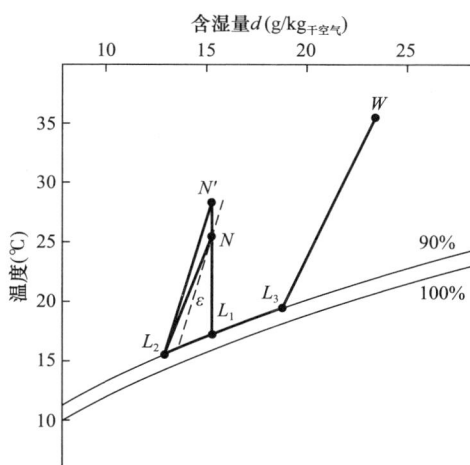

图 2-39 单冷源温湿解耦分散式
后混型空气处理过程

状态点 L_3，然后深度处理至状态点 L_2，室内回风经过高温表冷器［高温表冷器利用高温冷源提供的高温冷水（$12\sim17℃$）］处理至状态点 L_1，状态点 L_2 的新风单独送入室内后与室内空气热湿交换后达到状态点 N'，最后与被处理后的回风（状态点 L_1）在室内混合到室内空气状态点 N。

单冷源温湿耦合分散式空气处理过程中高温冷源承担的空调负荷 Q_1 可通过式（2-60）计算，溶液除湿单元承担的空调负荷 Q_2 可通过式（2-61）计算，溶液除湿单元承担的湿负荷 W 可通过式（2-62）计算：

$$Q_1 = \rho L_h (H_N - H_{L_1}) \tag{2-60}$$

$$Q_2 = \rho L_x (H_W - H_{L_2}) \tag{2-61}$$

$$W = \rho L_x (d_W - d_{L_2}) \tag{2-62}$$

2.5 双冷源温湿解耦的空气处理过程

在双冷源温湿解耦空调系统中，高温冷源一般采用集中冷源提供 $13\sim18℃$ 的高温冷水，低温冷源采用分散设置的直接蒸发或者集中冷源，通常提供 $7\sim12℃$ 的低温冷水，夏季新风的处理过程由高、低温两组冷源组合完成，回风利用高温冷源处理。

与单冷源温湿解耦的空气处理过程不同的是，所有双冷源温湿解耦的空气处理过程均属于部分温湿解耦的空气处理过程，无法实现完全温湿解耦。在双冷源温湿解耦的空气处理过程中，可以利用除湿机组冷凝器的废热再热空气，防止因送风温度过低而出现风口结露的现象。

双冷源温湿解耦的空气处理过程仅对室外空气状态点位于 I 区的情况进行研究，其他分区的空气处理过程另行讨论[2]。

2.5.1 双冷源温湿解耦集中式空气处理过程

双冷源温湿解耦集中式空气处理过程根据是否对新风进行预冷可分为两种：一种为再热型空气处理过程，另一种为预冷再热型空气处理过程。

1. 再热型空气处理过程

室外新风从状态点 W 在蒸发器内被处理到状态点 L_2（状态点 L_2 的空气干湿球温度与空调室内湿负荷有关），为了防止经过深度除湿的新风温度过低导致房间内风口结露，深度除湿后的新风必须再热至室内露点温度以上再送入机组自带压缩机的冷凝器进行加热，新风从状态点 L_2 被再热至状态点 L_3；同时，室内回风由集中高温冷源从状态点 N 被等湿冷却至室内露点温度以上（状态点 L_1），被处理后的新风（状态点 L_3）与被处理后的回风（状态点 L_1）在机组中混合至送风状态点 S，送入室内，如图 2-40 所示。

该空气处理过程中高温冷源承担的空调负荷 Q_1 可通过式（2-63）计算，低温冷源（除湿机组）承担的空调负荷 Q_2 可通过式（2-64）计算，低温冷源（除湿机组）承担的湿负荷 W 可通过式（2-65）计算，低温冷源（除湿机组）承担的空调再热负荷 Q' 可通过式（2-66）计算：

$$Q_1 = \rho L_{\mathrm{h}}(H_{\mathrm{N}} - H_{\mathrm{L_1}}) \tag{2-63}$$

$$Q_2 = \rho L_{\mathrm{x}}(H_{\mathrm{W}} - H_{\mathrm{L_2}}) \tag{2-64}$$

$$W = \rho L_{\mathrm{x}}(d_{\mathrm{w}} - d_{\mathrm{L_2}}) \tag{2-65}$$

$$Q' = \rho L_{\mathrm{x}}(H_{\mathrm{L_3}} - H_{\mathrm{L_2}}) \tag{2-66}$$

2. 预冷再热型空气处理过程

为提高双冷源温湿解耦空调系统的运行效率和降低初投资，对原有双冷源温湿解耦集中式空气处理过程进行相应改进，即为双冷源温湿解耦集中式预冷再热型空气处理过程，该空气处理过程分为两个阶段：第一阶段，室外新风先进入高温表冷器［高温表冷器利用高温冷源提供的高温冷水（12~17℃）］进行预冷除湿，室外新风从状态点 W 被处理到状态点 L_1（状态点 L_1 的空气干湿球温度与高温表冷器供水温度有关）；第二阶段，预冷后的新风进入机组自带压缩机的直接蒸发表冷器进行深度除湿降温，新风从状态点 L_1 被处理到状态点 L_3（状态点 L_3 的空气干湿球温度与室内湿负荷有关），为了防止经过深度除湿的新风温度过低导致房间内风口结露，深度除湿后的新风必须加热至室内露点温度以上、湿球温度以下，再被送入机组自带压缩机的冷凝器进行加热，新风从状态点 L_3 被再热至状态点 L_4；同时，室内回风由高温冷源从室内空气状态点 N 被等湿冷却至室内露点温度以上（状态点 L_2），被处理后的新风（状态点 L_4）与被处理后的回风（状态点 L_2）在机组中混合至送风状态点 S，送入室内，如图 2-41 所示。

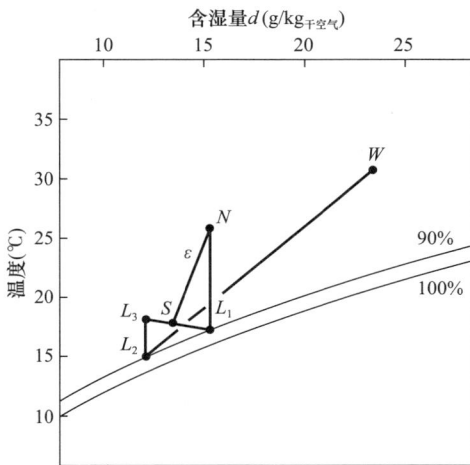

图 2-40　双冷源温湿解耦集中式
再热型空气处理过程

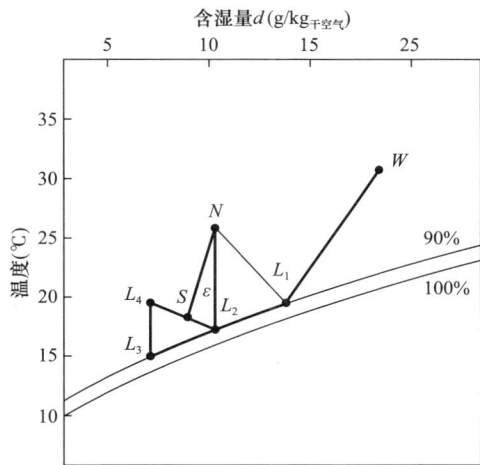

图 2-41　双冷源温湿解耦集中式
预冷再热型空气处理过程

该空气处理过程中高温冷源承担的空调负荷 Q_1 可通过式（2-67）计算，低温冷源（除湿机组）承担的空调负荷 Q_2 可通过式（2-68）计算，低温冷源（除湿机组）承担的湿负荷 W 可通过式（2-69）计算，低温冷源（除湿机组）承担的空调再热负荷 Q' 可通过式（2-70）计算：

$$Q_1 = \rho L_h(H_N - H_{L_2}) + \rho L_x(H_W - H_{L_1}) \tag{2-67}$$

$$Q_2 = \rho L_x(H_{L_1} - H_{L_3}) \tag{2-68}$$

$$W = \rho L_x(d_W - d_{L_3}) \tag{2-69}$$

$$Q' = \rho L_x(H_{L_4} - H_{L_3}) \tag{2-70}$$

2.5.2　双冷源温湿解耦分散式空气处理过程

双冷源温湿解耦分散式空气处理过程与双冷源温湿解耦集中式空气处理过程相同，只是分散式空气处理过程采用对新风进行集中冷处理、对回风进行分散冷处理的空气处理方式，与集中式空气处理方式不同的是，分散式空气处理过程混合状态点在室内。

双冷源温湿解耦分散式空气处理过程根据是否对新风进行预冷可分为两种：一种为双冷源温湿解耦预混型空气处理过程，另一种为双冷源温湿解耦再热型空气处理过程。

1. 再热型空气处理过程

室外新风在冷凝器内从状态点 W 被处理到状态点 L_2（状态点 L_2 的空气干湿球温度与空调室内湿负荷有关），为了防止经过深度除湿的新风温度过低导致房间内风口结露，深度除湿后的新风必须加热至室内露点温度以上、湿球温度以下，再被送入冷凝器进行再热，新风从状态点 L_2 被再热至状态点 L_3；同时，室内回风被高温冷源从室内空气状态点 N 等湿冷却至室内露点温度（状态点 L_1），被处理后的新风（状态点 L_3）与被处理后的回风（状态点 L_1）混合至室内空气状态点 N，如图 2-42 所示。

该空气处理过程中高温冷源承担的空调负荷 Q_1 可通过式（2-71）计算，低温冷源（除湿机组）承担的空调负荷 Q_2 可通过式（2-72）计算，低温冷源（除湿机组）承担的湿负荷 W 可通过式（2-73）计算，低温冷源（除湿机组）承担的空调再热负荷 Q' 可通过式（2-74）计算：

$$Q_1 = \rho L_h(H_N - H_{L_1}) \tag{2-71}$$

$$Q_2 = \rho L_x(H_W - H_{L_2}) \tag{2-72}$$

$$W = \rho L_x(d_W - d_{L_2}) \tag{2-73}$$

$$Q' = \rho L_x(H_{L_3} - H_{L_2}) \tag{2-74}$$

2. 预冷再热型空气处理过程

双冷源温湿解耦预冷再热型空气处理过程分为两个阶段：第一阶段，利用高温冷源先对室外新风冷却除湿预冷，室外新风从状态点 W 被冷却到状态点 L_1（状态点 L_1 的空气干湿球温度与高温冷源供水温度有关）；第二阶段，利用机组

自带压缩机的直接蒸发器对新风进行深度除湿，新风从状态点 L_1 被冷却除湿到
状态点 L_3（状态点 L_3 的空气干湿球温度与室内湿负荷有关），为了防止新风送
入房间时温度过低导致室内风口结露，深度除湿后的新风必须再热至室内露点温
度以上、湿球温度以下再被送入机组自带压缩机的冷凝器进行加热，新风从状态
点 L_3 再热至状态点 L_4，送入室内与室内空气混合至状态点 N'。同时，室内回
风由高温冷源从室内空气状态点 N 冷却至室内露点温度以上（状态点 L_2），状
态点 N' 的新风与状态点 L_2 的回风在室内混合至室内空气状态点 N，如图 2-43
所示。

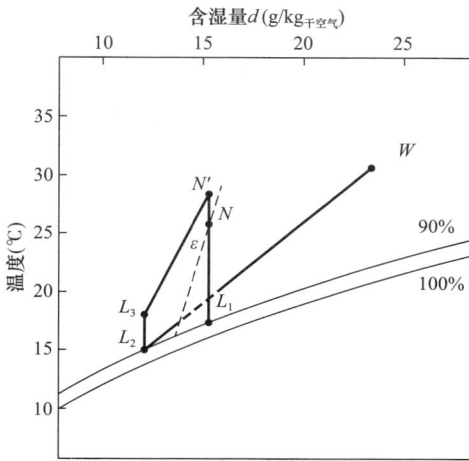

图 2-42　双冷源温湿解耦
再热型空气处理过程

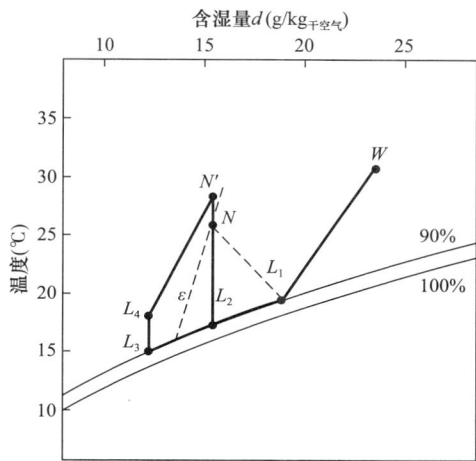

图 2-43　双冷源温湿解耦
预冷再热型空气处理过程

该空气处理过程中高温冷源承担的空调负荷 Q_1 可通过式（2-75）计算，低
温冷源（除湿机组）承担的空调负荷 Q_2 可通过式（2-76）计算，低温冷源（除
湿机组）承担的湿负荷 W 可通过式（2-77）计算，低温冷源（除湿机组）承担
的空调再热负荷 Q' 可通过式（2-78）计算：

$$Q_1 = \rho L_h (H_N - H_{L_2}) + \rho L_x (H_W - H_{L_1}) \tag{2-75}$$

$$Q_2 = \rho L_x (H_{L_1} - H_{L_3}) \tag{2-76}$$

$$W = \rho L_x (d_{L_1} - d_{L_3}) \tag{2-77}$$

$$Q' = \rho L_x (H_{L_4} - H_{L_3}) \tag{2-78}$$

综上所述，通过对单冷源温湿耦合的空气处理过程、双冷源温湿耦合的空气
处理过程、单冷源温湿解耦的空气处理过程、双冷源温湿解耦的空气处理过程的
研究发现：空气处理过程不仅与室内空气的温湿度有关，还与室外空气的温湿度
有关。不论温湿解耦还是温湿耦合，不论单冷源还是双冷源，不论集中式还是分
散式的空气处理过程均有其适用范围和条件。双冷源空调系统可以根据建筑物的
逐时空调负荷特性选择温湿解耦或者温湿耦合的空气处理过程。

2.6 双冷源空气处理机组

双冷源空气处理机组的结构形式与其对应的空气处理过程相关，不同的空气处理过程对应不同的空气处理机组，双冷源空气处理机组分类如图 2-44 所示。

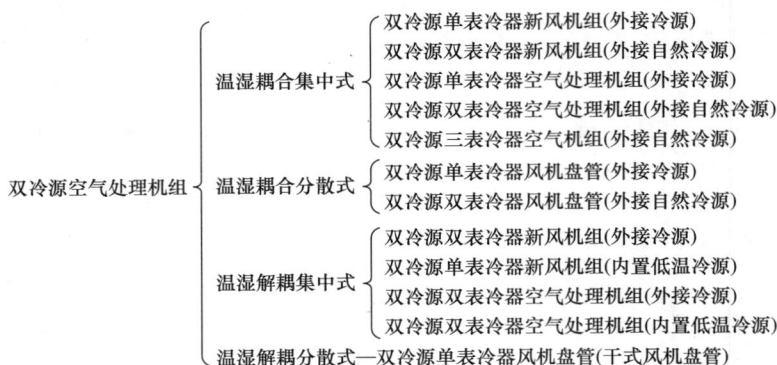

双冷源空气处理机组
- 温湿耦合集中式
  - 双冷源单表冷器新风机组(外接冷源)
  - 双冷源双表冷器新风机组(外接自然冷源)
  - 双冷源单表冷器空气处理机组(外接冷源)
  - 双冷源双表冷器空气处理机组(外接自然冷源)
  - 双冷源三表冷器空气处理机组(外接自然冷源)
- 温湿耦合分散式
  - 双冷源单表冷器风机盘管(外接冷源)
  - 双冷源双表冷器风机盘管(外接自然冷源)
- 温湿解耦集中式
  - 双冷源双表冷器新风机组(外接冷源)
  - 双冷源单表冷器新风机组(内置低温冷源)
  - 双冷源双表冷器空气处理机组(外接冷源)
  - 双冷源双表冷器空气处理机组(内置低温冷源)
- 温湿解耦分散式—双冷源单表冷器风机盘管(干式风机盘管)

图 2-44　双冷源空气处理机组分类

2.6.1　双冷源温湿耦合集中式空气处理机组

双冷源温湿耦合集中式空气处理机组有 5 种，当高温冷源采用自然冷源、低温冷源采用人工冷源时，有双冷源双表冷器新风机组（外接自然冷源）、双冷源双表冷器空气处理机组（外接自然冷源）和双冷源三表冷器空气处理机组（外接自然冷源）3 种。其中，2.3.1 节中的空气处理过程 1 采用双冷源三表冷器空气处理机组（外接自然冷源），如图 2-45 所示；2.3.1 节中空气处理过程 2~5 采用双冷源双表冷器空气处理机组（外接自然冷源），如图 2-46 所示。当高、低温冷源均采用人工冷源，低温冷源采用集中冷源时，有双冷源单表冷器空气处理机组（外接冷源）和双冷源单表冷器新风机组（外接冷源）2 种，如图 2-47、图 2-48 所示。

如图 2-45 所示，双冷源三表冷器空气处理机组（外接自然冷源）由回风段、新风段、粗效过滤段、高温表冷段、混合段、低温表冷段、挡水段和风机段组成。新、回风先经过新、回风段，经粗效过滤段过滤后，分别经过高温表冷段降温后进入混合段混合，然后进入低温表冷段降温除湿，接着依次进入挡水段和风机段，最后送入室内。

如图 2-46 所示，双冷源双表冷器空气处理机组（外接自然冷源）由混合段、粗效过滤段、高温表冷段、中间检修段、低温表冷段、挡水段和风机段组成。新、回风先在混合段混合后进入粗效过滤段过滤，再分别经过高温表冷段降温后进入低温表冷段降温除湿，接着依次进入挡水段和风机段后，最后经风机段加压后送入室内。

回风

| 回风段 | 粗过滤效段 | 高表冷温段 | → | 混合段 | 低表冷温段 | 挡水段 | 风机段 | → |
| 新风段 | 粗过滤效段 | 高表冷温段 | | | | | | |

新风

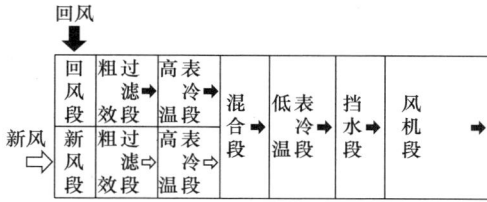

图 2-45 双冷源三表冷器空气
处理机组（外接自然冷源）

回风

| | 混合段 | 粗效过滤段 | 高温表冷段 | 中间检修段 | 低温表冷段 | 挡水段 | 风机段 |

新风

图 2-46 双冷源双表冷器空气
处理机组（外接自然冷源）

如图 2-47 所示，双冷源单表冷器空气处理机组（外接冷源）由混合段、粗效过滤段、逆流表冷段、挡水段和风机段组成。新、回风先在混合段混合后进入粗效过滤段过滤，再经过逆流表冷段降温除湿，接着进入挡水段，最后经风机段加压后送入室内。

如图 2-48 所示，双冷源单表冷器新风机组（外接冷源）由新风粗效过滤段、逆流表冷段、挡水段和风机段组成。新风先进入新风粗效过滤段过滤，再经过逆流表冷段降温除湿，接着进入挡水段，最后经风机段加压后送入室内。

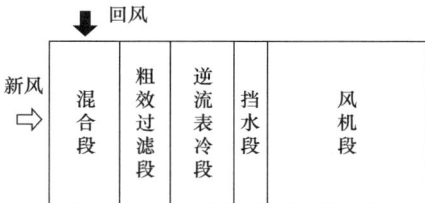

回风

| | 混合段 | 粗效过滤段 | 逆流表冷段 | 挡水段 | 风机段 |

新风

图 2-47 双冷源单表冷器空气
处理机组（外接冷源）

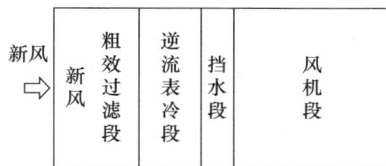

| | 新风粗效过滤段 | 逆流表冷段 | 挡水段 | 风机段 |

新风

图 2-48 双冷源单表冷器
新风机组（外接冷源）

为了验证表冷器在高温供水工况不同风量下的制冷状况，按照《双冷源空调系统设计标准》T/CECS 1677—2024 附录 E 的测试方法对双冷源三表冷器空气处理机组（外接自然冷源）的回风段表冷器进行测试（被测试表冷器采用横流 4 排管翅片），得到如表 2-2～表 2-4 所示测试数据。

4 排管表冷器在不同供/回水温度下的制冷量（风量为 640m³/h）   表 2-2

供/回水温度	8℃/13℃	9℃/14℃	10℃/15℃	11℃/16℃	12℃/17℃	13℃/18℃	14℃/19℃	15℃/20℃
送风干球温度（℃）	16.3	16.6	17.4	18.7	19.1	19.8	20.9	21.9
送风湿球温度（℃）	15.6	16.0	16.7	18.2	18.5	19.4	20.4	21.4
室内干球温度（℃）	26.7	26.7	26.6	27.0	27.6	28.0	28.4	28.8
室内湿球温度（℃）	21.2	21.0	21.0	22.2	22.3	23.4	23.8	24.6
送风相对湿度（%）	93.3	93.5	93.4	94.6	94.4	95.8	95.7	95.8
送风焓值（kJ/kg）	44.2	45.2	47.4	51.8	52.7	55.7	59.2	62.8
室内空气相对湿度（%）	61.5	60.5	60.9	66.6	67.3	67.8	68.4	71.4
室内空气焓值（kJ/kg）	62.0	61.2	61.2	65.9	66	70.2	71.8	75.2
供回水流量（m³/h）	0.875	0.820	0.820	0.726	0.720	0.700	0.646	0.547
风侧冷量（kW）	3.80	3.40	3.00	2.90	2.80	2.75	2.70	2.60
水侧冷量（kW）	5.1	4.5	4.3	4.2	4.1	4.1	3.8	3.4

4 排管表冷器在不同供/回水温度下的制冷量（风量为 1420m³/h）   表 2-3

供/回水温度（℃）	8℃/13℃	9℃/14℃	10℃/15℃	11℃/16℃	12℃/17℃	13℃/18℃	14℃/19℃	15℃/20℃
送风干球温度（℃）	18.4	18.7	19.5	19.9	20.7	21.4	21.8	22.3
送风湿球温度（℃）	17.1	17.7	18.5	19.0	19.7	20.4	20.8	21.3
室内干球温度（℃）	27.0	27.0	27.0	27.1	27.0	26.9	26.9	26.9
室内湿球温度（℃）	21.8	22.4	22.1	22.5	22.4	22.6	22.9	23.1
送风相对湿度（%）	87.8	91.2	90.8	91.1	91.5	91.5	91.6	91.8
送风焓值（kJ/kg）	48.4	50.5	52.8	54.5	56.8	59.2	60.7	62.5
室内空气相对湿度（%）	64.2	67.2	65.6	67.7	68.5	70.1	71.4	73.2

续表

供/回水温度 （℃）	8℃/13℃	9℃/14℃	10℃/15℃	11℃/16℃	12℃/17℃	13℃/18℃	14℃/19℃	15℃/20℃
室内空气焓值 （kJ/kg）	64.2	64.9	65.1	66.4	66.6	67.3	68.2	69.2
供回水流量 （m³/h）	1.342	1.175	1.138	1.080	1.010	0.763	0.765	0.547
风侧冷量 （kW）	7.12	7.12	5.55	5.50	4.64	3.83	3.55	3.17
水侧冷量 （kW）	7.82	7.15	6.64	6.30	5.61	4.90	4.48	4.10

4 排管表冷器在不同供/回水温度下的制冷量（风量为 2200m³/h）　表 2-4

供/回水温度 （℃）	8℃/13℃	9℃/14℃	10℃/15℃	11℃/16℃	12℃/17℃	13℃/18℃	14℃/19℃	15℃/20℃
送风干球 温度（℃）	19.9	20.2	20.8	21.4	22.4	22.4	23.2	23.6
送风湿球 温度（℃）	18.5	18.8	19.6	20.1	21.2	21.2	21.8	22.3
室内干球 温度（℃）	27.2	27.0	26.7	26.8	27.0	26.9	26.9	27.1
室内湿球 温度（℃）	21.8	22.0	22.2	22.6	23.2	23.0	23.2	23.8
送风相对 湿度（%）	87.3	87.7	89.1	88.6	89.8	89.5	88.8	89.2
送风焓值 （kJ/kg）	52.7	53.9	56.4	58.2	61.7	61.8	64.2	66.1
室内空气相对 湿度（%）	62.7	65.3	68.1	70.1	71.5	72.4	73.3	76.1
室内空气焓值 （kJ/kg）	64.2	65.1	65.6	67.0	68.3	68.7	69.4	71.9
供回水流量 （m³/h）	1.615	1.552	1.322	1.195	1.035	1.032	0.865	0.830
风侧冷量 （kW）	8.43	8.21	6.74	6.45	5.28	5.06	4.81	4.25
水侧冷量 （kW）	9.42	8.70	7.71	6.76	6.38	6.02	5.34	4.84

　　由上述测试数据可以发现：当冷水供水温度提高以后，通过增加表冷器换热面积，采取加强换热的措施可以增加高温冷源承担的空调负荷的比例，当供/回水温度提高到 14℃/19℃时，空气可以被冷却至干球温度 18℃、相对湿度 90%附近。该空气状态点具有重要意义，即若高温冷源可以将空气处理到该状态点，在双冷源空调系统中，高温冷源承担的空调负荷的比例已经高于单冷源温湿解耦空

调系统（溶液除湿空调系统），而且系统的复杂程度被大大降低。测试时高温表冷器采用横流表冷器，若采用高效的逆流表冷器，换热效率将大大提高。

2.6.2 双冷源温湿耦合分散式空气处理机组

双冷源温湿耦合分散式空气处理机组有两种，分别是双冷源单表冷器风机盘管（外接冷源）和双冷源双表冷器风机盘管（外接自然冷源）。当高温冷源采用自然冷源、低温冷源采用人工冷源时，采用双冷源双表冷器风机盘管（外接自然冷源），它由回风粗效过滤段、高温逆流表冷段、低温逆流表冷段和风机段组成，如图 2-49 所示。回风先在回风粗效过滤段过滤，再经过高温逆流表冷段降温，接着进入低温逆流表冷段冷却除湿后进入风机段加压，最后送入室内。

当高、低温冷源均采用人工冷源时，采用双冷源单表冷器风机盘管（外接冷源），它由回风粗效过滤段、逆流表冷段和风机段组成，如图 2-50 所示。回风先在回风粗效过滤段过滤，再经过逆流表冷段降温除湿，然后由风机段加压后送入室内。

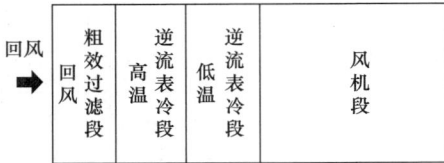

图 2-49 双冷源双表冷器风机盘管
（外接自然冷源）

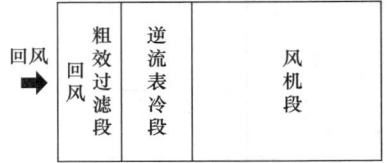

图 2-50 双冷源单表冷器风机盘管
（外接冷源）

2.6.3 双冷源温湿解耦集中式空气处理机组

双冷源温湿解耦集中式空气处理机组有 4 种，分别是双冷源双表冷器新风机组（外接冷源）、双冷源单表冷器新风机组（内置低温冷源）、双冷源双表冷器空气处理机组（外接冷源）、双冷源双表冷器空气处理机组（内置低温冷源）。

双冷源双表冷器新风机组由新风粗效过滤段、高温表冷段、中间检修段、低温表冷段、挡水段和风机段组成，如图 2-51 所示。新风先进入新风粗效过滤段过滤，再经过高温表冷段降温后进入低温表冷段降温除湿，接着进入挡水段，最后经风机段加压后送入室内。

双冷源单表冷器新风机组（内置低温冷源）由新风粗效过滤段、高温表冷段、压缩机段（包括蒸发器、冷凝器等）和风机段组成，如图 2-52 所示。新风先进入新风粗效过滤段过滤，再经过高温表冷段预冷降温，然后进入低温蒸发器深度降温除湿，再进入高温冷凝器再热，最后进入风机段加压后送入室内。

双冷源双表冷器空气处理机组（外接冷源）由新风段、新风粗效过滤段、新风高温表冷段、新风低温表冷段、回风段、回风粗效过滤段、回风高温表冷段、混合段和风机段组成，如图 2-53 所示。新风进入新风段后经新风粗效过滤段过滤，再经过新风高温表冷段降温，然后进入新风低温表冷段降温除湿；回风进入回风段后经回风粗效过滤段过滤，再经过回风高温表冷段降温，在混合段与新风混合后进入风机段加压后送入室内。

图 2-51　双冷源双表冷器新风机组
（外接冷源）

图 2-52　双冷源单表冷器新风机组
（内置低温冷源）

图 2-53　双冷源双表冷器空气处理机组（外接冷源）

双冷源双表冷器空气处理机组（内置低温冷源）由新风段、新风粗效过滤段、新风高温表冷段、压缩机段（包括低温蒸发器、高温冷凝器等）、回风段、回风粗效过滤段、回风高温表冷段、混合段和风机段组成，如图 2-54 所示。新风进入新风段后经新风粗效过滤段过滤，再经过新风高温表冷段降温，进入低温蒸发器深度降温除湿，然后经过高温冷凝器再热；回风进入回风段后经回风粗效过滤段过滤，再经过回风高温表冷段降温，在混合段与新风混合后进入风机段加压，最后送入室内。

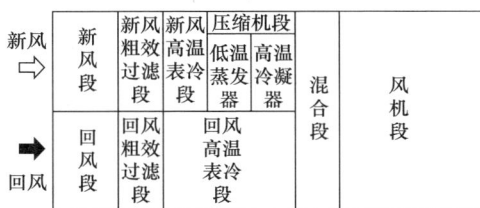

图 2-54　双冷源双表冷器空气处理机组（内置低温冷源）

双冷源双表冷器空气处理机组（外接冷源）和双冷源双表冷器空气处理机组（内置低温冷源）不仅可以实现温湿耦合的空气处理过程，还可以实现温湿解耦的空气处理过程，空气处理机组根据回风温湿度和新风温度可以自动选择温湿耦合或者温湿解耦，优先选择能耗较低的空气处理过程[12]。在双冷源空气处理机组中，空气与水之间的对数换热温差较小，不论高温表冷器还是低温表冷器均采用换热强度更大的纯逆流表冷器，以最大限度增强空气与水之间的换热。

2.6.4　双冷源温湿解耦分散式空气处理机组

双冷源温湿解耦分散式单表冷器空气处理机组又称为干式风机盘管，由回风粗效过滤段、高温逆流表冷段和风机段组成，如图 2-55 所示。

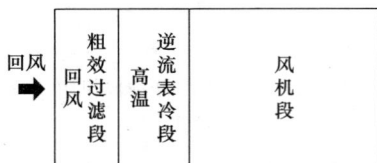

图 2-55　干式风机盘管

双冷源空气处理机组和单冷源空气处理机组的初投资会因多种因素而异，一般来说，双冷源空气处理机组的初投资会高于单冷源空气处理机组。单冷源空气处理机组结构相对简单，只有一种冷源系统，通常是依靠冷水机组提供的冷水进行制冷，其设备的零部件较少，生产工艺相对简单，所以设备本身的造价相对较低。双冷源空气处理机组具有两套独立的制冷系统，如冷水系统和直接膨胀制冷（氟利昂制冷等）系统，这需要更多的零部件和更复杂的组装工艺，例如增加了压缩机、冷凝器、节流装置等额外的制冷设备及相关的管理系统，所以其设备本身的造价会明显提高，一台中等规模的双冷源空气处理机组可能需要十几万元到二十几万元甚至更高的价格。空调机组表冷器参数详见本书附录 A。

本章参考文献

[1]　田向宁，杨毅，丁德，等. 空气冷却除湿过程理论研究 [J]. 暖通空调，2014，44（1）：121-124.

[2]　刘晓华. 温湿度独立控制空调系统 [M]. 北京：中国建筑工业出版社，2006.

[3]　董哲生. 高温冷水机组能效特性研究的误区剖析 [J]. 暖通空调，2011，41（11）：50-54.

[4]　张秀平，田旭东，钟根仔，等. 水冷冷水机组能效特性变化规律的研究 [J]. 流体机械，2009，36（10）：54-56，45.

[5]　田旭东，刘华，张治平，等. 高温离心式冷水机组及其特性研究 [J]. 流体机械，2009，37（10）：53-56，73.

[6]　王红燕，方旭东，杜立卫，等. 高温螺杆式冷水机组及其试验研究 [J]. 暖通空调，2011，41（1）：14-16.

[7]　李善宝. 温度与饱和含湿量的经验公式 [J]. 暖通空调，2003，33（2）：112-113.

[8]　陆亚俊，马最良，邹平华. 暖通空调 [M]. 北京：中国建筑工业出版社，2007.

[9]　陆耀庆. 实用供热空调设计手册 [M]. 2 版. 北京：中国建筑工业出版社，2008.

[10]　黄翔. 蒸发冷却空调原理与设备 [M]. 北京：机械工业出版社，2019.

[11]　田向宁，丁德，杨毅. 双冷源空调系统空气处理过程的探讨 [J]. 流体机械，2014，42（9）：72-75.

[12]　田向宁，李宁. 千岛湖地区千岛湖景区双冷源温湿耦合的空调系统研究 [J]. 建筑科学，2017，32（10）：171-175.

第3章 冷源系统

3.1 冷源概况

在单冷源温湿耦合空调系统中，低温冷源一般为人工冷源，夏季空调逐时冷负荷均由低温冷源承担，低温冷源的供回水温度仅有一种，因此，冷源的能效与空气处理过程无关。但是在双冷源空调系统中，不论是温湿耦合还是温湿解耦，夏季空调逐时冷负荷均由高温冷源和低温冷源共同承担，高、低温冷源的供、回水温度以及承担空调冷负荷的比例等与末端的空气处理过程有关，而高、低温冷源的供、回水温度及承担空调冷负荷的比例又与整个空调系统的能效息息相关。双冷源空调系统建立了空气处理过程与冷源系统能效之间的联系，研究双冷源空调系统，就必须研究高、低温冷源承担的空调负荷的比例及其供、回水温度。

空调冷源可分为自然冷源和人工冷源，自然冷源可分为自然高温冷源和自然低温冷源，人工冷源同样可分为人工高温冷源和人工低温冷源。自然冷源是指在自然界中存在的可以直接被用来作为空调系统冷源的资源。常用人工冷源有电力驱动的压缩式冷源和以热源驱动的吸收式冷源两种。压缩式冷源根据压缩机类型分为活塞式、涡旋式、螺杆式、离心式；吸收式冷源根据驱动热源类型分为蒸汽型、热水型、直燃型（燃油、燃气）和太阳能型等。

自然冷源是一种利用自然界中存在的以较低的成本获取冷量的能源形式，常见的自然冷源包括：①江、河、湖、海等地表水：海水的温度相对稳定，但海水中含有较高的盐分，需要考虑淡化或防腐处理的问题；江、河、湖水的温度根据气候条件可能会有所波动，这会影响冷却除湿效果。地表水作为空调系统的冷源，不仅水质应满足相应的要求，而且在供冷季平均供水温度不宜高于18℃，且温度波动范围不超过3℃。②深层地下水：深层地下水是一种优质的空调系统冷源，其温度稳定、水量可持续、水质优良，但深层地下水作为自然冷源的缺点是需要进行资源评价和保护，使用深层地下水必须采取可靠的回灌措施，维护成本较高。③直接蒸发冷却的冷源：干热气候区（如西北地区等），夏季室外空气的干球温度高、含湿量低，室外空气不仅可直接用来消除空调区的湿负荷，还可以通过蒸发冷却的方式来降低空调区的冷负荷。在新疆、内蒙古、甘肃、宁夏、青海、西藏等地，室外空气通过蒸发冷却的方式可以直接作为空调系统的冷源，节省大量的空调系统能耗。蒸发冷却技术受气候影响较大，仅能作为特殊气候区的特定自然冷源使用。④过渡季的室外空气：过渡季节的室外空气温湿度较低，可以利用冷却塔等设备制取冷水作为空调系统的冷源，但是过渡季节的室外空气受环境影响较大，是一种不稳定的冷源，仅能作为辅助冷源使用。

3.2 自然冷源

3.2.1 深层地下水

在我国长江以北的东部地区（如华北、东北、华中地区），年平均气温一般在18℃以下，此时夏季的地下水温度一般为15~20℃。只要有合适的地质条件能够实现回灌，就可以打井取水，从而只需要较低的水泵能耗，就可以获得冷源。表3-1给出了我国部分地区地下水温度，可以看出，除了第一分区可以满足空调系统低温冷源供水温度要求以外，其余地区地下水温度都可以满足双冷源空调系统中高温冷源的温度需求，但不能达到双冷源空调系统低温冷源的要求[1]。

我国部分地区的地下水温度[1] 表 3-1

分区	地区	地下水温度（℃）
第一分区	黑龙江、吉林、内蒙古全部、辽宁大部、河北、陕西偏北部分、宁夏偏东部分	6~10
第二分区	北京、天津、山东全部、河北、山西大部、河南南部、青海偏东和江苏偏北一部	10~15
第三分区	上海、浙江全部、江西、安徽、江苏大部、福建北部、湖南、湖北东部、河南南部	15~20
第四分区	广东、广西大部、福建、云南南部	20
第五分区	贵州全部、四川、云南大部、湖南、湖北西部、陕西和甘肃的秦岭以南地区、广西偏北的一小部分	15~20

当建筑规模较小时，还可以在地下埋管形成地下换热器，使水通过地下埋管循环换热，以获得不超过20℃的冷水，并且不存在从地下取水回灌的问题。如果当地有足够的地表供埋管，还可以解决全年地下热量平衡问题，这也是一种高效获得高温冷源的方式。

3.2.2 浅层地下水

浅层地下水，亦称浅层水。狭义上，指埋藏于地表以下第一个稳定隔水层之上具有自由水面的重力水，即浅水；广义上，指地表以下可以直接接受大气降水和地表水补给的潜水或潜水—微承压水。浅层地下水由大气降水、地表径流透水形成，水质与水量均受降水和径流影响，常处于流动状态，其水质主要受土壤环境和土壤卫生状况的影响。浅层地下水广泛分布于我国山丘和平原地区，包括河流、湖泊、水库、池塘、水沟等，它是地球上最常见的水体，占据着地表的很大一部分，其最重要的特点是储量丰富。河流是浅层水的主要组成部分之一，湖泊、水库、池塘等也是另一类常见的浅层水，它们是由地表水在一定区域内形成的集水体，可以长期蓄积大量的水量。因此，浅层水的储量远远大于其他类型的水体[2]。

浅层水的利用受到的影响因素有许多，主要有水流量、水容量、水温、水质，以及环保要求等。目前，浅层水用于夏季空调系统主要有直接利用和间接利用两种形式，间接利用主要是作为空调系统的冷却水，当浅层水温度不高于18℃时可以直接作为双冷源空调系统的高温冷水，但是要注意此时提升这些浅层水的水泵能耗可能会较高，有时甚至高于制冷机组能耗，从而丧失其节能的优势。

3.2.3　蒸发冷却的冷源

蒸发冷却是一种具有优异冷却效果且能随负荷变化自平衡的冷却方式。蒸发冷却分为直接蒸发冷却和间接蒸发冷却。在我国新疆等西北地区，夏季室外气候干燥，可以利用空气与水的蒸发冷却过程制备高温冷水，满足空调系统中高温冷源的需求。

1. 直接蒸发冷却的冷源

直接蒸发冷却是通过空气与淋水在填料层内直接接触，淋水因蒸发吸收热量，把自身的潜热传递给空气而实现冷却的。与此同时，空气因不断吸收蒸发的水蒸气被等焓加湿，空气的干球温度不断降低，相对湿度温度增加。一般情况下，淋水出口温度与进口空气的湿球温度的差值宜大于或等于2℃。所以，这种用水相变吸热、空气吸收水蒸气的等焓加湿降温过程，既可称为空气的直接蒸发冷却，又可称为空气的绝热冷却加湿，它适用于干燥地区，如我国海拉尔—锡林浩特—呼和浩特—西宁—兰州—甘孜一线以西的地区（如甘肃、新疆、内蒙古、宁夏等）[3]。

直接蒸发冷却方式是利用水和空气间的传热传质过程制备冷水的，图 3-1 给出了直接蒸发冷却制备冷水的模块及处理过程在焓湿图上的表示，直接蒸发冷却制备冷水的极限温度为进口空气的湿球温度[1]。

利用直接蒸发冷却制取冷水最常见的方式为冷却塔，制取的冷水温度在空气的湿球温度之上，其极限温度为空气的湿球温度。目前主要有两种实现方式：一种是将循环水直接喷淋成细小水滴与空气进行热湿交换；另外一种是将循环水喷淋到填料形成水膜与空气进行热湿交换。下面以后者为例介绍直接蒸发冷却制取冷水的原理[4]。

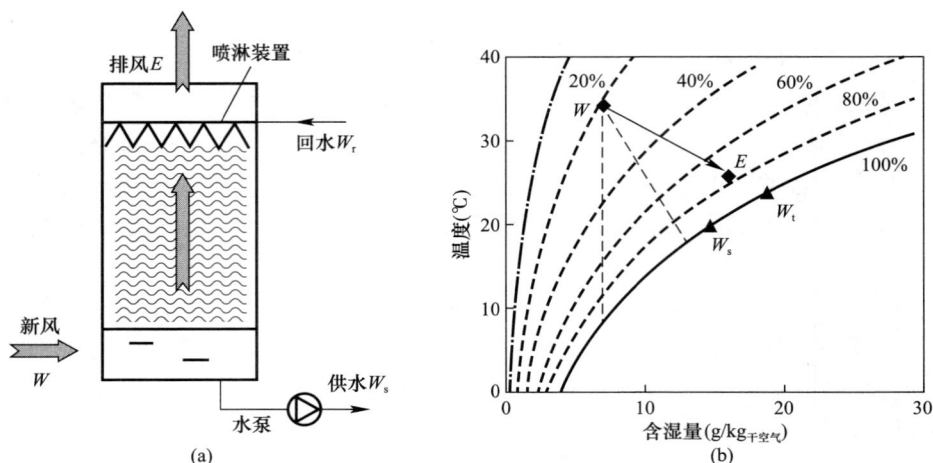

图 3-1 直接蒸发冷却制备冷水的模块及其空气处理过程
（a）模块结构示意图；（b）空气处理过程

如图 3-1 所示，空调系统的高温回水（状态点 W_r）在循环水泵的驱动下通过布水器喷淋到填料上形成水膜，附着在填料上的水膜与新风（状态点 W）直接接触进行热湿处理，部分高温回水吸收热量直接蒸发，高温回水从状态点 W_t 降至状态点 W_s 后被送至用户，室外空气从状态点 W 被等焓加湿到排风状态点 E。

2. 间接蒸发冷却的冷源

当对待处理空气有进一步的要求，如果要求较低的含湿量或焓值时，就不得不采用间接蒸发冷却技术了。间接蒸发冷却技术除了适用于低湿度地区外，在中等湿度地区，如我国哈尔滨—太原—宝鸡—西昌—昆明一线以西地区，也有应用的可能性[4]。文献［4］和文献［5］分别对间接蒸发冷却冷源制备冷水做了研究。

文献［4］介绍了表冷器预冷式蒸发冷却冷水机组、卧管间接预冷式蒸发冷却冷水机组、立管间接预冷式蒸发冷却冷水机组、露点间接预冷式蒸发冷却冷水机组、表冷器—卧（立）管间接预冷式蒸发冷却冷水机组、表冷器—立管间接—填料直接蒸发预冷式蒸发冷却冷水机组、表冷器—露点间接预冷式蒸发冷却冷水机组共七种蒸发冷却冷水机组的工作原理图及其热湿处理过程焓湿图。

卧管间接预冷式蒸发冷却冷水机组如图 3-2 所示，主要由卧管间接蒸发冷却器与淋水填料等换热系统、风机与水泵等动力系统以及电气自控系统组成。

卧管间接预冷式蒸发冷却冷水机组的热湿处理过程焓湿图如图 3-3 所示。机组回水经淋水填料换热器后，从状态点 H 被冷却至状态点 G，机组供水全部被输送至用户室内空调末端（如新风机组或风机盘管等），而不再将部分供水输送至机组预冷段中，吸收热量后的室内空调末端回水直接返回到淋水填料顶端进行喷淋。外界环境空气一部分经过卧管间接蒸发冷却器的一次换热通道从状态点 O

等湿预冷至状态点 C；另一部分则经过卧管间接蒸发冷却器的湿通道从状态点 O 增焓加湿至状态点 P，最后排放到大气环境中。预冷后的空气从底部进入淋水填料换热器，与机组回水直接接触发生热湿交换，从状态点 C 增焓加湿至状态点 E，最后被排风机由机组顶部排入大气环境中。

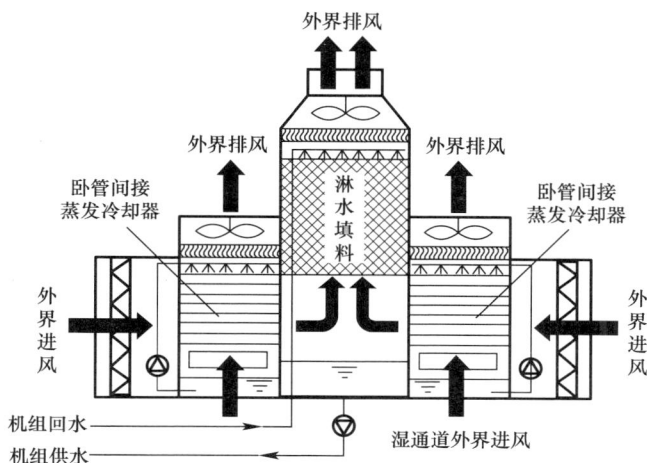

图 3-2　卧管间接预冷式蒸发冷却冷水机组

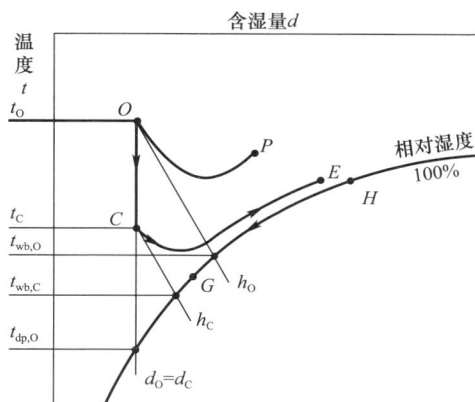

图 3-3　卧管间接预冷式蒸发冷却冷水机组热湿处理过程焓湿图

文献［4］还介绍了间接蒸发冷却冷水机组性能评价指标的计算公式。蒸发冷却冷水机组可通过冷却效率和能源效率进行评价。蒸发冷却冷水机组的冷却效率又分为机组预冷段的冷却效率、机组淋水填料段的冷却效率、机组冷水效率。

预冷式蒸发冷却冷水机组能够制取的冷水温度与进入淋水填料的预冷空气湿球温度密切相关。因此，对于机组预冷段，主要考虑的是其对环境空气湿球温度降低的影响程度，称该冷却效率为"亚湿球效率"。亚湿球效率越大，蒸发冷却冷水机组越容易制取出低于环境空气湿球温度的冷水。亚湿球效率一般为 30%～50%［4］。

机组淋水填料段的冷却效率指预冷后的环境空气与携带热量的机组回水在淋水填料换热器内直接接触进行蒸发冷却热湿交换，机组回水被冷却降温，其可达到的极限温度是环境空气预冷后的湿球温度。因此，经过淋水填料段处理后，机组回水温度的降低程度称为"机组淋水填料段的冷却效率"。机组淋水填料段的冷却效率一般为 $60\%\sim80\%$[4]。

环境空气经蒸发冷却冷水机组预冷段处理后，其湿球温度降低，达到的极限温度为环境空气的露点温度，而携带热量的机组回水在经过淋水填料直接蒸发冷却段的热湿处理后，其温度能够达到的极限温度为环境空气预冷后的湿球温度。因此，预冷式蒸发冷却冷水机组能够使机组回水温度降低到的极限温度为环境空气的露点温度，而对于预冷式蒸发冷却冷水机组制取冷水的整体效率，可通过文献［4］中式（6-5）进行描述，称该效率为"机组冷水效率"。预冷式蒸发冷却冷水机组冷水效率一般为 $30\%\sim50\%$[4]。

蒸发冷却冷水机组的能源效率指机组制冷量与机组输入总功率的比值。机组输入功率包括淋水填料换热器上的排风机功率、预冷段上的排风机功率和预冷段内的循环水泵功率等。预冷式蒸发冷却冷水机组能源效率一般不小于10[4]。

最终制取的冷水温度低于状态点 O 的空气湿球温度，高于状态点 A 的空气湿球温度，高于状态点 O 的空气露点温度。

文献［5］介绍了另外一种间接蒸发冷却装置，如图3-4所示。新风在空气—水逆流换热器中被降温，空气状态接近饱和，然后再与水接触，进行蒸发冷却。这样的流程可使空气与水直接接触的蒸发冷却过程在较低的温度下进行，在理想情况下产生的冷水温度等于室外空气的露点温度[5]。

这种产生高温冷水的间接蒸发冷却装置的空气处理过程如图3-4（b）所示。其中，W 为室外空气状态点，排风状态点为 E。新风（状态点 W）通过空气—水逆流换热器与冷水换热后，其温度降低，至状态点 W'，状态点 W' 的空气与状态点 W_s 的水通过蒸发冷却过程进行充分的热湿交换，使空气达到状态点 E。状态点 W_s 的液态水一部分为输出冷水，一部分进入空气—水逆流换热器来冷却空气。经过逆流换热器后水的出口温度接近进口状态点 W 的空气干球温度，与从用户侧流回的冷水混合后达到状态点 W_s 后再从空气—水直接接触的逆流换热器的塔顶喷淋而下，与状态点 W' 的空气直接接触进行逆流热湿交换。这种间接蒸发冷却制取冷水的装置，其核心是空气与水之间的逆流传热、传质，通过逆流传热、传质来减少热湿传递过程的不可逆损失，以获得较低的冷水温度。理想情况下，冷水出口温度可接近进口空气的露点温度，而不是进口空气的湿球温度[1]。

以空气—水的逆流换热器为例，设计中为使空气与冷水换热过程的温差均匀，从而获得最大的降温效果，需要尽量控制水经过单排盘管后的温升。温升越大，空气与水之间的温差就越不均匀。当设计冷水出水温度为18℃、进口空气温度为33℃、出口空气温度为21℃时，空气出口与冷水之间只有3℃的温差，单排换热盘管的温升就不能超过 1℃。此时，水温要从 18℃ 经过换热器后升到 30℃，至少需要 12 排盘管。关于间接蒸发冷却装置的详细设计可参考文献 [6]。

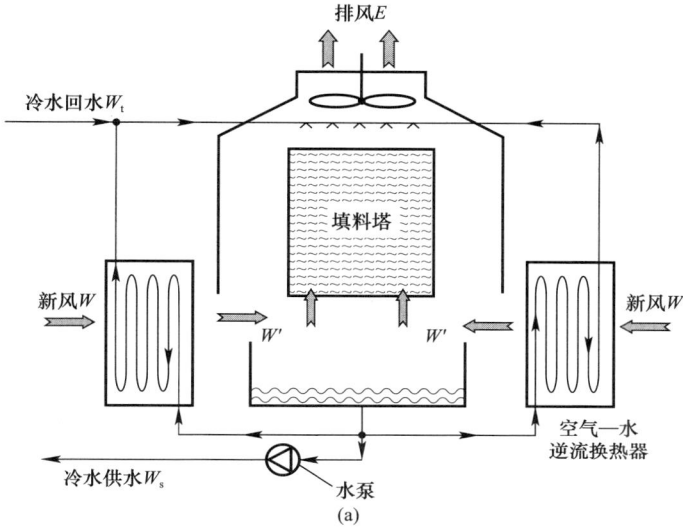

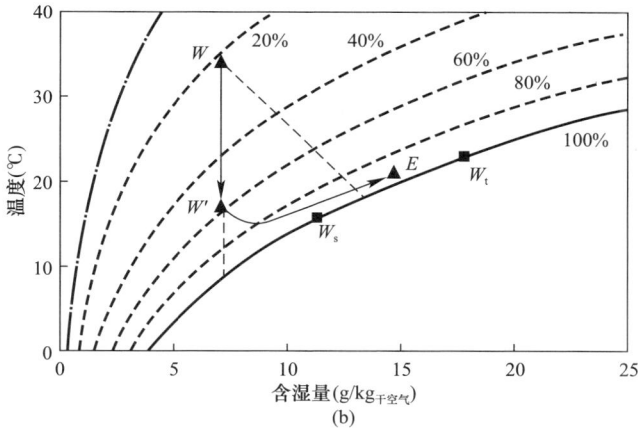

图 3-4　间接蒸发冷却的冷源工作原理
（a）装置示意图；（b）空气处理过程

　　间接蒸发冷却冷源理想状况下的冷水出水温度为进口空气的露点温度，实测冷水出水温度低于室外湿球温度，基本为湿球温度和露点温度的平均值。由于间接蒸发冷源产生冷量的过程，只需花费空气与水间接和直接接触换热过程所需风机和水泵的电耗，与常规机械压缩制冷方式相比，不使用压缩机，机组性能系数 COP（获得的冷量与风机、水泵电耗的比值）很高。在乌鲁木齐的气象条件下，实测机组 COP 为 12～13。室外空气越干燥，获得的冷水的温度越低，间接蒸发冷却机组的 COP 越高[1]。

3. **蒸发冷却的冷源性能**[1]

在理想情况下，直接蒸发冷却制备高温冷水的出口温度为进口空气的湿球温度，而间接蒸发冷却制备高温冷水的出口温度可接近进口空气的露点温度。对于各类蒸发冷却制备冷水的方式，为了便于分析和使用，出水温度可以近似地通过下式计算：

$$t_W = t_o - \eta_{tower}\{t_o - [t_{wb,o} - \eta_1(t_{wb,o} - t_{dp,o})]\} \qquad (3-1)$$

式中　　t_o、$t_{wb,o}$ 和 $t_{dp,o}$——分别为室外空气的干球温度、湿球温度和露点温度，℃；

η_{tower}——蒸发冷却制备冷水的装置中直接蒸发冷却模块的水侧效率；

η_1——对新风预冷的显热换热装置以室外露点温度为冷空气极限温度的风侧效率。

η_{tower} 和 η_1 可用下式计算：

$$\eta_{tower} = (t_o - t_W)/(t_o - t_{wb,ain}) \qquad (3-2)$$

$$\eta_1 = (t_o - t_A)/(t_o - t_{dp,o}) \qquad (3-3)$$

式中　　$t_{wb,ain}$——直接蒸发冷却模块进风的湿球温度，℃；

t_A——间接蒸发冷却装置中显热换热装置的出口空气温度，℃。

对于直接蒸发冷却和间接蒸发冷却，各效率的取值为：

（1）直接蒸发冷却：$\eta_1 = 0$，$0 < \eta_{tower} < 1$；

（2）间接蒸发冷却：$0 < \eta_1 < 1$，$0 < \eta_{tower} < 1$。

对于图 3-4 给出的间接蒸发冷却装置，η_1 在 70%~80% 之间，η_{tower} 可达到 90%。表 3-2 给出了不同地区直接蒸发冷却和间接蒸发冷却获得的冷水出水温度情况，其中 η_1 取为 75%，η_{tower} 取为 90%。

直接蒸发冷却与间接蒸发冷却冷水出水温度　　　　　　表 3-2

地点	夏季室外计算参数/冬季室外计算参数				直接蒸发冷却冷水出水温度（℃）	间接蒸发冷却冷水出水温度（℃）
	干球温度（℃）	湿球温度（℃）	露点温度（℃）	含湿量（g/kg干空气）		
阿勒泰	30.6	18.7	12.6	9.9	19.9	15.8
克拉玛依	34.9	19.1	9.4	8.2	20.7	14.1
伊宁	32.2	21.4	15.7	12.9	22.5	18.6
乌鲁木齐	34.1	18.5	7.5	8.5	20.1	12.6
吐鲁番	40.7	23.8	12.3	11.8	25.5	17.7
哈密	35.8	20.2	11.3	9.9	21.8	15.8
喀什	33.7	19.9	13.4	11.4	21.3	16.9
和田	34.3	20.4	13.6	12.2	21.8	17.2

利用以上对各不同的蒸发冷却方式出口参数的统一表征公式，考察不同室外气象条件下不同蒸发冷却方式的出水参数与室内参数的关系，可以得到各种蒸发冷却方式的适宜气候区，如图 3-5 所示，图中以冷水出水温度 18℃ 为限。间接蒸发冷却方式适宜的气候区域更广，满足直接蒸发冷却方式出水温度要求的区域只是间接蒸发冷却方式的一部分。在两种方式重合的适宜区域，所追求的不再是冷水的品位，而是在满足室内温度控制要求时较高的系统综合经济性（包括设备投资和运行电耗等），不再只关注出水温度的高低[1]。

当采用间接或直接蒸发冷却方式制备冷水时，其耗电部件均为水泵与机组的排风机。其中，水泵的电耗为系统输送冷水必需的电耗，当带走房间相同的冷量且冷水的供回水温差相同时，系统中水泵的电耗相同。相对于直接蒸发冷却装置，间接蒸发冷却装置增加了空气—水逆流换热器，导致风阻增加，实测空气—水逆流换热器的风阻与填料塔的风阻基本相当，间接蒸发冷却装置的排风机电耗比直接蒸发冷却装置要高。因此，当室外空气足够干燥，且利用直接蒸发冷却装置制备的冷水出水温度能够满足要求时，应采用直接蒸发冷却装置，即在图 3-5 中两种蒸发冷却方式重合的区域应当选取直接蒸发冷却方式来制备高温冷水，以提高系统综合性能[6]。

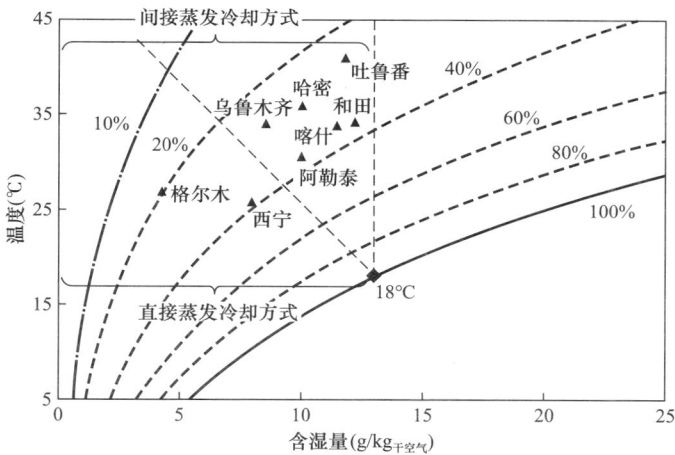

图 3-5　间接、直接蒸发冷却制备冷水的适宜气候区

4. 蒸发冷却冷源的应用

蒸发冷却的原理是通过空气与水大面积的直接接触，利用水的蒸发使空气和水的温度都降低，同时空气的含湿量有所增加。这一过程中，空气的显热转化为潜热，为绝热加湿过程。整个蒸发冷却过程在冷却塔、喷水室或其他绝热加湿设备内实现。在直接蒸发冷却中，室外空气在接触式换热器内与水进行热湿交换后，空气温度下降、含湿量增加，而水温也将下降。

在干燥地区设计双冷源空调系统时，可以利用直接蒸发冷却来制取高温冷水。以乌鲁木齐地区为例，其夏季空气调节室外计算湿球温度为 18.2℃、干球温度为 33.5℃，直接蒸发冷却冷源可以制取 20℃ 左右的高温冷水，在有除湿需求的建筑物中，可以将直接蒸发冷却冷源作为空调系统的高温冷源，低温冷源采用人工冷源，同时，高温冷水又可以作为人工冷源的冷却水，最大限度地提高自然冷源的利用率，以降低空调系统的能耗，工作原理如图 3-6 所示。

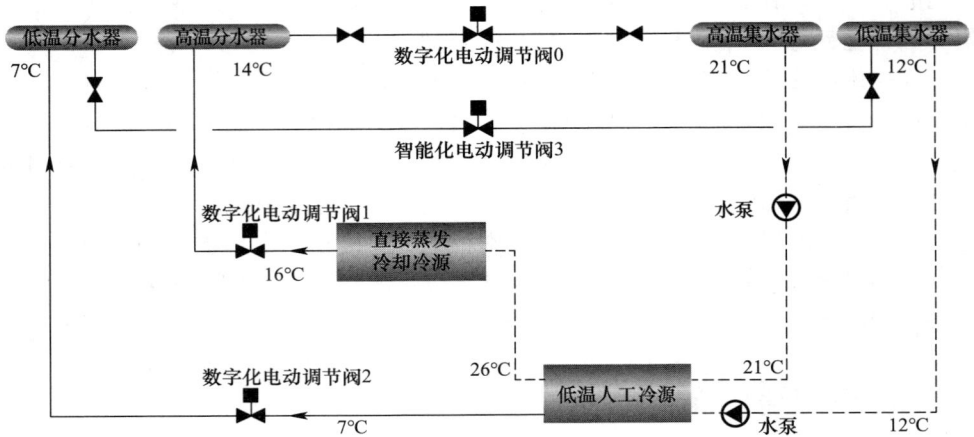

图 3-6　直接蒸发冷却冷源供冷原理图

蒸发冷却技术的冷却效果显著，主要是因为流体的汽化潜热比其比热容大很多。这种利用流体沸腾时汽化潜热的冷却技术不仅适用于电机降温，还广泛应用于制冷空调、食品冷藏等诸多行业中，特别是在大中型制冷装置中，其节能效果好、换热效率高、投资少、节水、使用寿命长、噪声小且节能环保。

3.2.4　过渡季的室外空气

张宝汗在《中国四季之分配》中提出，五天平均气温低于 10℃ 为冬季，高于 22℃ 为夏季，10～22℃ 之间为春、秋季，并划出各地四季的长短。过渡季通常指的是两个主要季节之间，气温、天气或其他环境因素发生显著变化的时期。在大多数地区的自然年度中，春季和秋季被视为过渡季节，因为这两个季节是从一个季节温和地过渡到另一个季节的时期。

过渡季还包括特定的气候现象，如梅雨季节和回南天。梅雨季节又称黄梅天，主要出现在我国长江中下游地区，时间为每年 6 月中下旬至 7 月上半月。这个时期的特点是空气湿度大、气温高，衣物等容易发霉，因此也被称为"霉雨"。梅雨季节过后，华中、华南等地的天气开始由太平洋副热带高压主导，正式进入炎热的夏季。回南天主要出现在我国南方地区的春季二三月份，是气温开始回暖而湿度猛烈回升的现象，这种现象与南方地区靠海、空气湿润有关。回南天时，空气湿度接近饱和，墙壁甚至地面都会"冒水"。

过渡季的室外空气温度会因地理位置、气候类型以及具体的年份和季节变化而有所不同。一般来说，在我国大部分地区，春季过渡季（3～5 月）的平均温度可能在 10～22℃ 之间。例如，北方地区在 3 月平均温度为 10～15℃，而到 5 月可能会达到 15～22℃。秋季过渡季（9～11 月）的平均温度可能在 15～20℃ 之间。北方地区 9 月平均温度为 18～20℃，11 月可能降到 10℃ 左右；南方地区秋季过渡季的温度相对较高，9 月为 25～28℃，11 月为 15～20℃。但需要注意的是，这只是一个大致的范围。像昆明这样四季如春的城市，过渡季的温度相对较为稳定和温和，气温在 15～25℃ 之间波动。另外，在一些极端气候地区，过渡季的温度变化可能更加剧烈，波动范围也会更大。

在暖通空调行业，过渡季指冬夏交替的春、秋两季，以及夏季昼夜之间交替的傍晚或者早晨和冬季的中午，过渡季的界定通常基于室外空气的干球温度与室内设计干球温度的差值。一般情况下，在有供冷需求的春秋季，当室外空气干球温度低于室内设计干球温度时，可以直接利用室外空气进行供冷；在有供热需求的春秋季，当室外空气干球温度高于室内设计干球温度时，可以直接利用室外空气进行供热。

春季日平均气温达到 10℃ 或秋季日平均气温达到 8℃、夏季早晨或者傍晚的气温低于 26℃、冬季中午气温高于 20℃ 等时间段均可以称为空调过渡季，在这个短暂的时间段，室外空气可以作为双冷源空调系统的自然冷源，直接供冷或者供热。

综上所述，双冷源空调系统可以直接利用过渡季节的空气来降低或者加热室内空气，当室外空气干球温度高于 14℃ 时，可以利用冷却塔制取高温冷水作为双冷源空调系统的高温冷源，直接供冷。

3.2.5 自然冷源的温度

自然冷源的供水温度随季节、气候和地理位置变化较大，而且受自然条件限制，难以达到很低或很高的温度。人工冷源可以通过制冷设备精确控制供水温度，稳定性高，满足不同设备对温度的严格要求。人工冷源可以根据需要设定不同的温度范围，可以实现从零下几十度到零上几十度的温度变化，满足不同特殊应用的需求。

自然冷源的供水温度受当地的气候条件和自然冷源类型的影响，在较为寒冷的地区，自然冷源的供水温度可能较低；而在温暖地区，供水温度相对较高。地表水的温度受季节和水流情况影响，如使用地表水作为自然冷源，河水的温度在冬季可能接近 0℃，而在夏季可能达到 20℃ 甚至更高；地下水温度相对稳定，但也会因地理位置而有所不同；室外空气的温度则随季节和天气变化剧烈。

自然冷源这种温度不稳定性可能会对需要稳定冷却温度的设备带来一定挑

战，需要通过一些调节措施来应对。一般来说，设计自然冷源的供水温度时，应进行详细的冷热负荷计算和系统分析，以确保在满足设备冷却温度需求的同时，最大限度地利用自然冷源，提高能源利用效率，降低运行成本。同时，要考虑系统的可靠性和稳定性，避免因供水温度波动过大而对设备造成损害。

3.3 人工冷源

3.3.1 人工冷源的分类

在自然冷源无法作为空调系统冷源或者不具备条件时，需要利用人工冷源。人工冷源是指在自然冷源无法直接作为空调系统冷源时，根据热力学的不同过程对某些物质进行绝热汽化和气体膨胀做功来取得冷量的人造冷源。

实现人工制冷的方法有多种，按物理过程的不同可分为：液体汽化法、气体膨胀法、热电法、固体绝热去磁法等。不同的制冷方法可以获取不同的温度。空气调节用制冷技术中，常用液体汽化法和气体膨胀法来实现制冷，其中以蒸气压缩式制冷及吸收式制冷应用最为广泛。

1. 蒸气压缩式制冷

液体汽化过程需要吸收汽化潜热，而且其沸点（饱和温度）与压力有关，压力越低，饱和温度也越低。因此，只要创造一定的低压条件，就可以利用液体的汽化获取所需的低温。蒸气压缩式制冷的工作原理就是使制冷剂在压缩机、冷凝器、膨胀阀和蒸发器等热力设备中进行压缩、放热冷凝、节流和吸热蒸发四个主要热力过程，从而完成制冷循环，实现对被冷却介质的制冷。根据压缩机类型的不同，通常把蒸气压缩式制冷机组分为活塞式、螺杆式、涡旋式、离心式，但所有制冷机组的工作原理均相同。

活塞式制冷机组常为多机头机组，通过启停压缩机和加减载等方式实现冷量调节。在制冷量小于 700kW 的中小冷量范围内，活塞式制冷机组有广泛的应用。涡旋式制冷机组采用涡旋式压缩机，由于它没有往复运动机构，因而结构简单、体积小、质量轻、可靠性高，通常应用于单元式制冷机组。螺杆式制冷机组的调节性能与活塞式制冷机相比有大幅的提高，且在 50%～100% 的负荷运行时，其功率消耗几乎正比于制冷量，从而其部分负荷性能系数优于活塞式制冷机组。离心式制冷机组采用变频调速、可调导叶等方式进行容量调节，但是由于其压缩机的结构及工作特性决定了离心式制冷机组的制冷量一般不小于 350kW。此外，单级离心式制冷机组的工况范围比较窄，冷凝压力不宜过高，冷凝温度一般控制在 40℃左右，冷凝器进口水温一般不超过 32℃；蒸发压力不宜过低，蒸发温度一般在 0～5℃之间，蒸发器出口水温一般在 5～7℃。

2. 吸收式制冷

吸收式制冷是液体汽化制冷的另一种形式，与蒸气压缩式制冷一样，利用液体制冷剂在低温低压下汽化达到制冷的目的。所不同的是，蒸气压缩式制冷依靠消耗机械功（或电能）使热量从低温物体向高温物体转移，而吸收式制冷则依靠消耗热能来完成这种非自发过程。

吸收式制冷机组主要由四个热交换设备组成，即发生器、冷凝器、蒸发器和吸收器，它们组成两个循环环路：制冷剂循环和吸收剂循环。制冷剂循环由冷凝器、节流装置和蒸发器组成，其制冷原理与蒸气压缩式制冷完全相同。吸收剂循环主要由吸收器、发生器和溶液泵组成，相当于蒸气压缩式制冷的压缩机。

溴化锂水溶液是目前空调用吸收式制冷机组常采用的工质对。溴化锂具有极强的吸水性，对水来说是良好的吸收剂。由于溴化锂的沸点比水高很多，溴化锂水溶液在发生器中沸腾时只有水汽化，生成纯制冷剂，故不需要蒸汽蒸馏设备，系统较为简单，热力系数较高，其主要弱点是由于以水为制冷剂，蒸发温度不能太低，系统内真空度较高。溴化锂吸收式制冷机组通常分为单效型和双效型。当给定冷却介质和被冷却介质的温度时，提高热源温度可有效改善吸收式制冷机组的热力系数。但由于溶液结晶条件的限制，单效型溴化锂吸收式制冷机组的热源温度不能过高，当有较高温度的热源时，应采用多级循环，即采用双效型溴化锂吸收式制冷机组。根据热源的不同，双效型溴化锂吸收式制冷机组通常分为蒸汽双效型和直燃双效型。

3.3.2　人工冷源的评价

电力驱动的蒸气压缩循环冷水（热泵）机组的制冷性能指标通常有名义工况性能系数（COP）、部分负荷性能系数（PLV）、综合部分负荷性能系数（$IPLV$）、非标准部分负荷性能系数（$NPLV$）和冷源名义工况能效比（EER_c）5 种常用指标。低温冷源的评价指标应符合现行国家标准《蒸气压缩循环冷水（热泵）机组　第 1 部分：工业或商业用及类似用途的冷水（热泵）机组》GB/T 18430.1、《建筑节能与可再生能源利用通用规范》GB 55015 和《公共建筑节能设计标准》GB 50189 的相关规定；高温冷源的评价指标应符合现行标准《高出水温度冷水机组》JB/T 12325 和《双冷源空调系统设计标准》T/CECS 1677 的相关规定[7-11]。

1. 名义工况性能系数 COP

在规定的名义工况下，机组以同一单位表示的制冷（热）量与总输入电功率的比值即为名义工况性能系数。低温冷源名义工况详见《蒸气压缩循环冷水（热泵）机组　第 1 部分：工业或商业用及类似用途的冷水（热泵）机组》GB/T 18430.1—2024 的规定，如表 3-3 所示。

高温冷源的名义工况应符合《高出水温度冷水机组》JB/T 12325—2015 的规定，如表 3-4 所示。

低温冷源名义工况 表 3-3

工况类型			使用侧		热源侧①	
			出口温度（℃）	单位制冷量水流量②[m³/(h·kW)]	出口温度（℃）	单位制冷量水流量②[m³/(h·kW)]
水冷舒适型机组一般性能试验的标准工况	制冷	名义制冷	7	0.172	30	0.215
		制冷最大负荷	15		33	
		制冷最小负荷	5		19	
	制热	名义制热③	45		15	
		制热最大负荷	50		21	
风冷舒适型机组一般性能试验的标准工况	制冷	名义制冷	7	0.172	干球温度（℃）	湿球温度（℃）
					35	—
		制冷最大负荷	15		43	—
		制冷最小负荷	5		21	—
	制热	名义制热Ⅰ	45		7	6
		名义制热Ⅱ	45		—2	—3
		名义制热Ⅲ	45		—7	—8
		制热最大负荷	50		21	15.5
		融霜	45		2	1
蒸发冷却舒适型机组一般性能试验的标准工况	制冷	名义制冷④⑤	7	0.172	干球温度（℃）	湿球温度（℃）
					—	24
		制冷最大负荷④	15		—	29
		制冷最小负荷④	5		—	15.5
	制热	名义制热Ⅰ⑤	45		7	6
		名义制热Ⅱ⑤	45		—2	—3
		名义制热Ⅲ⑤	45		—7	—8
		制热最大负荷	50		21	15.5

① 在本表中，热源侧仅与使用侧相对应，并不用于表述热量的实际转移路径。

② 水流量按机组名义制冷量的明示值来确定。

③ 水温按《蒸气压缩循环冷水（热泵）机组 第 1 部分：工业或商业用及类似用途的冷水（热泵）机组》GB/T 18430.1—2024 附录 B 进行修正（使用侧污垢系数为 0.018m² · ℃/kW，热源侧污垢系数为 0.044m² · ℃/kW），并以修正后的温度设定试验工况。

④ 试验过程中，热源侧补充水的温度为 15～30℃。

⑤ 水侧（使用侧）温度应按《蒸气压缩循环冷水（热泵）机组 第 1 部分：工业或商业用及类似用途的冷水（热泵）机组》GB/T 18430.1—2024 附录 B 进行修正（污垢系数为 0.018m · ℃/W），并以修正后的温度设定试验工况。

注：1. 表中的"—"代表不做要求。

2. 名义制热Ⅰ为必测点，名义制热Ⅱ和名义制热Ⅲ为选测点。选测点用于制造商在必要时向用户传递机组的低温性能信息。

通常利用逆卡诺定理来计算蒸气压缩式冷源的制冷性能，在相同蒸发温度和冷凝温度下，逆卡诺循环的制冷效率高于其他热力循环，是实际制冷机组的能效极限。在理想工况下，冷源 COP 只与冷源的冷凝温度 T_g 和蒸发温度 T_d 有关，与其他因素无关，可由下式计算：

工艺型机组一般性能试验的标准工况　　　　　表 3-4

工况类型	机组类型	使用侧		热源侧		
		进液温度 (℃)	出液温度 (℃)	水冷式 进/出液温度 (℃)	风冷式 干/湿球温度 (℃)	蒸发冷却式 干/湿球温度 (℃)
名义制冷	高温型	21	16	30/35	35/—	—/24
	标温型	12	7			
	中温型	—5	—10			
	低温型	—20	—25			
	深冷型	①	①			
名义制热		②				

① 深冷型机组的名义制冷试验工况按制造商的规定。

② 各类型机组的名义制热试验工况均按制造商的规定。

注：1. 表中的"—"代表不做要求。

2. 若制造商明示的机组设计条件不同于本表给定的标准工况，则可以按制造商明示的工况和《蒸气压缩循环冷水（热泵）机组 第 1 部分：工业或商业用及类似用途的冷水（热泵）机组》GB/T 18430.1—2024 第 6.4.3 条规定的性能试验方法进行测试。

$$COP = \frac{T_d}{T_g - T_d} \tag{3-4}$$

理想工况下，若冷凝温度不变，随蒸发温度的升高，COP 也逐步升高，当蒸发温度无限趋近于冷凝温度时，COP 趋于无穷大。由此可以看出：高出水温度可以提高制冷循环的蒸发温度，从而可大幅度提高制冷系统的效率。对于常规制冷机组来说，是否可以通过不断提高蒸发温度以获得更高的制冷效率，则需要从机组本身的工作特性进行分析。

以 R22 制冷剂为例，在压焓图上给出了产生高温冷水和常规低温冷水的制冷循环示意图，如图 3-7 所示[1]。

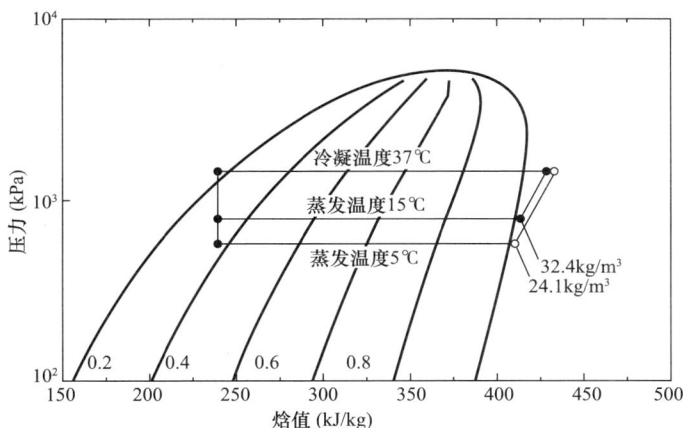

图 3-7　制冷循环（制冷剂 R22）在压焓图上的表示

由图 3-7 可以看出，冷凝温度相同时，由于蒸发温度的改变，制冷循环的压缩比、吸气密度等均有较大的不同，具体分析如下[1]：

（1）当冷凝温度为 37℃，蒸发温度分别为 5℃、15℃时，制冷循环对应的压缩比分别为 2.4、1.8，这表明蒸发温度提高后制冷循环的压缩比显著降低。对于螺杆式和涡旋式等固定内容积比的压缩机而言，如将原有的低温出水工况的制冷机组直接运行在高温出水工况，则会导致较大的过压缩损失。

（2）在蒸发温度为 5℃（过热度为 5℃）的常规制冷工况下，压缩机的吸气密度为 24.1kg/m³；在蒸发温度为 15℃（过热度为 5℃）的高温制冷工况下，压缩机的吸气密度为 32.4kg/m³，比常规低温制冷工况的压缩机吸气密度提高 34％。对于吸气容积固定的压缩机，系统制冷剂流量将增加 34％，系统容量同比例增加。系统容量的增加要求蒸发器、冷凝器的换热量增大。过大的系统容量将导致供需失配和压缩机电机的过载，影响制冷机组的安全运行。

（3）系统压差的减小和压缩机制冷剂流量的增加，需要系统的膨胀阀开度显著增加；如果采用常规低温冷水系统原有的膨胀阀用于生产高温水，将导致制冷系统过热度增加，系统效能无法全面发挥。此外，冷凝器与蒸发器之间的压缩比降低，将影响制冷机组的回油。

《蒸气压缩循环冷水（热泵）机组　第 1 部分：工业或商业用及类似用途的冷水（热泵）机组》GB/T 18430.1—2024 有关低温冷源的制冷性能系数的规定如表 3-5 所示。

舒适型机组的能效参数限值　　　　　　　　　　　　　　　　表 3-5

机组类型	机组制冷量 CC（kW）	性能系数 COPc（kW/kW）	综合部分负荷性能系数 IPLV（kW/kW）
风冷式	CC＞50	2.80	3.30（能效系数 CSPF）
水冷式	50＜CC≤300	4.20	5.20
	300＜CC≤528	5.00	5.70
	528＜CC≤1163	5.40	6.20
	CC＞1163	5.60	6.30
蒸发冷却式	50＜CC≤300	4.00	4.40
	CC＞300	4.60	5.10

高温冷源的名义工况应符合《高出水温度冷水机组》JB/T 12325—2015 对高温冷源制冷性能系数的规定，如表 3-6 所示。

高温冷源的制冷性能系数　　　　　　　　　　　　　　　　表 3-6

机组类型	机组制冷量（kW）	COP（kW/kW）	[IPLV（HT）][1]（kW/kW）
风冷式	≤50	3.6	4.0
	＞50	3.8	4.2

续表

机组类型	机组制冷量（kW）	COP（kW/kW）	[IPLV（HT）][1]（kW/kW）
水冷式	≤528	6.5	7.5
	>528～1163	7.0	7.9
	>1163	7.5	8.2

[1] 不能卸载的机组不适用 IPLV（HT）数据，但应明示，如 "不适用 IPLV（HT）"。

实际冷源的 COP 不仅取决于冷源的机械效率，还取决于冷源的理想制冷效率 ε，实际冷源的 COP 可用下式计算：

$$COP = \eta\varepsilon \qquad (3\text{-}5)$$

式中，η 为冷源的机械效率，%，它是由于摩擦、温差传热等不可逆因素引起的。根据实测冷源的能效比和模拟软件的模拟结果可知，当冷源冷凝温度保持不变时，在不同蒸发温度下冷源的机械效率 η 保持不变。假定低温冷源的理想制冷效率为 ε_d，则高温冷源的理想制冷效率 ε_g 可用下式计算：

$$\varepsilon_g = n\varepsilon_d \qquad (3\text{-}6)$$

式中，n 可用下式计算：

$$n = \left(\frac{T_{g2}}{T_{g1} - T_{g2}}\right) / \left(\frac{T_{d2}}{T_{d1} - T_{d2}}\right) \qquad (3\text{-}7)$$

式中 T_{g1}、T_{g2}——高温冷源的冷凝温度与蒸发温度，℃；

T_{d1}、T_{d2}——低温冷源的冷凝温度与蒸发温度，℃。

若冷源的冷凝温度取 36℃（冷却水为标准工况：30℃/35℃）和 38℃（实际工况：32℃/37℃），通过计算可知，当冷凝温度保持不变时，蒸发温度每升高 1℃，n 值的变化范围为 1.03～1.05，见表 3-7、表 3-8。

冷源理想制冷效率随蒸发温度的变化趋势 表 3-7

冷凝温度（℃）	蒸发温度（℃）											
	5	6	7	8	9	10	11	12	13	14	15	16
36	8.973	9.305	9.660	10.041	10.450	10.890	11.366	11.881	12.441	13.052	13.721	14.458
38	8.429	8.723	9.037	9.372	9.729	10.113	10.524	10.967	11.446	11.965	12.528	13.143

高温和低温冷水机组在不同制冷量下的 COP（冷却水进/出水温度为 32℃/37℃）

表 3-8

冷水机组类型	冷水机组的制冷量（RT）										
	650	700	750	800	850	900	1000	1100	1200	1300	1400
高温	7.52	7.53	7.51	7.52	7.550	7.55	7.59	7.6	7.7	7.72	7.78
低温	5.88	5.87	5.87	5.87	5.87	5.87	5.87	5.88	5.88	5.88	5.88
高温冷源 COP 提高的比例	28.00%	28.19%	27.87%	28.06%	28.59%	28.60%	29.31%	29.30%	31.03%	31.40%	32.29%

综上所述，出于对机组安全运行的考虑，常规低温冷水机组一般限定冷水出口水温不高于 12～14℃，难以直接用于高温出水工况或难以在高温出水工况下保持较优的性能。因而，高出水温度的冷水机组与常规冷水机组相比，由于运行工况的显著差异，需要针对压缩机、节流装置等关键部件重新设计、重新研发，才能满足新的高温冷水出水工况运行需求。

2. 部分负荷性能系数 PLV

PLV 是用一个单一数值表示的空气调节用冷水机组的部分负荷效率指标，它基于机组部分负荷的性能系数值，按照机组在不同负荷下运行时间的加权因素计算得出。

3. 综合部分负荷性能系数 IPLV

IPLV 是用一个单一数值表示的空气调节用冷水机组的部分负荷效率指标，它基于规定的 IPLV 工况下机组部分负荷的性能系数值，按机组在特定负荷下运行时间的加权因素，通过式（3-8）计算。规定的 IPLV 工况详见现行国家标准《蒸气压缩循环冷水（热泵）机组　第 1 部分：工业或商业用及类似用途的冷水（热泵）机组》GB/T 18430.1。

$$LPLV(NPLV) = 2.3\%A + 41.5\%B + 46.1\%C + 10.1\%D \qquad (3-8)$$

式中　A——100% 负荷时的名义工况性能系数 COP，kW/kW；

$\qquad B$——75% 负荷时的名义工况性能系数 COP，kW/kW；

$\qquad C$——50% 负荷时的名义工况性能系数 COP，kW/kW；

$\qquad D$——25% 负荷时的名义工况性能系数 COP，kW/kW。

注：1. 部分负荷百分数计算基准是名义制冷量。

　　2. IPLV 代表了单台机组的平均运行工况，可能不代表一个特有的工程实例。

4. 非标准部分负荷性能系数 NPLV

NPLV 用一个单一数值表示空气调节用冷水机组的部分负荷效率指标，基于表 3-9 规定的 NPLV 工况下机组部分负荷的性能系数值，按机组在特定负荷下运行时间的加权因素，按式（3-8）计算。

低温冷源的部分负荷工况　　　　　　　　　　　　　　表 3-9

名称		部分负荷规定工况	
		IPLV	NPLV
蒸发器	100% 负荷出水温度（℃）	7.0	选定的出水温度
	部分负荷出水温度（℃）		同 100% 负荷的出水温度
	单位制冷量水流量 [m³/(h·kW)]	0.172	选定的水流量
	污垢系数（0.044m²·℃/kW）	0.018	指定的污垢系数
水冷式冷凝器	100% 负荷出水温度（℃）	30.0	选定的出水温度
	75% 负荷出水温度（℃）	25.0	依据 100% 和 25% 负荷的进水温度通过线性插值获得[①]
	50% 负荷出水温度（℃）	23.0	

续表

名称		部分负荷规定工况	
		IPLV	*NPLV*
水冷式冷凝器	25%负荷出水温度（℃）	19.0	19.0①
	单位制冷量水流量［m³/(h·kW)］	0.215	选定的水流量
	污垢系数（0.044m²·℃/kW）	0.044	指定的污垢系数
蒸发式冷凝器	100%负荷出水温度（℃）	24.0	—
	75%负荷出水温度（℃）	21.9	依据100%负荷和25%负荷的进水温度通过线性插值获得①
	50%负荷出水温度（℃）	19.7	
	25%负荷出水温度（℃）	17.6	依据100%负荷和25%负荷的进水温度通过线性插值获得①

① 如果制造商推荐的冷凝器进水温度或进风湿球温度比表中规定的温度高，可使用推荐的温度进行试验。

注：当需要通过线性插值法和衰减系数法计算确定75%负荷、50%负荷或25%负荷对应的性能系数时，试验过程中冷凝器侧的进水温度或进风湿球温度应与所求对应负荷点的工况保持一致。

高温冷源非标准部分负荷性能系数 *NPLV*（HT）基于表 3-10 规定的 *NPLV* 工况下机组在不同负荷下运行的时间的加权因素，按式（3-8）计算。

高温冷源的部分负荷工况　　　　　　　　　　　　　　　**表 3-10**

名称			部分负荷规定工况	
			IPLV（HT）	*NPLV*（HT）
蒸发器		100%负荷出水温度（℃）	16	选定的出水温度
		0%负荷出水温度（℃）		同100%负荷的出水温度
		流量［m³/(h·kW)］	0.172	选定的流量
		污垢系数（0.044m²·℃/kW）	0.018	指定的污垢系数
冷凝器	水冷式	100%负荷出水温度（℃）	30	选定的出水温度
		75%负荷出水温度（℃）	26	75%、50%和25%负荷的进水温度必须在15.5℃至选定的100%负荷进水温度之间按负荷百分比线性变化，但不低于23℃，保留一位小数
		50%负荷出水温度（℃）	23	
		25%负荷出水温度（℃）	23	
		0%负荷出水温度（℃）	—	15.5
		流量［m³/(h·kW)］	0.215	选定的流量
		污垢系数（0.044m²·℃/kW）	0.044	指定的污垢系数
	风冷式	100%负荷出水温度（℃）	35	
		75%负荷出水温度（℃）	31.5	
		50%负荷出水温度（℃）	28	
		25%负荷出水温度（℃）	24.5	
		污垢系数（0.044m²·℃/kW）	0	

5. 冷源名义工况能效比 EER_c

EER_c 指高温冷水机组和低温冷水机组在名义工况条件下，设计冷负荷的总制冷量与其净输入能量之比。在常规空调系统中，冷水机组只生产一种温度的冷媒，其制冷性能系数与压缩机形式、工况等因素有关，《公共建筑节能设计标准》GB 50189—2015 对低温冷源在额定工况下的性能系数有明确规定。在双冷源空调系统中，冷源生产两种不同温度的冷媒，低温冷源在额定工况下的性能系数应按照《公共建筑节能设计标准》GB 50189—2015 的规定执行，高温冷源的性能系数应参考现行团体标准《双冷源空调系统设计标准》T/CECS 1677 的规定。当高温冷源与低温冷源联合供冷时，可用冷源名义工况能效比（EER_c）衡量双冷源空调系统冷源的制冷性能系数，通过下式计算：

$$EER_c = \frac{Q_1 + Q_2}{\dfrac{Q_1}{nCOP} + \dfrac{Q_2}{COP}} = nCOP\left(1 - \frac{n-1}{(Q_1/Q_2) + n}\right) \tag{3-9}$$

式中　Q_1、Q_2——高、低冷源的制冷量，kW；

$\quad\quad$ COP——低温冷源的制冷性能系数，kW/kW；

$\quad\quad$ n——高温冷源制冷性能系数与低温冷源制冷性能系数之比。

双冷源空调系统冷源的名义工况能效比（EER_c）可用于计算双冷源温湿耦合和温湿解耦空调系统的冷源效率，并与单冷源温湿耦合和温湿解耦空调系统冷源的制冷性能系数进行比较。显然，高温冷源承担的空调负荷比例越大，相应的低温冷源承担的空调负荷越小，双冷源空调系统冷源的名义工况能效比 EER_c 越大；反之亦然。

3.4　冷源供回水温度

3.4.1　供回水温度设计原则

冷源供回水温度直接影响空调系统的制冷效果，进而决定了室内环境的舒适度。夏季，较低的供水温度能够更有效地带走室内的热量，降低室内温度，同时有助于控制室内湿度，避免潮湿闷热的感觉。

从系统运行效率来看，供回水温度的合理设置对于空调系统能耗起着关键作用。如果供回水温度设置不当，可能会导致制冷机组或制热设备过度运行，增加能耗。如夏季供水温度过低，会使冷水机组的能耗大幅上升。此外，供回水温度还影响着空调系统的设备选型和管道设计。不同的供回水温度要求不同性能的设备来满足其运行需求，同时也会影响管道的保温要求和散热性能。

总之，供回水温度在集中式空调系统中具有重要地位，它涉及室内舒适度、系统运行效率、设备选型和成本控制等多个方面，因此在设计集中式空调系统冷源供回水温度时，必须考虑以下因素：

1. 供回水温度对室内舒适度的影响

（1）室内设计温度

一般来说，夏季室内温度在 $24\sim26℃$ 较为舒适，冷源供回水温度设计应在合理的空气处理过程后，以达到此舒适温度范围。如果供水温度过高或过低，可能导致室内温度无法达到舒适范围，或者需要过度消耗能源来调节。

（2）湿度控制

合适的供回水温度有助于将室内相对湿度维持在 $40\%\sim60\%$ 的舒适范围内。例如，在夏季，较低的供水温度可以使空气在冷却过程中去除更多的水分，降低相对湿度。

2. 供回水温度对运行能耗的影响

合理设计供回水温度可以降低空调系统能耗。在满足室内舒适度要求的前提下，夏季提高供水温度或冬季降低供水温度，可以提高制冷机组或热泵机组的能效比，减少能源消耗。例如，在夏季供水温度每提高 $1℃$，可能会使制冷机组的能耗降低 $3\%\sim5\%$。供回水温差每提高 $1℃$，输配系统的能耗降低 $6\%\sim8\%$。

3. 供回水温度对设备性能的影响

（1）制冷设备

对于冷水机组，降低供水温度可以提高其制冷量，但同时也会增加机组的能耗。需要根据冷水机组的性能曲线，在制冷量和能耗之间找到一个平衡点。不同类型的冷水机组对供水温度的要求也有所不同。例如，离心式冷水机组一般可以在较低的供水温度下运行，而螺杆式冷水机组可能更适合在较高的供水温度下工作。

（2）输送设备

供回水温度对输送设备的管道寿命、传感器的测量精度、调节阀的调节性能等均有影响，过低的供水温度可能导致管道表面结露，影响管道的使用寿命。合理的供水温度设计应便于系统的平衡和调节。如果供水温度过高或过低，都可能会导致系统不平衡，影响空调效果。可以通过设置调节阀、传感器等设备，实现对供水温度的精确控制，确保系统的稳定运行。

（3）末端设备

供回水温度对末端设备的换热效率、换热面积、水阻力和风阻力有直接影响，在额定工况和相同潜热与显热负荷的条件下，供回水温度降低，空气与水之间的对数换热温差增加，末端设备的换热面积、水阻力和风阻力随之下降；当供回水温差采用大温差或高温水时，在相同的潜热和显热负荷条件下，需要增加末端设备的换热面积（增加排数），增加的换热面积直接影响了水在末端设备中的流动阻力，也会增加空气流经末端设备时的阻力，从而引起风机和水泵的能耗增加。

4. 建筑负荷特性

（1）建筑类型和用途

不同类型的建筑对空调系统的需求不同。例如，办公建筑通常在白天有较高的冷负荷，而居住建筑的冷负荷则相对较为稳定。根据建筑的用途和使用时间，合理设计供水温度可以更好地满足建筑的负荷需求。对于一些特殊用途的建筑，如医院、实验室等，可能需要更严格的温度和湿度控制，这就需要根据具体情况设计合适的供水温度。

（2）建筑围护结构

建筑围护结构（如墙体、窗户、屋顶等）的隔热性能也会影响空调系统的负荷。围护结构隔热性能好的建筑可以在较高的供水温度下满足室内舒适度要求，从而降低能耗；而围护结构隔热性能差的建筑则需要较低的供水温度来抵消外界热量的影响。

综上所述，设计集中式空调系统的供水温度时，需要综合考虑室内舒适度要求、空调系统类型和设备性能、节能与运行成本、建筑负荷特性以及系统运行稳定性等多种因素。在实际设计过程中，应根据具体情况进行分析和计算，以确定最合适的供水温度。

3.4.2 单冷源温湿耦合空调系统的供回水温度设计

在单冷源温湿耦合空调系统中，空调冷水不仅要承担室内的显热负荷，还要承担室内的潜热负荷，冷源的供回水温度与末端空气处理过程无关。一般情况下，建筑室内设计空气干球温度为 $24\sim26℃$，相对湿度为 $50\%\sim60\%$，相应的含湿量为 $9.3\sim12.6g/kg_{干空气}$，相应的露点温度为 $12.9\sim17.6℃$，空调系统通常采用室内空气露点温度送风，为了防止送风结露，空调系统的送风温度高于室内空气露点温度 $1\sim2℃$，因此。空调系统的送风温度为 $14.9\sim19.6℃$。

《民用建筑供暖通风与空气调节设计规范》GB 50736—2012 第 8.5.1 条规定：空调冷水、空调热水参数应考虑对冷热源装置、末端设备、循环水泵功率的影响等因素，并按下列原则确定：采用冷水机组直接供冷时，空调冷水供水温度不宜低于 5℃，空调冷水供回水温差不应小于 5℃；有条件时，宜适当增大供回水温差[13]。

目前，空气的降温和除湿都是通过水—空气换热器对空气进行降温和除湿，再将冷却干燥的空气送入室内。如果空调送风仅需满足室内降温的要求，则冷源的温度低于室内空气的干球温度（$24\sim26℃$）即可，考虑传热温差与介质的输送温差，冷源的温度只需要 $15\sim18℃$。如果空调送风需满足室内除湿的要求，由于采用冷凝除湿方法，冷源的温度需要低于室内空气露点温度（室内设计干球温度为 26℃、相对湿度为 55% 时，空气露点温度为 16.3℃），考虑 5℃ 的传热温差与 5℃ 的介质输送温差，实现 16.3℃ 的露点温度需要 6.2℃ 的冷源温度，这是现有空调系统采用 $5\sim7℃$ 冷水的原因。

从制冷机组运行安全角度出发，冷媒在蒸发器中蒸发吸热，使二次侧的水降温，若蒸发温度过低会导致蒸发器表面结冰，影响换热效率，严重时会冻坏机组。因此，为了防止冷水结冰，制冷剂的蒸发温度应始终大于 0℃，制冷剂的蒸发温度通常取 5～7℃，制冷剂与冷水之间的传热温差一般取 1～3℃，制冷剂的蒸发温度越高机组效率就越高，故冷水供水温度只能为 6～8℃。

从表冷器换热来看，7℃/12℃的冷水与室内空气之间存在较大的温差，这有利于提高风机盘管、空气处理机组等的换热效率。较大的温差可以使热量更快地从室内空气传递到冷水中，从而迅速降低室内温度。在热交换过程中，冷水的温度越低，其吸收热量和除湿的能力就越强。7℃的冷水能够在相对较短的时间内吸收大量的热量，使得空调系统能够快速响应室内温度的变化，保持室内温度的稳定。

从管道保温来看，7℃/12℃的冷水温度也有利于管道系统的保温设计。在这个温度下，管道的保温材料可以更好地发挥作用，减少能量损失，提高系统的能效比。集中式空调系统的管道需要在一定的温度范围内运行，以保证其安全性和可靠性。如果冷水温度过低，管道表面容易形成冷凝水，甚至可能导致管道结冰，影响系统的正常运行。而 7℃的冷水温度可以使管道保持在一个相对干燥的状态，降低管道腐蚀和损坏的风险。

从运行能耗来看，7℃的冷水温度可以在制冷效果和能耗之间取得一个较好的平衡。虽然降低冷水温度可以提高制冷能力，但同时也会增加压缩机的能耗。大量实践和研究发现，7℃的冷水温度在满足大多数场所制冷需求的同时，能够使系统能耗保持在一个相对较低的水平。集中式空调系统通常还会与其他设备（如冷却塔、水泵等）协同工作，7℃的冷水温度可以使整个系统在运行过程中达到一个较为优化的能耗分配，提高系统的整体能效。

从设备投资和运行成本的角度来看，7℃的冷水温度也是一个较为经济合理的选择。在设计集中式空调系统时，需要考虑设备的初投资、运行维护成本以及能源消耗成本等因素。7℃的冷水温度可以使用较为常规的设备和材料，降低系统的建设成本。同时，在运行过程中也能够通过合理的控制策略，实现节能降耗，降低运行成本。

综上所述，7℃的冷水能够有效吸收室内的热量，实现对室内空气的降温除湿处理。这个温度既可以保证足够的制冷能力，也可以使室内温度保持在 22～26℃，满足人们对室内环境舒适度的要求。对于大多数民用和工业场所来说，7℃的冷水可以应对不同的热负荷情况，无论是在炎热的夏季还是在有一定散热设备的室内空间，都能提供稳定的制冷效果。

如果表冷器的翅片间距较小、换热管管径较小且排列较紧密，热量传递的路径较短，换热效率较高，不需要很大的温差就能实现足够的热量交换，对数换热温差可能会相对较小，可能接近 1～3℃；当冷水流量较大时，冷水在表冷器中的流速较快，能及时带走热量，对数换热温差可以取较小值，例如 4～5℃；如果冷水流量较小，为了保证足够的换热量，对数换热温差可能需要取到 6~8℃。因此，在表冷器中，空气与水之间的对数换热温差可取 1~8℃。对数换热温差越小，表冷器的换热面积越大，成本越高，经济对数换热温差通常取 3~5℃。通常情况下，冷水供/回水温度可取 5℃/13℃、6℃/12℃、6℃/14℃、7℃/12℃等多种形式，混流表冷器可以将空气露点温度降至 13.5~16.6℃。

在混流表冷器中，空气从表冷器的一侧流入，在流经表冷器翅片表面时，与低温翅片发生热交换（图 3-8）。由于空气是流动的流体，这种流动使得空气与表冷器翅片表面不断接触，将空气中的热量传递给翅片内的冷媒。在这个过程中，空气的温度会逐渐降低，实现了空气的冷却，变成冷空气送入室内，从而降低室内温度。冷媒（如冷水、制冷剂等）在表冷器换热管内流动，其温度低于流经表冷器的空气温度，这样就形成了温度差。

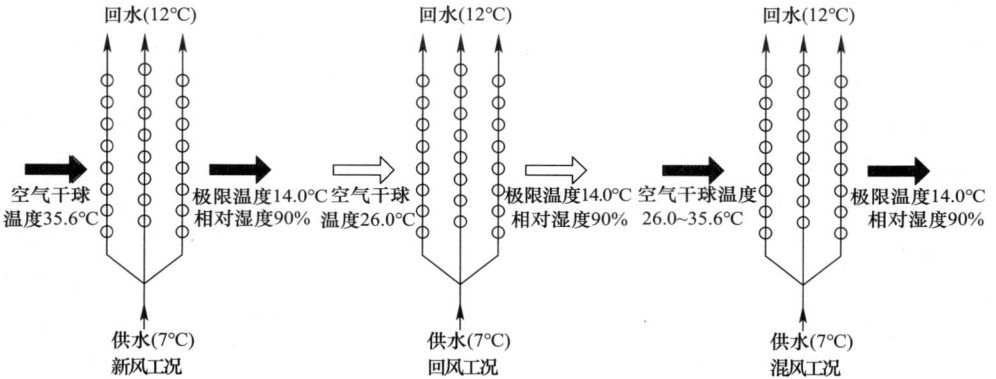

图 3-8　混流表冷器空气—水换热示意图

在横流表冷器中，空气和冷媒的流动是交叉流，即部分空气有可能先经过高温冷媒再接触低温冷媒，部分空气也有可能先接触低温冷媒后经过高温冷媒，这种交叉流动的换热方式使高、低温空气混合，造成混合损失，降低了换热效率。因此，在横流表冷器中，为了获得更低的出风温度，需要更低的供回水温度，而且表冷器出口的空气温度要高于回水温度（一般为 2~3℃）。

一些主要国家和地区规定的名义工况（或标准工况）下，冷水机组的冷水温度主要为如下三种：

（1）冷水进/出口温度为 12.3℃（54℉）/6.7℃（44℉），进出口水温差为 5.6℃（10℉）（来自美国标准 ARI 550590）。

（2）冷水进/出口温度为 12℃/7℃，进出口水温差为 5℃（来自中国标准 GB/T 18430.1 和 GB/T 18430.2、日本标准 JS B8613、欧洲标准 EN 14511）。

（3）冷水进/出口温度为 23℃/18℃，进出口水温差为 5℃（来自欧洲标准 EN 14511，用于地面供冷或类似用途）。

随着表冷器制造工艺水平的提高，以及建筑对空调系统节能减碳的要求提高，高温冷水供冷技术逐渐被研究和设计人员重视。由于采用的水温较高，可以提高制冷机组的运行效率，但是高温冷水供冷技术对表冷器提出了更高的换热要求。由于高温冷水温度的提高，其除湿能力大大下降，为了不降低室内舒适度，高温冷水的供水温度通常为 12～20℃，供回水温差取 5℃，此时横流式表冷器已经不能满足空调系统冷却除湿的需求，因此，高温冷水供冷通常选取逆流表冷器，其换热原理如图 3-9 所示。

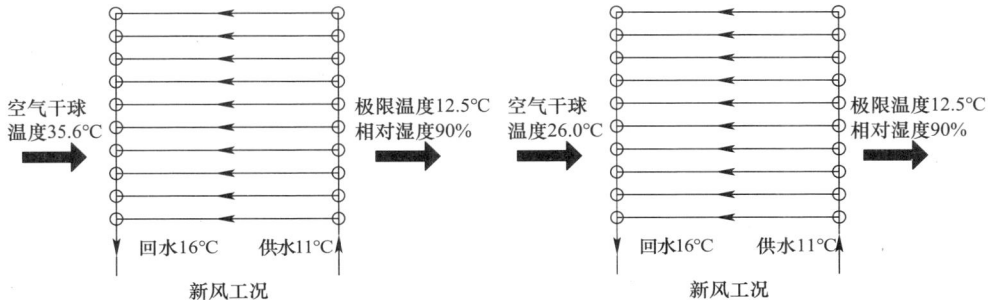

图 3-9　逆流表冷器空气—水换热示意图

在逆流表冷器中，空气和冷媒的流动方向是相反的，即逆流流动，这种流动方式具有显著的优点：一方面，在整个换热过程中，空气和冷媒的温差能够始终保持在较大的水平，相比于顺流换热（空气和冷媒同向流动），逆流换热的平均换热温差更大。根据传热学原理，换热温差越大，换热速率就越高，所以逆流表冷器的换热效率更高。另一方面，逆流换热可以避免出现温度交叉的情况，使换热效果更加稳定、可靠。因此，在逆流表冷器中，表冷器出口的空气温度可低于回水温度，一般比供水温度高 2～3℃。

由图 3-9 可以看出，逆流表冷器中水的流动方向与空气相反，其热效率高于横流表冷器。逆流表冷器可以满足室内外空气在不同供回水温度条件下的换热需求，提高人工冷源的供水温度或者供回水温差，可以提高空调系统的效率。在单冷源温湿耦合空调系统中，冷源的供回水温度设计需考虑多种因素的影响，空气处理机组推荐采用逆流表冷器，冷源可以采用大温差供冷或者高温水供冷，通常有 6℃/16℃、7℃/13℃、7℃/15℃、7℃/17℃、8℃/17℃、9℃/17℃、11℃/16℃、12℃/17℃等多种供/回水温度方案，与 7℃/12℃ 相比，根据估算，能耗分别约提高了 5.82%、3.67%、7.31%、9.00%、9.05%、10.89%、7.63% 和 9.86%。因此，推荐采用供/回水温度为 9℃/17℃ 和 12/17℃ 的方案。

3.4.3　单冷源温湿解耦空调系统的供回水温度设计

在单冷源温湿解耦空调系统中，冷源仅承担室内的显热负荷，不承担室内的潜热负荷，冷源的供回水温度与末端空气处理过程无关。因此，可以采用高温水供冷，高温水供水温度通常取 14～18℃，供回水温差取 5℃，表冷器采用干式逆流表冷器。

3.4.4　双冷源温湿耦合空调系统的供回水温度设计

与单冷源温湿耦合空调系统不同的时，双冷源温湿耦合空调系统高温冷源的供水温度与空气处理过程和表冷器的结构有关，低温冷源的供水温度与室内最不利点的空调湿负荷有关，高、低温冷源的供回水温度共同决定了双冷源温湿耦合空调系统的冷源名义工况能效比 EER_c 的大小。

在双冷源温湿耦合空调系统中，当低温冷源供水温度不变时，随着高温冷源的供水温度逐渐提高，高温冷源承担的空调负荷比例将逐渐降低，双冷源空调系统的 EER_c 先增大后减小。当高温冷源供水温度不变时，随着低温冷源的供水温度升高，双冷源空调系统的 EER_c 先增大后减小。

综合考虑各种因素和工程设计经验，在低温冷源供回水温度确定以后，求取高温冷源的供水温度是双冷源空调系统设计的难点，需要通过假定高温冷源的供水温度，逐次计算双冷源空调系统的 EER_c，才能得到使得 EER_c 达到最大时的供水温度。若双冷源空调系统中多处采用集中式系统，那么，高温冷源的供水温度应确保所有集中式系统中高温冷源承担的负荷使得高、低温冷源的综合能效比最大，但是这种计算难度非常大。因此，通常设计中，当集中式系统的空气处理过程已经确定，分别试算每个集中式系统的最佳高温冷源供水温度，取其中最小值作为高温冷源的供水温度。

以杭州某工程中空调房间的冷负荷数据为例，进一步验证双冷源温湿耦合四管制空调系统的两个不同处理过程的 EER_c 的变化规律。室外气象参数为：夏季空调室外干球温度为 35.6℃，夏季空调室外湿球温度为 27.9℃。室内设计参数为：夏季室内设计温度为 26℃，相对湿度为 55%，露点送风状态点温度为 16.5℃；低温冷源供/回水温度为 7℃/12℃时的 COP 取 5.6，高温冷源供水温度与被冷却空气最小温差 Δt 取 3℃；空调房间的总送风量为最小送风量，即送风状态点为露点送风状态点时的送风量[12]。

空气处理过程分别采用双冷源温湿耦合集中式空气处理过程 1 和空气处理过程 2（详见 2.3.1 节），通过计算可以得出高温冷源供水温度与双冷源空调系统 EER_c，详见表 3-11 和表 3-12[12]。

双冷源温湿耦合集中式空气处理过程 1 的 EER_c　　　　表 3-11

供水温度 （℃）	新风比 m									
	0.1	0.2	0.3	0.4	0.5	0.6	0.7	0.8	0.9	1.0
12	6.8	6.81	6.81	6.81	6.81	6.81	6.81	6.81	6.81	6.81
13	7.09	7.09	7.09	7.01	7.05	7.07	7.09	7.09	7.09	7.09

续表

供水温度 (℃)	新风比 m									
	0.1	0.2	0.3	0.4	0.5	0.6	0.7	0.8	0.9	1.0
14	7.17	7.20	7.23	7.25	7.26	7.27	7.28	7.29	7.29	7.30
15	6.98	7.09	7.17	7.23	7.28	7.32	7.35	7.37	7.39	7.41
16	6.96	7.09	7.16	7.26	7.31	7.36	7.40	7.43	7.45	7.47
17	6.90	7.05	7.15	7.24	7.30	7.35	7.39	7.43	7.46	7.48
18	6.79	6.95	7.07	7.16	7.24	7.29	7.34	7.38	7.41	7.44
19	6.65	6.82	6.95	7.05	7.13	7.19	7.24	7.28	7.32	7.35
20	6.48	6.66	6.79	6.89	6.97	7.04	7.09	7.14	7.17	7.21
21	6.29	6.47	6.60	6.70	6.79	6.85	6.90	6.95	6.99	7.02
22	6.07	6.25	6.39	6.49	6.57	6.63	6.69	6.73	6.77	6.80
23	5.85	6.02	6.15	6.25	6.33	6.39	6.44	6.48	6.52	6.55

双冷源温湿耦合集中式空气处理过程 2 的 EER_c　　　　表 3-12

供水温度 (℃)	新风比 m									
	0.1	0.2	0.3	0.4	0.5	0.6	0.7	0.8	0.9	1.0
12	6.81	6.81	6.81	6.81	6.81	6.81	6.81	6.81	6.81	6.81
13	7.09	7.09	7.09	7.09	7.09	7.09	7.09	7.09	7.09	7.09
14	7.17	7.20	7.23	7.25	7.26	7.27	7.28	7.29	7.29	7.30
15	6.97	7.08	7.16	7.22	7.27	7.31	7.34	7.37	7.39	7.41
16	6.67	6.87	7.01	7.13	7.21	7.29	7.35	7.40	7.44	7.47
17	6.29	6.58	6.79	6.95	7.09	7.19	7.29	7.36	7.43	7.48
18	5.88	6.23	6.50	6.72	6.90	7.04	7.17	7.27	7.36	7.44
19	5.60	5.85	6.17	6.43	6.65	6.84	6.99	7.13	7.24	7.35
20	5.60	5.60	5.81	6.11	6.37	6.58	6.77	6.94	7.08	7.21
21	5.60	5.60	5.60	5.77	6.05	6.30	6.51	6.70	6.87	7.02
22	5.60	5.60	5.60	5.60	5.72	5.99	6.23	6.44	6.63	6.80
23	5.60	5.60	5.60	5.60	5.60	5.67	5.92	6.15	6.36	6.55

　　由表 3-11 和表 3-12 可以看出：①双冷源空调系统冷源的名义工况能效比（EER_c）随高温冷源供水温度的变化趋势和新风比 m 无关，无论新风比 m 为何值，EER_c 总是随高温冷源的供水温度先增大后减小，唯一不同的是，在不同的新风比 m 下，EER_c 达到最大值时对应的高温冷源的供水温度是不同的。②在高温冷源供水温度恒定不变时，EER_c 随新风比的增加而增加。与单冷源非温湿分控的空调系统冷源的 EER_c 相比，空气处理过程 1 和空气处理过程 2 的最大节能率的范围均为 28%～33%。③在新风比恒定不变且较小的条件下，随着高温冷源供水温度的升高，双冷源空调系统总的能效比出现了等于单冷源非温湿分控空

调系统能效比的情况，这是由于高温冷源的供水温度过高而其不能被充分利用造成的，在工程设计中，应避免此类现象的发生[12]。

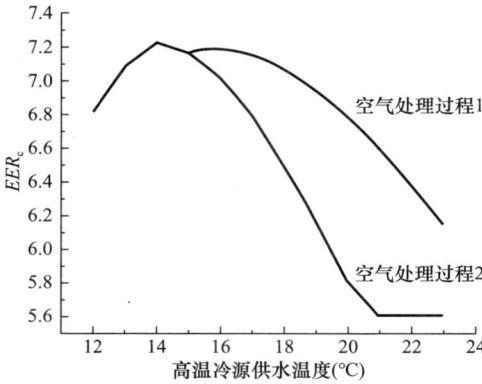

图 3-10　EER_c 随高温冷源供水温度的变化

根据表 3-11 和表 3-12 可绘制出当新风比 m 为 0.3 时，EER_c 随高温冷源供水温度变化的曲线，如图 3-10 所示。

由图 3-10 可以发现：①在给定新风比和低温冷源供水温度的条件下，随高温冷源供水温度的升高，EER_c 先逐渐增加，当空气处理过程 1 中高温冷源的供水温度升至 14℃时，EER_c 达到最大值，若高温冷源供水温度继续升高，EER_c 又逐渐减小。②在高温冷源露点温度相同时，空气处理过程 1 中 EER_c 总是大于空气处理过程 2，但是当高温冷源的供水温度等于室内设计温度时，空气处理过程 1 中 EER_c 等于空气处理过程 2[12]。

空气处理过程 1 中，高温表冷器出口的送风温度越低，高温冷源承担的空调负荷比例越大。通过计算可以得出不同送风状态点时高温冷源承担的空调负荷比例，详见表 3-13。

不同送风状态点时高温冷源承担的空调负荷比例　　　　表 3-13

送风状态点		20.8℃/90%	20℃/90%	19℃/90%	18℃/90%	17℃/90%
新风比	0	44%	49%	57%	65%	74%
	0.1	53%	58%	65%	73%	81%
	0.2	59%	63%	71%	78%	85%
	0.3	63%	67%	74%	81%	88%
	0.4	66%	70%	77%	84%	90%
	0.5	68%	72%	79%	85%	92%
	0.6	70%	74%	81%	87%	93%
	0.7	71%	75%	82%	88%	94%
	0.8	72%	76%	83%	89%	95%
	0.9	73%	77%	84%	90%	96%
	1	74%	78%	85%	91%	97%

由表 3-13 可知：①在给定新风比和低温冷源供水温度的条件下，高温冷源所处理空气的干球温度（相对湿度一般为 90%）越低，其承担的空调负荷比例越高。②当高温冷源所处理空气的干球温度为 18℃、相对湿度为 90% 时，其承担的空调负荷比例高达 81%（新风比为 0.3）。

在双冷源温湿耦合空调系统中，冷源的供水温度与末端的送风温度有关，经统计，最低的送风温度通常为 10℃，高、低温冷源的供水温度越低，冷源的能耗越大。

综上所述，在给定低温冷源供水温度的前提下，双冷源空调系统的综合能效比与高温冷源的供水温度之间的关系呈抛物线规律。高温冷源承担的空调负荷比例与被处理空气的终状态点有关，终状态点的空气焓值越低，高温冷源承担的空调负荷比例越大。因此，在双冷源温湿耦合四管制空调系统中，低温冷源的供水温度不宜低于 7℃ 且不宜高于 10℃，高温冷源的供水温度不宜低于 14℃ 且不宜高于 16℃，供回水温差不应低于 5℃；在双冷源温湿耦合两管制空调系统中，低温冷源的供水温度不宜低于 7℃，高温冷源的供水温度不宜低于 12℃，供回水温差不应低于 8℃，推荐采用供/回水温度为 7℃/17℃、7℃/16℃、8℃/18℃、9℃/19℃、9℃/17℃、9℃/18℃ 等多种供冷方案。

3.4.5　双冷源温湿解耦空调系统的供回水温度设计

双冷源温湿解耦空调系统中，冷源的供水温度不仅与空气处理过程有关，还与系统的供冷形式、系统的能效有关。冷源的供回水温度需要考虑多个因素，高温冷源承担了室内显热负荷和新风部分显热负荷，低温冷源承担了室内全部潜热负荷和部分显热负荷。双冷源温湿解耦空调系统有三种系统形式，对应三种空气处理方式，分别为：高、低温冷源集中式，高温冷源集中低温冷源分散式（风冷）和高温冷源集中低温冷源分散式（水冷）。

在双冷源温湿解耦空调系统中，高温冷源的供回水温度与室内空气的露点温度有关。当露点温度较高时，可以适当提高高温冷源的供水温度，以提高高温冷源的 COP；当露点温度较低时，应降低高温冷源的供水温度，以防止干式末端设备结露。可以通过模拟分析和优化设计来确定最佳的高温冷源供水温度，以实现系统的节能运行。

在双冷源温湿解耦空调系统中，低温冷源的供回水温度与室内空气湿负荷有关，新风承担了室内全部湿负荷，室内湿负荷越大，新风的送风温度越低，低温冷源的供水温度越低。可通过模拟分析和优化的方式确定最经济的低温冷源供水温度，以实现系统的节能运行。

在双冷源温湿解耦空调系统中，高温冷源承担的空调负荷和低温冷源承担的空调负荷与房间室内显热和潜热冷负荷有关。因此，室内显热冷负荷越大，高温冷源承担的空调负荷比例越大。

综上所述，双冷源温湿解耦空调系统高、低温冷源供水温度的设计需要综合考虑室内热负荷需求、末端设备性能、系统能效和室内舒适度要求等多个因素。通过合理的设计和优化，可以实现系统的高效运行和节能目标，同时保证室内的舒适度。当采用人工冷源时，高温冷源的供水温度不应低于 16℃，低温冷源采用电制冷压缩机时供水温度不宜低于 7℃，供回水温差不宜小于 5℃。

3.5 冷源设计

3.5.1 冷源设计原则

双冷源空调系统冷源设计需考虑建筑用途和负荷特点、当地气候条件、初投资和运行成本等多种因素。不同的建筑类型对冷源的要求不同，如数据中心需要高可靠性的冷源，而一般办公建筑可根据实际情况选择成本较低、维护方便的冷源；如果当地气候炎热且湿度大，风冷系统的效率可能会受到影响，此时水冷系统可能更为合适；而在水资源匮乏的地区，则应优先考虑风冷或其他无须大量用水的冷源。水冷系统初投资相对较高，但运行效率高，能耗低；风冷系统初投资较低，但运行成本可能较高。需要综合考虑建筑的使用寿命和经济效益，选择合适的冷源组合。

与单冷源空调系统不同的是，双冷源空调系统有多供冷工况，需设计合理的冷源管理系统，实现双冷源空调系统不同供冷工况之间的自动切换。单冷源温湿耦合空调系统仅有低温供冷工况和故障供冷工况；双冷源温湿耦合空调系统有高温冷源单独供冷工况、低温冷源单独供冷工况、高低温冷源联合供冷工况三种供冷工况，双冷源温湿耦合空调系统的管理系统需根据建筑负荷需求实现精准切换，以保证系统的能效最高；单冷源温湿解耦空调系统有高温冷源单独供冷工况、溶液除湿工况、高温冷源溶液除湿机组联合供冷工况三种供冷工况；双冷源温湿解耦空调系统有高温冷源单独供冷工况、低温冷源除湿单独供冷工况、高低温冷源联合供冷工况三种供冷工况。

综上所述，双冷源空调系统的冷源设计，不仅需要计算冷源的容量、冷源的效率，还要选取合适的冷源性能系数。双冷源空调系统冷源设计原则如下：

（1）根据整个建筑功能布局和经济性分析，确定空调系统末端是采用集中式还是分散式空气处理方式。

（2）根据建筑布局和房间的使用功能分别确定采用温湿耦合还是温湿解耦的空气处理方式。双冷源空调系统设计的重点和难点是选择空气处理过程，双冷源空调系统的空气处理过程分类如图3-11所示。

（3）根据末端空气处理方式和夏季空调逐时冷负荷，分别计算不同空气处理过程中高温冷源和低温冷源承担的空调负荷。对于双冷源空调系统，空调区冬季热负荷和夏季逐时冷负荷计算完成以后，根据空调区建筑空间、功能需求等因素选择集中式或者分散式空气处理过程，然后通过软件绘制所有空调区的温湿耦合和温湿解耦的空气处理焓湿图，对比每种空气处理过程的能耗，结合系统的初投资等因素，选择合适的空气处理过程。再根据本书第2章中空气处理过程的相关计算公式分别计算高、低温冷源的设计容量，最后选择双冷源空调系统的输配系统。双冷源空调系统高、低温冷源的计算流程如图3-12所示[11]。

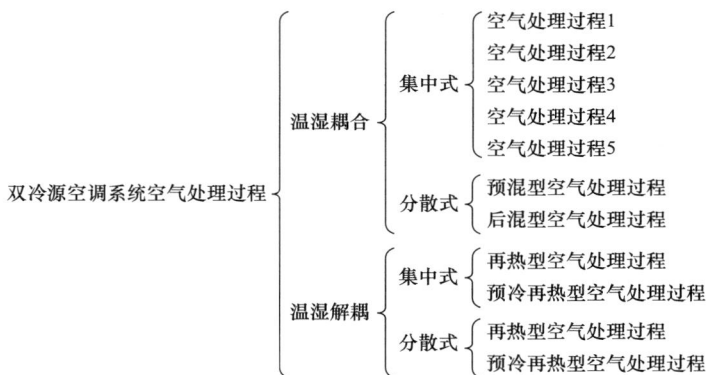

图 3-11　双冷源空调系统的空气处理过程分类

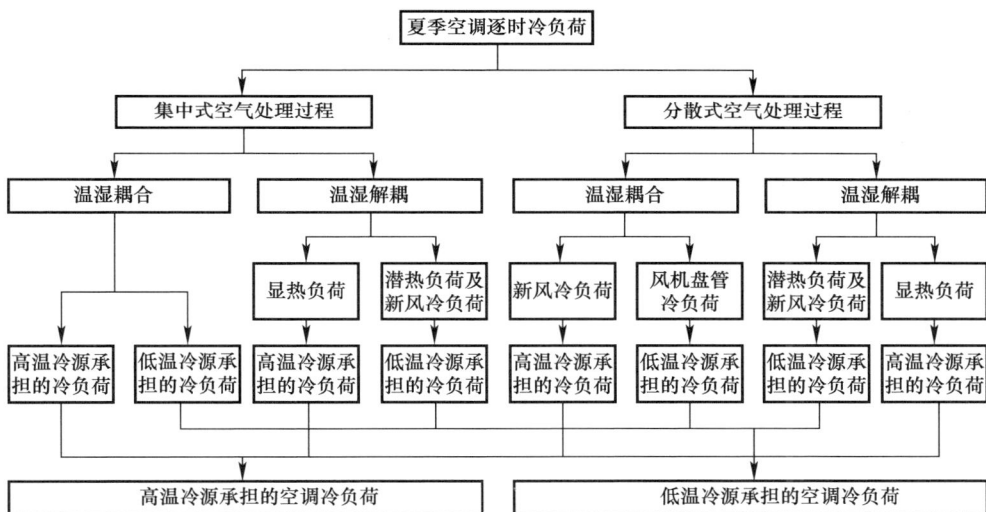

图 3-12　双冷源空调系统高、低温冷源的计算流程

由图 3-12 可知，集中式空气处理过程可采用两种空气处理方式，一种是采用温湿耦合的方式，另一种是采用温湿解耦的方式。若采用温湿耦合的方式，全空气系统的空调负荷由高温冷源和低温冷源共同承担，高温冷源承担的空调负荷占总负荷的 50%～80%，高、低温冷源承担的负荷比例与其供水温度有关。若采用温湿解耦的方式，全空气系统的空调显热负荷由高温冷源承担，潜热及新风负荷由低温冷源承担。

同样由图 3-12 可知，分散式空气处理过程也可采用两种空气处理方式，一种是采用温湿耦合的方式，另一种是采用温湿解耦的方式。若采用温湿耦合的方式，风机盘管采用低温冷水，新风机组采用高温冷水（新风处理到室内等焓状态点），即可得出整个空调系统高温冷源和低温冷源承担的空调总负荷。若采用温湿解耦的方式，风机盘管采用高温冷水（风机盘管承担室内显热负荷，且风机盘管为干盘管），新风机组采用低温冷水（新风承担全部的潜热负荷），即可得出整个空调系统高温冷源和低温冷源承担的空调总负荷。

显然，空调逐时总负荷 Q 和空调末端的空气处理方式确定以后，高温冷源承担的总冷负荷 Q_1 和低温冷源承担的总冷负荷 Q_2 分别由式（3-10）和式（3-11）计算：

$$Q_1 = Q_1' + Q_1'' + Q_1''' + Q_1'''' \tag{3-10}$$

$$Q_2 = Q_2' + Q_2'' + Q_2''' + Q_2'''' \tag{3-11}$$

式中 Q_1'、Q_1''、Q_1'''、Q_1''''——分别为集中式系统和分散式系统中高温冷源承担的空调负荷，kW；

Q_2'、Q_2''、Q_2'''、Q_2''''——分别为集中式系统和分散式系统中低温冷源承担的空调负荷，kW。

3.5.2　冷源台数设计

《民用建筑供暖通风与空气调节设计规范》GB 50736—2012 第 8.1.5 条规定：集中空调系统的冷水（热泵）机组台数及单机制冷量（制热量）选择，应能适应空调负荷全年变化规律，满足季节及部分负荷要求。机组不宜少于两台；当小型工程仅设一台时，应选择调节性能优良的机型，并满足建筑最低负荷要求。对于单冷源温湿耦合空调系统，根据空调逐时计算总冷负荷，空调冷源的常规分配方案见表 3-14。

单冷源温湿耦合空调系统冷源的常规分配方案　　　　　　　　表 3-14

建筑类型	2 台	3 台			4 台		5 台	5 台以上
其他类	1：1	1：1：1			3：3：3：1		1：1：1：1：1	按照台数平均分配
酒店类	1：1	1：1：1	2：2：1	—	1：1：1：1	3：3：3：1	1：1：1：1：1	

注：当有工艺需求时，应按照工艺要求设计台数。

1. 双冷源温湿耦合空调系统

《双冷源空调系统设计标准》T/CECS 1677—2024 第 4.2.7 条规定：双冷源空调系统应根据建筑高低温冷源容量、空调末端的空气处理方式和输配系统的类型，分别计算高温冷源和低温冷源的冷负荷及台数。双冷源温湿耦合空调系统在已知高、低温冷源承担的空调负荷的前提下，高、低温冷源的台数还与输配系统的形式有关（双冷源温湿耦合空调系统的输配系统详见本书第 4 章），双冷源温湿耦合空调系统的输配系统有高、低温冷源串联两管制和高、低温冷源并联四管制等形式。

在双冷源温湿耦合空调系统中，高温冷源承担的空调负荷比例不应低于总负荷的 50%。否则，冷源的名义工况能效比 EER_c 与单冷源温湿耦合空调系统相比提高的幅度较小，因此建议提高高温冷源承担的空调负荷比例。当输配系统为高、低温冷源串联两管制时，高温冷源的制冷量等于低温冷源的制冷量，高、低温冷源台数为偶数，高、低温冷源一对一配置。当输配系统为高低温冷源并联四管制时，高、低温冷源台数应根据各自承担的空调负荷比例配置，见表 3-15。

高、低温冷源并联四管制时，高、低温冷源台数　　　　表 3-15

台数	高、低温冷源承担的空调负荷比例							
	高温冷源	低温冷源	高温冷源	低温冷源	高温冷源	低温冷源	高温冷源	低温冷源
	≥0.9	≤0.1	≥0.8	≤0.2	≥0.7	≤0.3	≥0.6	≤0.4
2	1	1	1	1	1	1	1	1
3	2	1	2	1	2	1	2	1
4	3	1	3	1	3	1	2	2
5	4	1	4	1	3	2	3	2

注：1. 表中数据均为经验分配方案，具体还须根据项目特点，通过经济性对比后确定。
　　2. 高、低温冷源台数大于或等于 2 台时，机组的制冷量均相等。
　　3. 5 台以上建议根据项目实际情况、初投资和运行经济性分析之后，确定高、低温冷源台数及容量。

总之，以上关于高、低温冷源选取的方法均是定性分析，定量分析需根据项目特点、空调总逐时计算负荷以及末端采用的空气处理方式等，通过对比冷源的名义工况能效比、设备初投资和运行经济性分析之后，合理选择。

2. 双冷源温湿解耦空调系统

《民用建筑供暖通风与空气调节设计规范》GB 50736—2012 第 7.3.15 条规定，温湿独立控制空调系统设计，应符合下列规定：

（1）温度控制系统，末端设备应负担空调区的全部显热负荷，并根据空调区的显热热源分布状况等，经技术经济比较确定。

（2）湿度控制系统，新风应负担空调区的全部散湿量，其处理方式应根据夏季空调室外计算湿球温度和露点温度、新风送风状态点要求等，经技术经济比较确定。

（3）当采用冷却除湿处理新风时，新风再热不应采用热水、电加热等；采用转轮或溶液除湿处理新风时，转轮或溶液再生不应采用电加热。

（4）应对室内空气的露点温度进行监测，并采取确保末端设备表面不结露的自动控制。

《双冷源空调系统设计标准》T/CECS 1677—2024 第 4.3.4 条规定，双冷源温湿解耦空调系统中高温冷源承担的冷负荷不宜小于总冷负荷的 60％。在双冷源温湿解耦空调系统中，高温冷源集中设计时，其机组数量不宜小于 1 台；当高温冷源机组设计为 2 台时，可参考表 3-14 进行设计。

3.5.3　冷源能效设计

高温冷源采用电机驱动的高温型蒸气压缩循环冷水（热泵）机组时，其在名义工况和规定条件下的性能系数（*COP*）和综合部分负荷性能系数（*IPLV*）不应低于表 3-6 中的限值[11]。

在设计工况下，双冷源空调系统冷源的名义工况能效比（*EER*c）不应小于表 3-16 的规定值[11]。

双冷源空调系统冷源的 *EER*c   表 3-16

机组类型		名义制冷量 *CC*（kW）	冷源名义工况能效比（*EER*c）
水冷	螺杆式	*CC*≤528	6.10
		528＜*CC*≤1163	6.44
		CC＞1163	6.67
	离心式	*CC*≤528	6.67
		528＜*CC*≤1163	7.00
		CC＞1163	7.00
风冷	涡旋式或活塞式	*CC*≤50	3.45
		CC＞50	3.68
	螺杆式	*CC*≤50	3.45
		CC＞50	3.45

双冷源温湿解耦空调系统空气处理机组的制冷性能系数 *EER* 不应小于表 3-17 的规定值[14]：

双冷源温湿解耦空调系统空气处理机组 *EER*   表 3-17

风量（m³/h）	＜3000	3000～10000	＞10000
外接冷源＋自带冷源风冷型机组	7.0	7.2	7.4
外接冷源＋自带冷源水冷型机组	9.5	9.8	10.0
自带双冷源风冷型机组	2.5	2.6	2.7

注：表中空气处理机组 *EER* 的额定工况详见《双冷源空调系统设计标准》T/CECS 1677—2024 附录 E。

3.6 空调系统机房效率

随着碳达峰、碳中和目标的提出，越来越多的学者开始研究高效制冷机房的相关技术。我国高效制冷机房相关技术仍处于研究阶段，高效制冷机房的成功应用案例更是少之又少。国际上通常采用美国 ASHRAE 标准对制冷机房性能进行评价，如图 3-13 所示。新加坡标准《空调系统设计运行规范》SS 553：2016 中针对高效制冷机房的效率也进行了相关规定。我国也有地方标准针对高效制冷机房的运行效率进行出相应规定，如广东省地方标准《集中空调制冷机房系统能效监测及评价标准》DBJ/T 15-129—2017。目前，大多数制冷机房的效率 *EER*r 普遍低于 3.5，极少数接近 4.0，甚至有一大部分制冷机房的效率只有 3.0 左右，这仅处于美国 ASHRAE 标准初级能效水平，我国制冷机房的效率急需提高。美国标准 ASHRAE 90.1：2004 对制冷机房的能效进行了分级，制冷机房系统（包括冷源、冷水泵、冷却水泵以及控制系统）EER_r 小于 3.5 的制冷机房为需要改造的机房，EER_r 大于 4.7 的制冷机房为高效制冷机房。

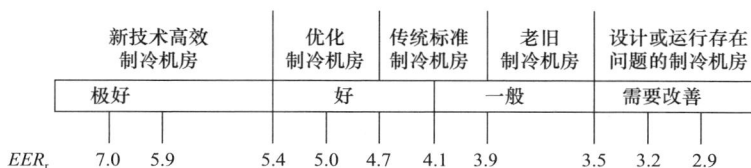

图 3-13　美国 ASHRAE 标准对制冷机房能效分级

截至 2019 年，我国建筑体量已达 644 亿 m^2，公共建筑能耗已高达 9932 亿 kWh[15]，其中空调系统制冷机房的能耗占 25% 左右（来源于工程统计数据）。因此，我国的制冷机房存在巨大的节能的空间。

双冷源空调系统能耗主要包括冷源系统能耗、冷水输配系统能耗、冷却系统能耗、空气输配系统能耗，空调系统的机房能耗主要包括冷源系统能耗、冷水输配系统能耗、冷却系统能耗。当高、低温冷源采用人工冷源时，空调系统机房效率 EER_r 可用下式计算：

$$EER_r = \frac{Q}{N_1 + N_2 + N_3} = \frac{Q_1 + Q_2}{N(x_1 + x_2 + x_3)} \qquad (3-12)$$

式中　Q、Q_1、Q_2——双冷源空调系统制冷量、高温冷源制冷量、低温冷源制冷量，kW；

x_1、x_2、x_3——冷源系统能耗占机房总能耗的比例、冷水输配系统能耗占机房总能耗的比例、冷却系统能耗占机房总能耗的比例；

N、N_1、N_2、N_3——双冷源空调系统机房能耗、冷源系统能耗、冷水输配系统能耗、冷却水输配系统能耗，kW。

$$N_1 = \frac{Q_1}{COP_1} + \frac{Q_2}{COP_2} \qquad (3-13)$$

$$N_2 = \frac{\gamma}{c E_d \Delta t_d} \sum_{i=1}^{n} H_{di} Q_{di} \leqslant \frac{\gamma H_{dmax} Q}{E_d \cdot \Delta t_d \cdot c} \qquad (3-14)$$

$$N_3 = \frac{\gamma}{E_q \cdot \Delta t_q \cdot c} \sum_{i=1}^{n} H_{qi} Q_{qi} \leqslant \frac{\gamma H_{qmax} Q}{E_q \cdot \Delta t_d \cdot c} \qquad (3-15)$$

式中　COP_1、COP_2——高、低温冷源的性能系数；

γ——水的重度，kN/m^3；

c——水的比热容，kJ/(kg·℃)；

H_{di}——第 i 个冷水泵的扬程，kPa；

Q_{di}——第 i 个冷水泵输送的空调冷负荷，kW；

E_d——冷水泵的综合效率，%；

Δt_d——冷水供回水温差，℃；

H_{dmax}——冷水最不利管路的阻力损失，kPa。

H_{qi}、Q_{qi}——第 i 个冷却水泵的扬程和负荷，kPa、kW；

Δt_q——冷却水供回水温差，一般取 5℃；

E_q——冷却水泵的综合效率，%；

H_{qmax}——冷却水最不利管路的阻力损失，kPa。

由上述公式可知，提高双冷源空调系统机房效率的有效途径是提高冷源的 COP、冷水供回水温差 Δt_d、冷却水供回水温差 Δt_q。

冷水供回水温差 Δt_d 与空气末端表冷器的换热结构和室内环境需求有关，通常取 5℃[16]。在现有条件下，冷水供回水温差 Δt_d 最大可提高至 10℃[15]。

冷却水供回水温差 Δt_q 与室外空气的干湿球温度和制冷机组的冷凝温度有关。在给定空气干湿球温度的条件下，冷却水供回水温差 Δt_q 越大，制冷机组的冷凝温度越高，制冷机组的效率越低（在蒸发温度不变的条件下）。因此，经过经济性计算，提高冷却水供回水温差可降低系统能耗时，冷却水供回水温差可适当提高，冷却水供回水温差 Δt_q 通常取 5℃。

双冷源空调系统的高温冷源采用的是自然冷源，当输配系统采用双冷源并联四管制水系统和集中式水冷四管制水系统时，高温冷源及其冷却系统的能耗为零，空调系统机房效率 EER_r 可用下式计算：

$$EER_r = \frac{Q_1 + Q_2}{N(n_1 x_1 + x_2 + n_3 x_3)} \tag{3-16}$$

式中　n_1——低温冷源能耗占冷源总能耗的比例；

n_2——低温冷源的冷水系统能耗占冷水系统总能耗的比例。

n_3——低温冷源的冷却系统能耗占冷却系统总能耗的比例。

自然冷源可以承担 60%～80% 的空调负荷，低温冷源可承担 20%～40% 的空调负荷，与单冷源温湿耦合空调系统相比，双冷源空调系统的冷源能耗可下降 60% 以上，EER_r 可提高 40% 左右。

当双冷源空调系统的低温冷源采用分散式冷源时，若输配系统采用高集低散式两管制风（水）冷水系统，EER_r 可用下式计算：

$$EER_r = \frac{Q_1}{N((1-n_1)x_1 + (1-n_2)x_2 + (1-n_3)x_3)} \tag{3-17}$$

3.7 热源设计

双冷源空调系统热源可采用市政热源或独立热源。独立热源可采用锅炉、空气源热泵、地源热泵、水源热泵等。锅炉的供水温度对其制热效率影响不大，因此推荐采用单热源供热，当经过经济性分析，采用双热源供热的系统能耗小于单热源供热时，方可采用双热源串联供热。空气源热泵的供水温度对其性能影响较大，因此推荐采用高、低温热源串联供热。空气源热泵的供水温度越高，其制热性能系数越低，因此其供水温度不宜过高。

在民用建筑中，双冷源空调系统高、低温热源的供水温度宜根据热源效率、建筑特性、气候条件、末端设备换热性能等因素综合考虑，选择合适的供回水温度及温差。热源采用市政热源时，不宜采用双热源供热，供水温度不宜高于60℃，供回水温差不宜小于15℃。独立热源采用锅炉时，在经过经济性分析可行的条件下可采用双热源串联供热，高温热源的供水温度不宜低于50℃，低温热源的供水温度不宜低于40℃，系统供回水温差不宜小于10℃。

在民用建筑中，双冷源空调系统热源采用空气源热泵、地源热泵、水源热泵等时，宜采用双热源串联供热，高温热源的供水温度不宜低于50℃，低温热源的供水温度不宜低于40℃，系统供回水温差不宜小于10℃。高温空气源热泵的供水温度超过80℃时，其制热性能大幅下降，融霜时间大幅增加，严重影响了供热稳定性，当工艺对供热稳定性要求较高时，空气源热泵机组的供水温度不宜超过80℃。

高、低温热源采用空气源热泵时，融霜时间对热泵的性能影响较大。因此，任意时刻的运行性能系数都不能低于其运行工况下性能系数的75%，空气源热泵在连续制热运行中，融霜所需时间总和不应超过一个连续制热周期的20%。

在工业建筑中，生产工艺要求将空气、热水等热媒加热到80℃以上时，若热源采用热泵，可以采用一级热泵、二级热泵等多级热泵串联的模式，多级热泵串联的能耗低于一级热泵的能耗。

综上所述，双冷源空调系统热源的核心思想就是将能源根据温度分质，高品位的能源加热高温空气，低品位的能源加热低温空气。在民用建筑中，当冬季热源采用热泵时，可采用二级热泵机组加热热媒；在工业建筑中，因生产工艺需要采用热泵时，可以采用二级甚至多级热泵加热热媒，以提高生产效率。

本章参考文献

[1] 刘晓华. 温湿度独立控制空调系统 [M]. 北京：中国建筑工业出版社，2006.

[2] 周健民. 土壤学大辞典 [M]. 北京：科学出版社，2013.

[3] 陆耀庆. 实用供热空调设计手册 [M]. 2 版. 北京：中国建筑工业出版社，2008.

[4] 黄翔. 蒸发冷却空调原理与设备 [M]. 北京：机械工业出版社，2019.

[5] 江亿，李震，薛志峰. 一种间接蒸发式供冷的方法及其装置：02100431.5 [P]. 2004-11-03.

[6] 谢晓云，江亿，刘拴强，等. 间接蒸发冷水机组设计开发及性能分析 [J]. 暖通空调，2007，37 (7)：66-71.

[7] 国家市场监督管理总局，国家标准化管理委员会. 蒸气压缩循环冷水（热泵）机组　第1部分：工业或商业用及类似用途的冷水（热泵）机组：GB/T 18430.1—2024 [S]. 北

京：中国标准出版社，2025.

[8] 中华人民共和国住房和城乡建设部. 建筑节能与可再生能源利用通用规范：GB 55015—2021 [S]. 北京：中国建筑工业出版社，2022.

[9] 中华人民共和国住房和城乡建设部. 公共建筑节能设计标准：GB 50189—2015 [S]. 北京：中国建筑工业出版社，2015.

[10] 中华人民共和国工业和信息化部. 高出水温度冷水机组：JB/T 12325—2015 [S]. 北京：机械工业出版社，2016.

[11] 中国工程建设标准化协会. 双冷源空调系统设计标准：T/CECS 1677—2024 [S]. 北京：中国建筑工业出版社，2024.

[12] 田向宁，杨毅，丁德. 双冷源梯级空调系统空气处理过程的研究 [J]. 建筑热能通风空调，2021，40（3）：49-51.

[13] 中华人民共和国住房和城乡建设部. 民用建筑供暖通风与空气调节设计规范：GB 50736—2012 [S]. 北京：中国建筑工业出版社，2012.

[14] 中国工程建设标准化协会. 双冷源新风机组：T/CECS 10013—2019 [S]. 北京：中国标准出版社，2019.

[15] 江亿，胡珊. 中国建筑部门实现碳中和的路径 [J]. 暖通空调，2021，51（5）：1-13.

[16] 初春玲，周俊彦. 圆形断面净化空调机组相关问题的探讨湿过程理论研究 [J]. 暖通空调，2013，43（3）：99-100.

第4章 输配系统

双冷源空调系统中有动力提升装置的输配系统分为双冷源温湿耦合的输配系统和双冷源温湿解耦的输配系统。

4.1 输配系统的理论模型

据统计，供暖空调的能耗占建筑能耗的 $60\%\sim80\%$，冷水输配系统（简称输配系统，不包括风系统、冷却水系统等）的能耗占供暖空调系统运行总能耗的 $15\%\sim20\%$，区域能源系统中输配系统的能耗的占比更高[1-10]。如果输配系统的设计形式和运行方式不合理或者管网系统存在水力失调等不稳定运行因素，输配系统的能耗所占比例会更高[2]。因此，降低输配系统的能耗是供暖空调系统节能的重要研究方向之一。

长期以来，"大流量、小温差、高功耗"的问题一直困扰着暖通空调系统的工程设计人员，无论采取何种水力平衡、精确计算等技术措施，始终未能彻底解决"大流量、小温差、高功耗"的问题。学术界普遍认为输配系统的"大流量、小温差、高功耗"的问题是由输配系统的设计流量和扬程过大或者输配系统未采取合理的调适措施所致[1]。

根据输配系统中的流体经历一个循环的流程是否相等，分为异程式系统和同程式系统。如果流体经历任何支路其流程均不相等，为异程式系统，否则为同程式系统。任何输配系统均可等效为异程式水力系统模型或同程式水力系统模型（图4-1、图4-2）。本节通过对两种水力系统模型中的能量模型、温度模型和压力模型的深入研究，提出一种通过提高设计供回水温差的方式来解决"大流量、小温差、高功耗"的技术方案[1]。

4.1.1 能量模型

任何异程式系统均可等效为图4-1所示的模型，任何同程式系统均可等效为图4-2所示的模型。在水力系统等效模型中，均包含了3个模型，即温度模型、压力模型和能量模型。温度模型与输配系统的换热程度有关，压力模型与输配系统的水力稳定性有关，能量模型与输配系统的能量传递过程有关。

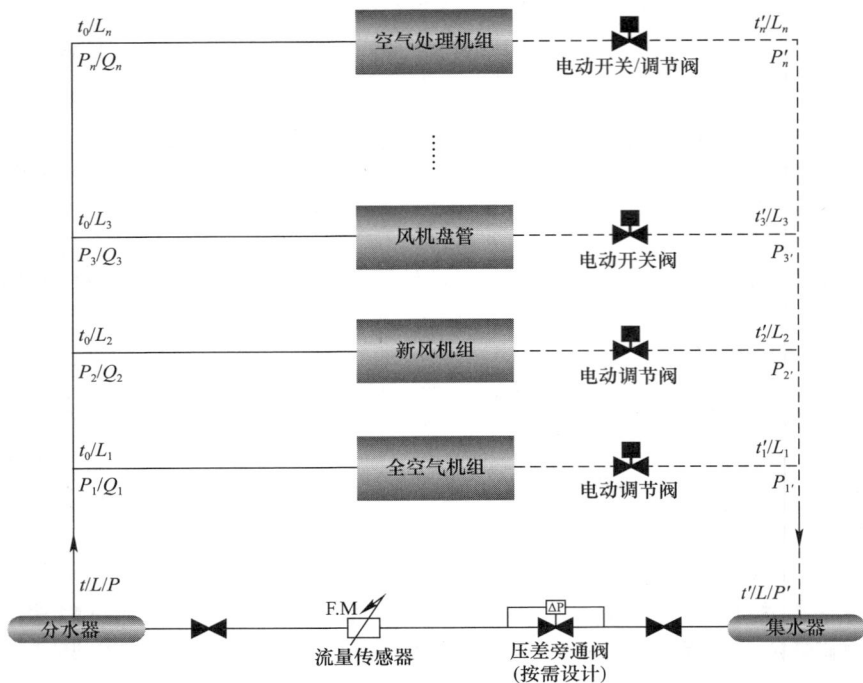

图 4-1　异程式系统等效水力模型

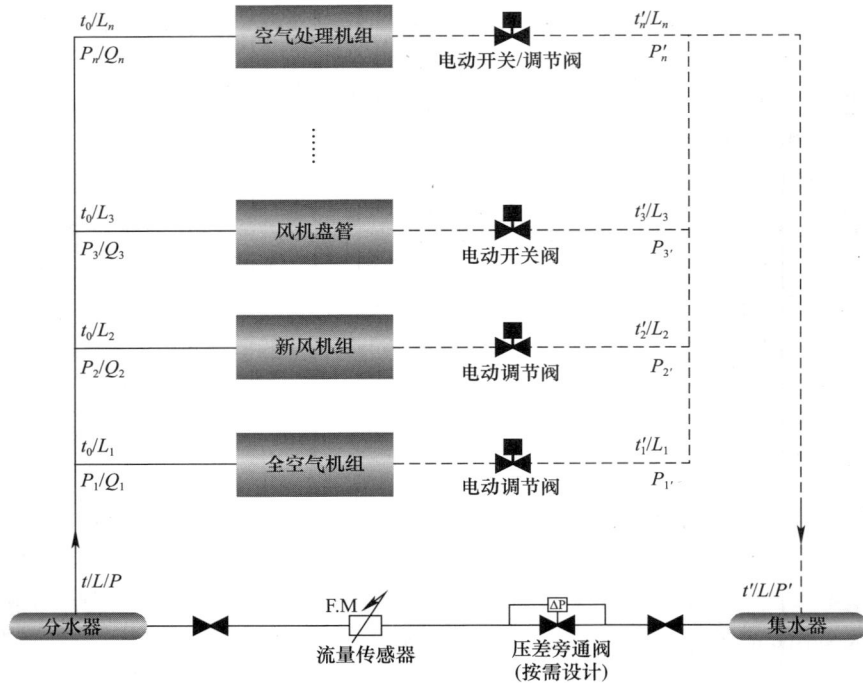

图 4-2　同程式系统等效水力模型

异程式和同程式系统等效水力模型中的能量模型均反映的是暖通空调系统能量传递变化的规律，可用下式表达：

$$Q_1 \geqslant Q_2 \geqslant Q_3 \geqslant Q_4 \tag{4-1}$$

式中，Q_1、Q_2、Q_3、Q_4 分别为冷却水输配系统输送能量、冷源的制冷量、冷水输配系统输送的能量、空调末端空气与水之间的换热量，可分别用式（4-2）～式（4-5）计算得出：

$$Q_1 = L_q(t_h - t_g) \tag{4-2}$$

$$Q_2 = c_w \sqrt{\frac{\Delta P}{S}}(t - t') \tag{4-3}$$

$$Q_3 = c_w \sum_{i=1}^{n}\left((t - t'_i)\sqrt{\frac{\Delta P_i}{S_i}}\right) \tag{4-4}$$

$$Q_4 = \sum_{i=1}^{n} l_i(m_i H_W + (1 - m_i)H_N - H_{si}) \tag{4-5}$$

式中　　　　L_q——冷却水的流量，m^3/s；

t_g、t_h、t、t'、t'_i——分别为冷却水供回水温度、冷水供回水温度、第 i 个支路的回水温度，℃；

l_i——第 i 个支路的送风量，kg/s；

m_i——第 i 个支路末端的新风比；

H_N、H_W、H_{si}——室内空气焓值、室外空气焓值、露点送风状态点空气焓值，kJ/kg$_{干空气}$；

c_w——水的比热容，kJ/(kg·K)；

ΔP、ΔP_i——分别为输配系统的资用压差、第 i 个支路的资用压差，kPa；

S、S_i——分别为输配系统的管路特性阻力系数、第 i 个支路的管路特性阻力系数，kg/m^7。

由式（4-1）可以看出，空调系统夏季能量模型的本质是一个热量由低温冷源逐级传向高温冷源的逆卡诺循环。在整个热量传递过程中，经过 4 次换热，热量的总量逐级增加，热量的品质逐渐下降。

在 4 次换热过程中，1 级换热过程是在空调末端中空气与水之间进行，1 级换热过程与室内的空调逐时冷负荷有关。暖通空调系统逐时冷负荷模型的输入参数采用"最不利工况"参数，如室外空气干球温度、人员密度等，逐时冷负荷计算值采用计算日中"最不利工况"的计算值。暖通空调系统逐时冷负荷是一个时变量且沿计算日的时间方向呈正态分布，"最不利工况"的空调逐时冷负荷计算值是空气处理机组表冷器选型的依据，但其出现时间仅占总实际运行时间的10%左右[4]，整个暖通空调系统长时间处于小负荷工况，这也是造成输配系统"小温差"的原因之一。

4.1.2 温度模型

如图 4-1、图 4-2 所示，在理想的保温隔热条件下，输配系统的能量损失为零，输配系统的供水管路中任意点的供水温度均等于分水器的供水温度。输配系统的回水管路中任意点的回水温度均不相等，集水器的回水温度是所有不同支路、不同流量和不同回水温度的混合温度。同程式和异程式系统等效水力模型的集水器混合温度 t' 均可用下式计算得出：

$$t' = \sum_{i=1}^{n} \frac{L'_i t'_i}{L} \tag{4-6}$$

式中 t'_i——输配系统中第 i 个支路的回水温度，℃；

L'_i——输配系统中第 i 个支路的水流量，m^3/h；

L——输配系统总的水流量，m^3/h。

由式（4-6）可以看出，集水器的混合温度取决于每一个支路的回水温度和流量，任意支路的回水温度和流量又取决于该支路的空调逐时冷负荷，任意支路的温度变化不会影响其余支路，因此，输配系统的温度模型是一个无关性的模型。集水器的回水温度只有在两种工况下才有可能等于设计回水温度：一是每个支路的回水温度均等于设计回水温度；二是部分支路的回水温度高于设计回水温度且部分支路的回水温度低于设计回水温度[7]。

如果输配系统的流量和扬程等设计参数过大，且空调系统中绝大部分支路处于小负荷的工况点，势必造成支路实际流量大于设计流量，输配系统供水温度不变，集水器的回水温度必然小于设计回水温度。

如果输配系统的流量和扬程等设计参数恰好满足管网特性，输配系统供水温度不变且绝大部分支路处于小负荷的工况点，仍然会造成支路实际流量大于设计流量，集水器的回水温度仍然会小于设计回水温度。

由以上分析可知，无论输配系统设计参数合理与否，都无法避免输配系统"大流量、小温差、高功耗"的现象，但输配系统的设计参数不当会加剧该现象。因此，要解决输配系统"大流量、小温差、高功耗"的问题，就必须研究输配系统的压力模型。

4.1.3 压力模型

与温度模型不同，压力模型是一个相关性的模型，即任意支路的压差变化都会影响其他支路。

1. 异程式系统等效水力模型中的压力模型

异程式系统等效水力模型的压力模型遵循两个变化规律：一个是输配系统的资用压差沿流程方向逐渐递减，可用式（4-7）计算得出；另一个是输配系统任意支路的资用压差均大于支路最大需求压差，可用式（4-8）计算得出：

$$\Delta P_i = S_i L_i^2 > \Delta P_{i+1} = S_{i+1} L_{i+1}^2 \tag{4-7}$$

$$\Delta P_i = S_i L_i^2 \geqslant \Delta P_{\text{max}i} \tag{4-8}$$

式中　ΔP_i、ΔP_{i+1}——分别为输配系统中第 i、$i+1$ 个支路的资用压差，kPa；

$\Delta P_{\text{max}i}$——输配系统中第 i 个支路的需求最大压差，kPa；

L_i、L_{i+1}——分别为输配系统中第 i、$i+1$ 个支路的流量，m³/h；

S_i、S_{i+1}——分别为输配系统中第 i、$i+1$ 个支路的管路特性阻力系数，kg/m⁷。

由式（4-7）可以看出，沿着流体的流动方向，输配系统的资用压差逐级递减，直至等于最不利支路的资用压差，即最不利支路的资用压差最小，且只有最不利支路的资用压差等于需求最大压差，输配系统的扬程根据最不利支路的需求最大压差选取。这种"最不利工况"的设计思路势必造成除最不利支路以外，其余支路的资用压差均大于支路实际需求最大压差，这种现象称为支路"超压现象"，如式（4-8）所示。支路"超压现象"极易导致支路实际运行流量超过需求最大流量，在支路需求冷负荷不变的条件下，支路必然发生"小温差"现象，即实际运行回水温度必然小于集水器的混合回水温度。

2. 同程式系统等效水力模型中的压力模型

在同程式系统等效水力模型的压力模型中，同样存在两个基本的压力变化规律：一个是输配系统中任意支路的资用压差均相等，可用式（4-9）计算得出；另一个是输配系统各支路的资用压差均大于支路的需求压差，可用式（4-8）计算得出。

$$\Delta P_i = S_i L_i^2 = \Delta P_{i+1} = S_{i+1} L_{i+1}^2 \tag{4-9}$$

虽然同程式系统中任意支路的资用压差均相等，输配系统的扬程根据最不利支路的最大需求压差选取，但由于各支路的需求压差均不相等，支路的"超压现象"有所改善但依然存在。在支路需求冷负荷不变的前提下，支路仍然会发生"小温差"现象，即实际运行回水温度必然小于集水器的混合回水温度。因此，同程式系统仅改善了支路"超压现象"，但未根本解决问题。

暖通空调系统逐时冷负荷采用"最不利工况点"计算，输配系统流量根据暖通空调系统逐时冷负荷"最不利工况点"设计，输配系统的扬程根据输配系统阻力的"最不利工况点"设计，这种采取多重叠加"最不利工况"的设计思路是导致输配系统"大流量、小温差、高功耗"的根本原因。输配系统不合理的参数设计会加剧输配系统"大流量、小温差、高功耗"的现象。

多年以来，工程界试图通过精确选取输配系统的设计参数来解决输配系统"大流量、小温差、高功耗"的问题，实践证明，都无功而返。近年来，学术界尝试通过大数据分析运行参数再结合调适的手段来解决输配系统"大流量、小温差、高功耗"的问题，情况得到了初步改善，但是未能根本解决问题，其原因在于调适的本质是通过调节系统的运行压力模型使其无限接近设计压力模型，从而使得运行温度模型无限接近设计温度模型。由于支路的需求压差是一个变化量，加上输配系统滞后性的特点，要保证系统中任意支路的运行温度模型实时与设计温度模型相吻合是非常困难的或者成本非常大。

双冷源空调系统的输配系统仍然存在"大流量、小温差、高功耗"的问题。双冷源空调系统有 6 种输配系统，其中双冷源温湿耦合的输配系统有 3 种：双冷源串联两管制水系统、双冷源串联三管制水系统和双冷源并联四管制水系统；双冷源温湿解耦的输配系统有 3 种：集中式水冷四管制水系统、高集低散式两管制风冷水系统和高集低散式两管制水冷水系统。

只有双冷源串联两管制水系统可以彻底解决"大流量、小温差、高功耗"的问题。在设计工况下，双冷源串联两管制水系统提供 7℃ 的低温冷水，经过末端换热，低温冷水吸热后变成 17℃ 的高温冷水回水，高温冷水回水经过高温集水器后，首先经过高温冷源降温后变成 12℃ 的冷水，再经过低温冷源降温，变成 7℃ 的低温冷水，如此循环。双冷源串联两管制水系统设计仍然采用"最不利工况"的设计思路，因此供回水温差依然达不到设计工况，但是与供回水温差为 5℃ 的输配系统相比，双冷源串联两管制水系统的供回水温差得到了大幅度提高，其估算值为 6～8℃。由此可见，双冷源串联两管制水系统有效解决了输配系统"大流量、小温差、高功耗"的问题，输配系统的能耗大幅度下降。

双冷源串联两管制水系统虽然提高了输配系统的供回水温差，但是为了不增加送风量，其末端仍然采用露点送风的方式，即双冷源串联两管制水系统的送风量与原空调系统的送风量相同，只是改变末端盘管结构并增加了相应的换热面积，盘管的成本增加 10% 左右，系统的投资回收期可控制在 1～2 年。双冷源串联两管制水系统中的高温冷源可以采用原低温冷源在高温工况运行，也可以单独开发高温冷源，关于高温冷源等相关内容可以见本章参考文献 [11～15]。

4.2 双冷源温湿耦合输配系统

4.2.1 双冷源串联两管制水系统

1. 系统组成

如图 4-3 所示，双冷源串联两管制水系统的冷源系统由高温冷源、低温冷源和低温供水系统组成，高、低温冷源之间采用混合（串联或者并联）连接方式；输配系统由 1 套低温供水系统和 1 套高温回水系统组成，输送水泵可采用一次泵或者二次泵；分、集水系统由高温集水器和低温分水器组成，低温分水器和高温集水器之间采用压差旁通管连接，压差旁通管上设计数字化电动调节阀。

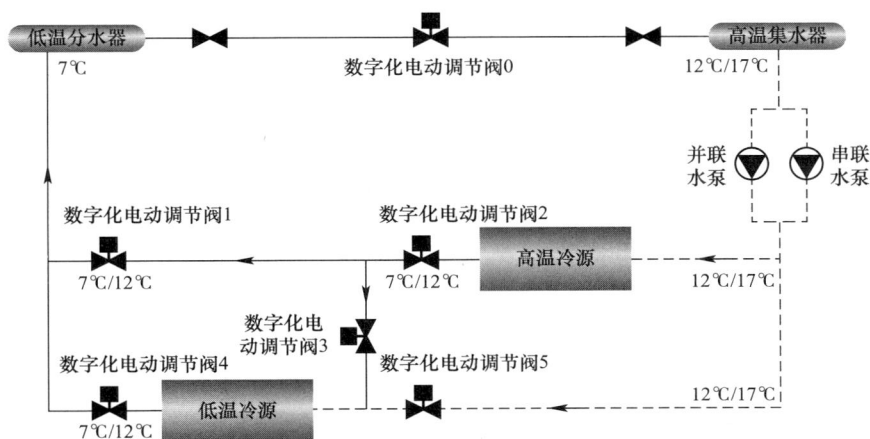

图 4-3　双冷源串联两管制水系统

2. 系统控制策略

（1）高、低温冷源联合供冷工况

高温冷源生产出高温冷水进入低温冷源蒸发器，经过低温冷源换热后变成低温冷水，低温冷水经过低温分水器送至空气处理机组（组合式空调机组、新风机组、风机盘管等）的逆流表冷器换热后，低温冷水变成高温冷水进入高温集水器，高温冷水经过并联水泵统一送至高温冷源蒸发器，如此循环。冷源和阀门的工作状态见表 4-1。

双冷源串联两管制水系统冷源和阀门的工作状态　　　　　表 4-1

工况	冷源及水泵状态		阀门状态	
	开	关	开	关
高、低温冷源联合供冷工况	高、低温冷源及串联水泵	并联水泵	数字化电动调节阀 0、2、3、4	数字化电动调节阀 1、5
高温冷源单独供冷工况	高温冷源及并联水泵	低温冷源及串联水泵	数字化电动调节阀 0、1、2	数字化电动调节阀 3、4、5
低温冷源单独供冷工况	低温冷源及并联水泵	高温冷源及串联水泵	数字化电动调节阀 0、4、5	数字化电动调节阀 1、2、3

注：水泵与所对应的高温冷源和低温冷源联动。

（2）单独供冷工况

双冷源温湿耦合空调系统可实现高温冷源或者低温冷源单独供冷。当切换至低温冷源单独供冷工况时，高温冷源及串联水泵停止工作，低温冷源可根据建筑室内需求切换至高温或低温工况供冷。当切换至高温冷源单独供冷工况时，低温冷源及串联水泵停止工作，高温冷源可根据建筑室内需求切换至高温或低温工况供冷。低温工况推荐采用 7~10℃ 的低温冷水供冷，高温工况推荐采用 12~16℃ 的高温冷水供冷，冷源和阀门的工作状态见表 4-1。

（3）过渡季节高温冷源供冷工况

在过渡季节，高温冷源的供水温度可根据建筑室内需求设定，推荐采用12～15℃的高温冷水供冷。冷源和阀门的工作状态见表4-1。

3. 系统的优点

双冷源串联两管制水系统又称双冷源串联大温差水系统，在保证末端换热可行的条件下，最大限度提高输配系统的设计供回水温差，最大值可达12℃，冷源由高温冷源和低温冷源组成，高温冷源一般工作在18℃±1℃/13℃±1℃的高温工况，低温冷源一般工作在12℃±1℃/7℃±1℃的低温工况。空调系统初投资低，有望成为一种新型空调系统。

4.2.2 双冷源并联四管制水系统

1. 系统组成

如图4-4所示，双冷源并联四管制水系统的冷源系统由高温冷源和低温冷源组成，高温冷源和低温冷源之间采用并联的方式；输配系统由1套低温供回水系统和1套高温供回水系统组成，输送水泵可采用一次泵或者二次泵；分、集水系统由高、低温分水器和高、低温集水器组成，高温分、集水器和低温分、集水器之间分别采用压差旁通管连接，旁通管上设计数字化电动调节阀。

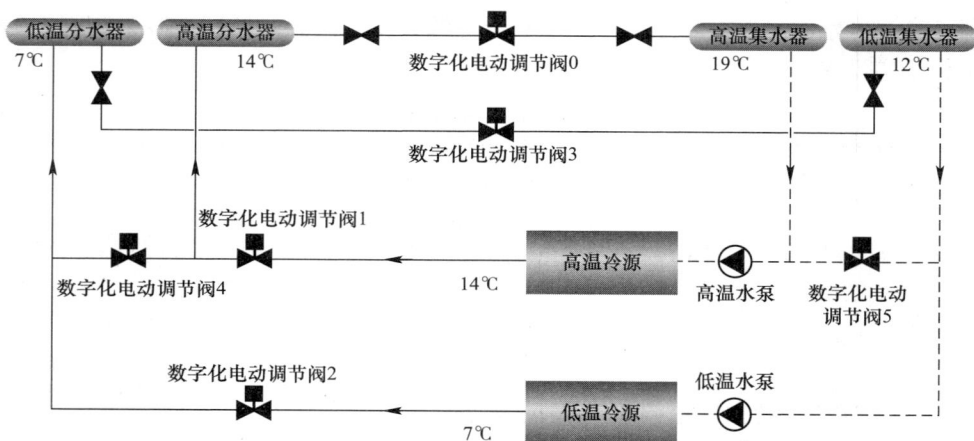

图4-4　双冷源并联四管制水系统

2. 系统控制策略

（1）高、低温冷源联合供冷工况

高温冷源生产出的高温冷水经过高温分水器分流后，送至末端空气处理机组（组合式空调机组、新风机组、风机盘管等）的高温表冷器换热后变成高温冷水回水，高温冷水回水经过高温集水器后，由高温冷水泵送至高温冷源蒸发器，如此循环；低温冷源生产出的低温冷水经过低温分水器分流后，送至末端空气处理机组的低温表冷器换热后变成低温冷水回水，低温冷水回水经过低温集水器后，由低温冷水泵送至低温冷源的蒸发器，如此循环。冷源和阀门的工作状态见表 4-2。

（2）单独供冷工况

双冷源并联四管制水系统单独供冷工况与双冷源串联两管制水系统相同，冷源和阀门的工作状态见表 4-2。

（3）过渡季节高温冷源供冷工况

在过渡季节，冷源和阀门的工作状态见表 4-2。

双冷源并联四管制水系统冷源和阀门的工作状态　　　　表 4-2

工况	冷源及水泵状态		阀门状态	
	开	关	开	关
高、低温冷源联合供冷工况	高、低温冷源及高、低温水泵	—	数字化电动调节阀 0、1、2、3	数字化电动调节阀 4、5
低温冷源单独供冷工况	低温冷源及低温水泵	高温冷源及高温水泵	数字化电动调节阀 2、3	数字化电动调节阀 0、1、4、5
高温冷源单独供冷工况	高温冷源及高温水泵	低温冷源及低温水泵	数字化电动调节阀 0、1	数字化电动调节阀 2、3、4、5

注：水泵与所对应的高温冷源和低温冷源联动。

3. 系统的优点

（1）在满足建筑室内舒适度的条件下，双冷源并联四管制水系统通过合理分配高、低温冷源承担的空调负荷比例，最大限度提高高温冷源承担的空调负荷比例，降低空调系统能耗。双冷源并联四管制水系统将自然冷源作为高温冷源引入空调系统的空气处理中来，在满足舒适度的前提下，在真正意义上实现了空调系统的"免费供冷"。不仅降低了空调系统初投资，还降低了空调系统的能耗。本书将在第 6 章，以浙江省杭州市淳安县千岛湖地区为例，深入分析将千岛湖湖水作为高温冷源的设计思路和难点。

（2）高温冷源采用自然冷源时，空调系统的初投资和能耗均下降。

（3）过渡季节，建筑室内潜热和显热负荷下降时，可采用高温冷源供冷，空调系统能耗将低于低温冷源供冷时的能耗。

双冷源并联四管制水系统首次提出了根据空气处理过程的特点，自动选择温湿耦合或者温湿解耦的空气处理过程，这将对空调系统空气处理过程产生深远影响。

4.2.3　双冷源串联三管制水系统

1. 系统组成

如图 4-5 所示，双冷源串联三管制水系统的冷源由高温冷源和低温冷源组成，高温冷源和低温冷源之间采用混合（串联或并联）的方式；输配系统由 1 套低温供水系统和 2 套高、低温回水系统组成，输送水泵可采用一次泵或者二次泵；分、集水系统由低温分水器和高、低温集水器组成，高温集水器和低温分、集水器之间分别采用压差旁通管连接，旁通管上设计数字化电动调节阀。

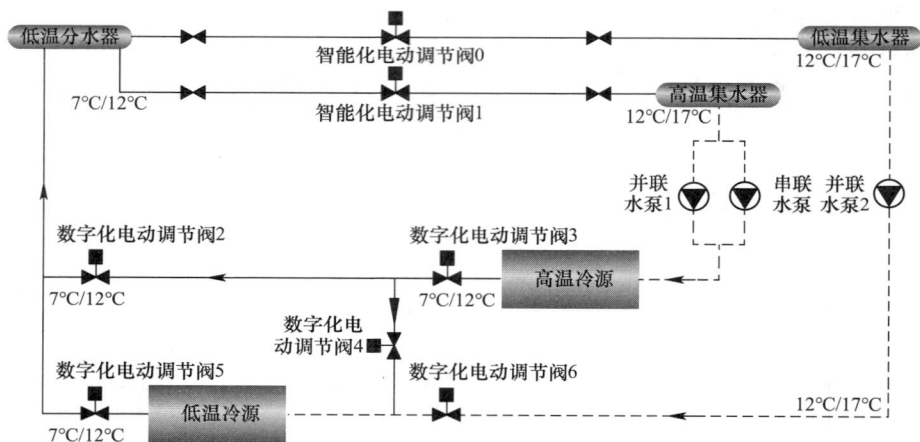

图 4-5 双冷源串联三管制水系统

2. 系统控制策略

（1）高、低温冷源联合供冷工况

高温冷源生产出的高温冷水与来自低温集水器的低温冷水回水混合后，由串联水泵和并联水泵统一送至低温冷源蒸发器，通过低温冷源换热之后变成低温冷水，低温冷水经低温分水器分流，送至空调系统的末端高温表冷器，经双冷源专用空调末端机组（组合式空调机组、新风机组、风机盘管、柜式或者立式空调机组等）换热后，一部分低温冷水变成高温冷水回水，一部分低温冷水变成低温冷水回水，高温冷水回水和低温冷水回水分别经过各自管道汇至高温集水器和低温集水器。高温冷水回水经高温集水器统一送至高温冷源蒸发器，低温冷水回水经低温集水器，与高温冷源的出水混合后送至低温冷源，如此循环。冷源和阀门的工作状态见表 4-3。

（2）单独供冷工况

冷源和阀门的工作状态见表 4-3。

双冷源串联三管制水系统冷源和阀门工作状态 表 4-3

工况	冷源及水泵状态		阀门状态	
	开	关	开	关
高、低温冷源联合供冷工况	高、低温冷源及串联水泵、并联水泵 1	并联水泵 2	数字化电动调节阀 0、1、2、3、4、5	数字化电动调节阀 6

工况	冷源及水泵状态		阀门状态	
	开	关	开	关
低温冷源单独供冷工况	低温冷源及并联水泵 2	高温冷源及串联水泵、并联水泵 1	数字化电动调节阀 0、5、6	数字化电动调节阀 1、2、3、4
高温冷源单独供冷工况	高温冷源及并联水泵 1	低温冷源及串联水泵、并联水泵 1	数字化电动调节阀 0、1、2、3	数字化电动调节阀 4、5、6

注：水泵与所对应的高温冷源和低温冷源联动。

（3）过渡季节高温冷源供冷工况

在过渡季节，冷源和阀门的工作状态见表 4-3。

3. 系统的优点

双冷源串联三管制水系统适用于有低温冷源需求的场所，可以满足多种负荷需求。双冷源串联三管制水系统增加了 1 套回水系统，避免了因不同温度的冷水混合造成的能量损失。双冷源串联三管制水系统不仅可以满足潮湿场所的低温除湿需求，还可以满足舒适性场所的供冷需求。双冷源串联三管制水系统特别适合有不同热湿负荷或热湿负荷需求差异较大的工艺场所。

4.3 双冷源温湿解耦输配系统

双冷源温湿解耦空调系统有集中式水冷四管制水系统、高集低散式两管制风冷水系统和高集低散式两管制水冷水系统三种方案，双冷源温湿解耦空调系统空气处理末端采用双冷源空调机组、双冷源新风机组和干式风机盘管等专用机组。在集中式水冷四管制水系统中，双冷源空调机组和双冷源新风机组采用高、低温专用表冷器串联的形式，干式风机盘管采用干式表冷器。在高集低散式两管制风冷水系统和高集低散式两管制水冷水系统中，双冷源空调机组采用分散式低温冷源和高温表冷器并联的形式，低温冷源承担潜热负荷，高温表冷器承担显热负荷；双冷源新风机组采用分散式低温冷源和高温表冷器并联的形式，新风先经过高温表冷器预冷，然后由低温冷源进行深度除湿，干式风机盘管采用干式高温表冷器。

4.3.1 集中式水冷四管制水系统

1. 系统组成

如图 4-6 所示，集中式水冷四管制水系统的冷源由高温冷源和低温冷源组成，高温冷源和低温冷源之间采用并联的方式；输配系统由 1 套低温供回水系统和 1 套高温供回水系统组成,输送水泵可采用一次泵或者二次泵;分、集水系统由高、低温分水器和高、低温集水器组成,高温分、集水器和低温分、集水器之间分别采用压差旁通管连接,旁通管上设计数字化电动调节阀。

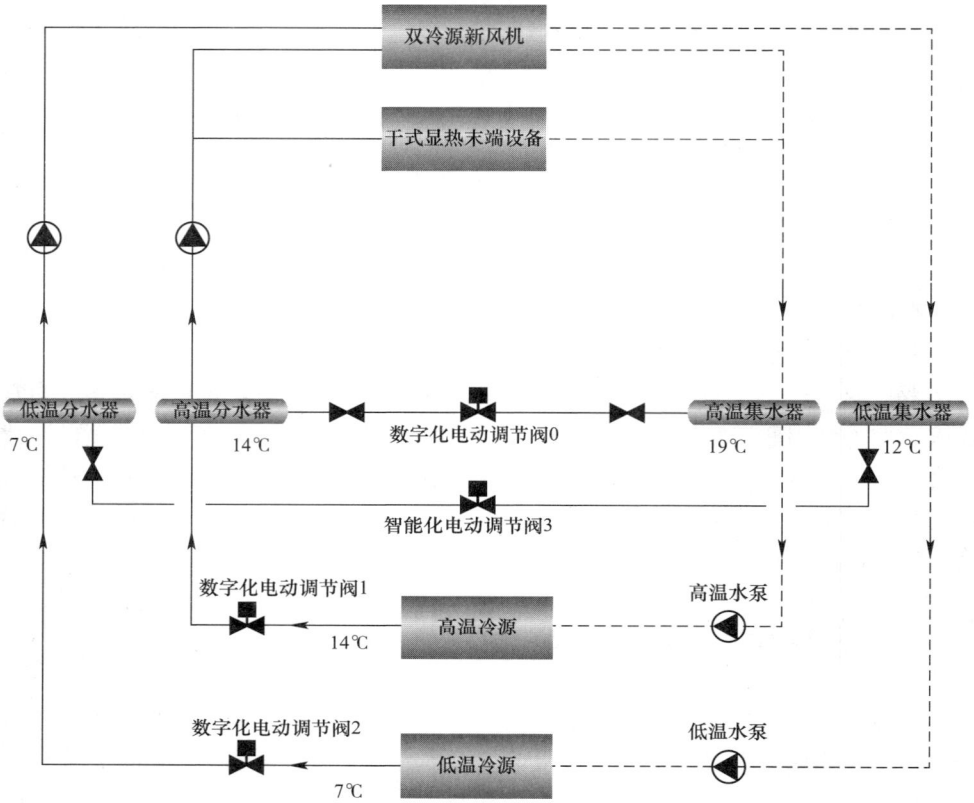

图 4-6 集中式水冷四管制水系统

2. 系统控制策略

(1) 高、低温冷源联合供冷工况

高温冷源生产的高温冷水经过高温分水器分流后,送至末端空气处理机组(双冷源空调机组、双冷源新风机组、干式风机盘管等)的高温表冷器,换热后变成高温冷水回水,高温冷水回水经过高温集水器后,由高温冷水泵送至高温冷源的蒸发器,如此循环;低温冷源生产出的低温冷水经过低温分水器分流后,送至末端空气处理机组(双冷源空调机组、双冷源新风机组)的低温表冷器,换热后变成低温冷水回水,低温冷水回水经过低温集水器后,由低温冷水泵送至低温冷源蒸发器,如此循环。冷源和阀门的工作状态见表 4-4。

(2) 单独供冷工况

双冷源温湿解耦空调系统可实现高温冷源或者低温冷源单独供冷。当切换至低温冷源单独供冷工况时，高温冷源、高温冷水输配系统的水泵及空气处理机组停止工作，低温冷源可根据建筑室内潜热需求低温供冷或根据建筑室内显热需求高温供冷。当切换至高温冷源单独供冷工况时，低温冷源、低温冷水输配系统的水泵及空气处理机组停止工作，高温冷源可根据建筑室内潜热需求低温供冷或根据建筑室内显热需求高温供冷。低温工况推荐采用 7～10℃ 的低温冷水供冷，高温工况推荐采用 12～16℃ 的高温冷水供冷，冷源和阀门的工作状态见表 4-4。

（3）过渡季节高温冷源供冷工况

在过渡季节，空调系统的显热负荷和潜热负荷均明显下降，特别是潜热负荷下降以后，空调系统高温水就可以满足建筑室内供冷需求，高温冷源的供水温度可根据建筑室内需求设定，推荐采用 12～16℃ 的高温冷水供冷。冷源和阀门的工作状态见表 4-4。

集中式水冷四管制水系统冷源和阀门的工作状态 表 4-4

工况	冷源及水泵状态		阀门状态	
	开	关	开	关
高、低温冷源联合供冷工况	高、低温冷源及高、低温水泵	—	数字化电动调节阀 0、1、2、3	—
低温冷源单独供冷工况	低温冷源及低温水泵	高温冷源及高温水泵	数字化电动调节阀 2、3	数字化电动调节阀 0、1
高温冷源单独供冷工况	高温冷源及高温水泵	低温冷源及低温水泵	数字化电动调节阀 0、1	数字化电动调节阀 2、3

注：水泵与所对应的高温冷源和低温冷源联动。

3. 系统的优点

在满足建筑室内舒适度的条件下，集中式水冷四管制水系统可实现空气的温湿解耦冷却除湿，高温冷源处理空气的显热负荷和部分潜热负荷，低温冷源处理空气的潜热负荷，最大限度提高高温冷源承担的空调负荷比例，降低了空调系统能耗。集中式水冷四管制水系统同样将自然冷源作为高温冷源引入空调系统的空气处理中来，在满足舒适度的前提下，在真正意义上实现了空调系统的"免费供冷"。与双冷源并联四管制水系统一样，可以自动选择温湿耦合或者温湿解耦的空气处理过程，这对空调系统中空气处理过程将产生深远影响。

4.3.2 高集低散式两管制风 (水) 冷水系统

1. 系统的组成

高集低散式两管制风（水）冷水系统的冷源系统由集中式高温冷源和分散式低温冷源组成（当冷源采用室外冷却塔的冷却水冷却时，系统即为高集低散式两管制水冷冷水系统；当冷源采用室内排风冷却时，系统即为高集低散式两管制风冷水系统）；输配系统由 1 套高温供回水系统组成，输送水泵可采用一次泵或者二次泵；分、集水系统由高温分水器和高温集水器组成，高温分、集水器之间采用压差旁通管连接，旁通管上设计数字化电动调节阀，如图 4-7 所示。

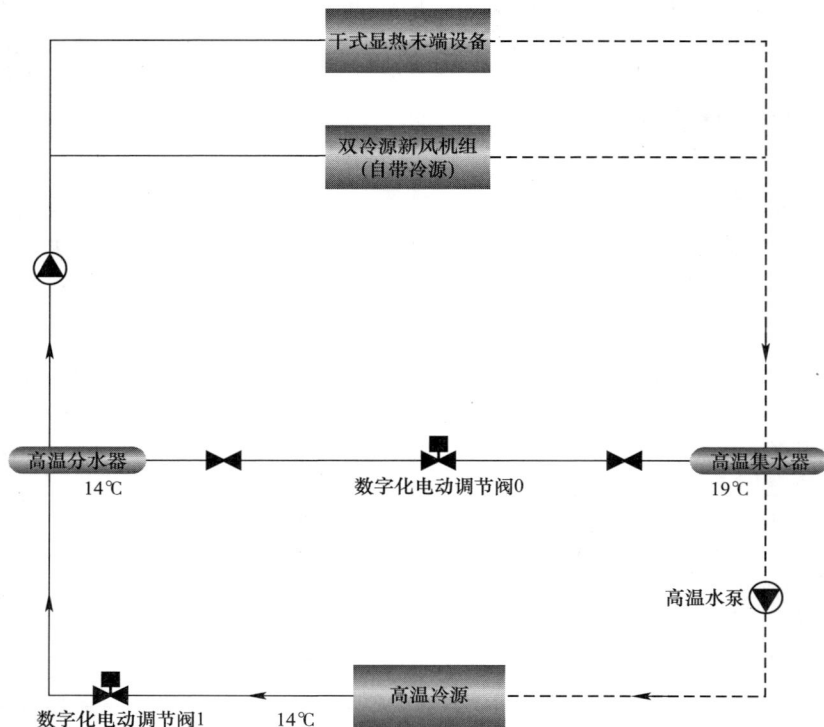

图 4-7　高集低散式两管制风（水）冷水系统

2. 系统控制策略

（1）高、低温冷源联合供冷工况

高温冷源生产的高温冷水经过高温分水器分流后，送至末端空气处理机组（双冷源空调机组、双冷源新风机组、干式风机盘管等）的高温表冷器换热后变成高温冷水回水，高温冷水回水经过高温集水器后，由高温冷水泵送至高温冷源蒸发器，如此循环；末端空气处理机组（双冷源空调机组、双冷源新风机组）内置分散式冷源，分散式冷源采用直接蒸发式，冷源和阀门的工作状态见表 4-5。

（2）单独供冷工况

低温工况推荐采用 7～10℃的低温冷水供冷，高温工况推荐采用 12～16℃的高温冷水供冷。冷源和阀门的工作状态见表 4-5。

（3）过渡季节高温冷源供冷工况

在过渡季节，空调系统的显热负荷和潜热负荷均明显下降，特别是潜热负荷下降以后，空调系统高温水就可以满足建筑室内供冷需求，高温冷源的供水温度可根据建筑室内需求设定，推荐采用 12～16℃的高温冷水供冷。冷源和阀门的工作状态见表 4-5。

高集低散式两管制风（水）冷水系统冷源和阀门工作状态　　　　表 4-5

工况	冷源及水泵状态		阀门状态	
	开	关	开	关
高温冷源及分散冷源联合供冷工况	高温冷源、分散冷源及高温水泵	—	数字化电动调节阀 0、1	
分散冷源单独供冷工况	分散冷源	高温冷源及高温水泵	—	数字化电动调节阀 0、1
高温冷源单独供冷工况	高温冷源及高温水泵	分散冷源	数字化电动调节阀 0、1	—

注：水泵与所对应的高温冷源联动。

3. 系统的优点

①在满足建筑室内舒适度的条件下，高集低散式两管制风（水）冷水系统可实现空气的温湿解耦冷却除湿处理，高温冷源处理空气的显热负荷和部分潜热负荷，低温冷源处理空气的潜热负荷，最大限度提高高温冷源承担的空调负荷比例，降低了空调系统能耗。②高温冷源采用自然冷源时，空调系统的初投资和能耗均下降。③过渡季节，建筑室内潜热负荷和显热负荷下降时，可采用高温冷源供冷，空调系统能耗将低于低温冷源供冷时的能耗。

综上所述，通过对双冷源温湿耦合或温湿解耦空调系统输配系统的研究，可得到以下结论：

（1）双冷源空调系统需要根据空调负荷的特性先设计空气处理过程，再选择高、低温冷源，最后选择高、低温冷水输配系统。

（2）双冷源串联两管制水系统即为冷源串联的大温差水系统，适用于各种空调负荷特性的场合；双冷源并联四管制水系统适合以自然冷源作为高温冷源的空调系统或者要求较高必须采用四管制的空调系统，双冷源空调系统采用四管制水系统可以实现空气的温湿解耦和温湿耦合的空气处理过程；双冷源串联三管制水系统适用于潜热负荷较大、显热负荷较小的场所。

（3）双冷源温湿解耦空调系统两管制水系统管路简单，但是双冷源新风机组和双冷源空调机组需要采用自带冷源的机组，自带冷源的机组除湿能力较强，但是初投资较高；双冷源温湿解耦空调系统四管制水系统管路复杂，但是双冷源新风机组和双冷源空调机组可不自带冷源，机组结构简单，除湿能力取决于新风机组表冷器的盘管结构和低温冷水水温，初投资较低。因此，在双冷源温湿解耦空调系统中，需根据建筑规模、除湿需求以及造价等因素选择两管制或者四管制水系统。

4.4 输配系统的数字控制

在人工智能、大数据时代，传统工科领域将逐步实现从信息化到自动化、智能化的巨大变革。目前，通过多种途径采集的数据信息已成为一种核心资源，由此衍生出的大数据分析与人工智能技术正在深刻影响着政府治理、民生服务、工业转型等方面，改变着人们的生活习惯、工作方法和思维逻辑。在能源领域，随着信息技术及传感技术日益普及，能够采集到的运行数据越来越丰富，为大数据分析和人工智能技术的应用提供了丰富的数据基础。如何融合人工智能、大数据技术提升能源系统的设计、运维及管理效率，值得探索和研究[16]。

人工智能、大数据技术将为能源领域带来新的进化范式。这一范式的核心思路是通过挖掘和利用海量数据中的隐含信息，有效拓展和完善专家知识体系，这也正是图灵奖得主、关系型数据库的开创者吉姆·格雷（Jim Gray）于 2007 年提出的人类科学发展"第四范式"，即数据密集型科学发展范式。为了确保该范式在能源领域的应用效率，有必要全方位厘清以下两方面内容：

一方面，从能源系统本身出发，需要明确能源系统在各阶段有哪些主要任务，这些任务常见的解决方法是什么，存在哪些弊端，进而构思数据驱动的高效解决思路。比如，想要了解一栋大型办公建筑的用电模式，最基本也是最常规的方法就是人工观测该栋建筑的逐时历史用电数据，主观解读其用电规律，刻画出类似"工作日用电多、节假日用电少"的模式特征。不难发现，这种方式一般只能获取相对模糊的、非定量描述的模式特征。那么，有没有更科学、更严谨的方法帮助我们获取相关知识呢？例如，在大数据分析领域有多种算法可以通过不同的知识表征形式（如聚类、关联法则等）描述不同系统层级、不同时间颗粒度的模式规律。以此为基础，运维人员可以结合专家知识设计出快速、准确、自动化的用能模式识别方法[16]。

另一方面，从大数据和人工智能角度出发，需要了解相关算法的原理及适用场景，进而结合能源系统特点和数据属性构建定制化的高效解决方案。需要强调的是，简单、直接地将大数据分析算法移植到能源领域很难保障分析结果的有效性和可靠性。其原因在于，每一种分析算法都有其自身的假设条件，一旦数据内在属性与假设不符，那么得到的分析结果也将缺乏价值。比如，经典的 k-means 聚类算法假设待发掘的数据簇具备相似的大小和密度，并且在数据空间中呈现高维球形。若待分析的能源系统数据包含三类典型工况，并且各工况下采集的样本数量存在较大差异，那么该组数据就违背了有关数据簇大小相似的假设，此时采用 k-means 聚类算法识别的信息也容易出现偏差。在了解算法原理的基础上，会发现谱聚类（spectral clustering）方法对数据分布的假设更为"宽松"[16]，因此也更适用于能源领域。

集中式空调系统是一个由制冷（热）设备、空气处理设备、冷却设备、输配设备、自控设备等多种机械设备组成，受室外气候条件制约，为人体建立一个舒适健康室内环境的开放复杂巨系统[17]，集中式空调系统运行过程中存在海量的数据，如何发掘这些数据是空调系统数字化研究的重点。

众多研究提出了多项针对负荷预测、系统设计、调适运维、节能减碳、故障预测等方面的数字控制解决方案。丁国良等人通过制冷空调的数字化设计技术，提高设备的制冷性能、降低设备的噪声和振动[18]；陈英杰通过应用 BIM 技术、数字孪生技术，构建基于 BIM 竣工模型的空调系统运维、管理集成框架，并论述实施的关键技术，对学校运用 BIM，实现空调系统的自动化管理、减少能源浪费[19]；沈慰峰等人建立基于局域网和数字化传感器的空调用户热湿状态监测硬件和软件系统，实现对空调环境热湿状态的实时监测。实际应用表明，空调环境热湿状态监测系统能有效指导空调水系统的节能运行[20,21]。目前空调系统数字化控制技术的研究主要集中在设备性能优化、运维调适、数字化管理平台开发等方面，并未在系统设计方面发挥数字化控制技术的优势。

在双冷源空调系统中，通过大量传感器收集空调风系统、输配系统、冷却系统的温度、湿度、压力、流量、洁净度、新风量、回风量、风压、人员密度等运行数据，利用人工智能和机器学习算法可以实现以下功能：

（1）对空调负荷进行精准预测：通过监测室内空气的温度、湿度等运行参数，使空调系统的供冷、供热能力与室内实际需求精确匹配，避免能源浪费。例如，在商场等人员流动较大的场所，数字化技术可以根据不同时间段的人流量预测空调负荷，实时调整输配系统的运行参数。

（2）动态水力平衡调节：传统的空调输配系统中，水力不平衡是常见的问题，导致部分区域过冷或过热。数字化技术可以实现对系统中各个支路的流量、压力等参数的实时监测和分析，通过智能调节阀等设备自动调节管路阻力，实现动态水力平衡。这样不仅可以提高室内舒适度，还能降低输配系统能耗。

（3）实时监测与故障预警：在输配系统的关键部位设置数字化电动调节阀，实时监测输配系统的运行状态，如温度、流量、压力等运行数据。通过对这些数据的分析，及时发现设备的异常情况，并发出故障预警。这样可以提前采取措施，避免设备故障的发生，减少设备停机时间和维修成本。

（4）能耗监测与分析：根据空调系统能耗监测和分析的结果，制定相应的节能控制策略。建立能源绩效评估体系，对空调系统的节能效果进行定期评估和考核。通过对比不同时间段的能耗数据和节能措施的实施效果，评估节能策略的有效性，并及时调整和优化节能方案。

（5）与建筑智能化系统的融合：空调系统与建筑的其他智能化系统，如照明系统、安防系统、消防系统等进行深度融合，实现信息共享和协同工作，提高建筑的整体智能化水平。借助物联网技术，实现空调系统的远程监控和管理。维护人员可以通过手机、平板电脑等移动设备随时随地查看系统的运行状态、参数设置、故障信息等,并进行远程控制和操作。这样可以提高管理的便捷性和效率,降低管理成本,同时也便于对分散在不同区域的空调输配系统进行集中管理。

本节重点研究了空调输配系统数字化控制技术,与采用反馈控制的空调输配系统不同,通过数字化电动调节水阀和风阀,分别采集空气处理机组冷(热)水的工作压力、流量、温度和送回风的温湿度以及室外空气的温湿度等运行数据,依据空调输配系统的能量模型、水力模型、温差模型等来准确计算制冷(热)设备的制冷(热)量、输送设备的流量和扬程、空气处理机组的供回水压差等参数,实现空调水系统的高效运行。

4.4.1　能量数字模型

任何异程式空调水系统的原理图均可等效为图 4-1 所示的异程式系统等效水力模型,任何同程式空调水系统的原理图均可等效为图 4-2 所示的同程式系统等效水力模型[1][22]。

空调系统冷(热)源的供冷(热)量可用下式计算:

$$Q_j = f(Q_j) = \sum_{i=1}^{n} L_{i,j}(t_{hi,j} - t_{gi,j}) \tag{4-10}$$

式中　Q_j——j 时刻空调系统冷(热)源的供冷(热)量,kW;

$L_{i,j}$——第 i 个空气处理设备 j 时刻的水流量,m^3/h;

$t_{hi,j}$、$t_{gi,j}$——第 i 个空气处理设备 j 时刻的冷(热)水回水温度和供水温度,℃。

当多台冷源联合供冷时,Q_j 为 j 时刻多台冷源综合性能系数最大($COP_{max,j}$)时的供冷量,$COP_{max,j}$ 可用式(4-11)计算;当有多台热源联合供热时,Q_j 为 j 时刻多台热源综合热效率最大($\eta_{max,j}$)时的供热量,$\eta_{max,j}$ 可用式(4-12)计算。

$$COP_{max,j} = f_{max}(Q_{i,j}, COP_{i,j}) = \max\left(Q_j \Big/ \sum_{i=1}^{n} \frac{Q_{i,j}}{COP_{i,j}}\right) \tag{4-11}$$

$$\eta_{max,j} = f_{max}(Q_{i,j}, \eta_{i,j}) = \max\left(Q_j \Big/ \sum_{i=1}^{n} \frac{Q_{i,j}}{\eta_{i,j}}\right) \tag{4-12}$$

式中　$COP_{max,j}$——j 时刻在已知工况下的冷源综合性能系数的最大值,W/W;

Q_j——j 时刻冷(热)源的总制冷(热)量,kW;

$Q_{i,j}$——第 i 台冷(热)源 j 时刻的制冷(热)量,kW;

$COP_{i,j}$——第 i 台冷源 j 时刻的制冷性能系数,W/W;

$\eta_{i,j}$——第 i 台热源 j 时刻的综合热效率,W/W。

在采用数字化控制技术的空调水系统中,一方面,冷(热)源与空气处理设备之间时刻保持通信,任意空气处理设备的需求供冷(热)量发生变化,冷(热)源均可根据式(4-10)实时、准确计算得出需求冷(热)量,当供冷(热)量偏离需求冷(热)量时,可采用质调节或量调节的方式调整供给侧〔冷(热)

源〕的冷（热）量，使其与需求侧（空气处理设备）相匹配。另一方面，在已知冷（热）源供冷（热）量的条件下，可以根据冷（热）源的制冷（热）效率特性曲线，合理分配每台冷（热）源的制冷（热）量，根据式（4-11）、式（4-12）计算冷（热）源效率最高的工况点，确保冷（热）源的能耗始终最小。

4.4.2　水力数字模型

在采用反馈控制的空调水系统中，输送设备的流量根据系统中所有空气处理机组"最不利工况点"的逐时冷负荷计算，输送设备的扬程根据输配系统"最不利环路工况点"的阻力计算。分、集水器之间的旁通压差等于最不利环路的阻力损失，当最不利环路的阻力损失大于旁通压差时，旁通阀打开，压差旁通管上的流量传感器检测到旁通流量大于零时，调节输送设备频率，降低其流量，使之与空气处理机组的需求流量相一致；当最不利环路的阻力损失小于旁通压差时，旁通阀处于关闭状态，压差旁通流量为零。冷（热）水系统管网的压差和流量特性可用下式表示：

$$P_0 = S_0 L_0^2 \tag{4-13}$$

式中　P_0——输配系统最不利环路的初始设计压差，即冷（热）水输送设备的设计扬程，kPa；

　　　L_0——空调水系统逐时冷负荷"最不利工况点"的初始设计流量，m^3/h；

　　　S_0——输配系统的初始管网特性阻力系数，s^2/m^5。

通常情况下，输配系统的管网特性阻力系数随着最不利环路阻力的增加而增加，当管网特性阻力系数发生变化时，输送设备调整其工作特性，以与管网特性相适应。

在采用数字化控制技术的空调水系统中，输送设备的流量和扬程可分别用式（4-14）、式（4-15）计算：

$$L_j = \sum_{i=1}^{n} L_{i,j} \tag{4-14}$$

$$P_j = S_j L_j^2 = P_{\max} - P_{\min} \tag{4-15}$$

式中　L_j——j 时刻输送设备的计算总流量（是一个变量），m^3/h；

　　　$L_{i,j}$——j 时刻第 i 个空气处理机组的水流量，m^3/h；

　　　P_j——当冷（热）水系统为一次泵变频系统时，j 时刻冷（热）水一次水泵的计算扬程（是一个变量），kPa；

　　　S_j——j 时刻输配管网特性阻力系数，kg/m^7；

$P_{\max}$、$P_{\min}$——分别为系统压力最高点、最低点的相对压力。

在采用数字化控制技术的空调水系统中，输送设备的流量通过式（4-14）计算，输送设备的扬程根据式（4-15）计算，不再需要通过输配系统的压差旁通流量来调节输送设备的流量，输送设备的流量和扬程可以实时与空气处理机组的需求流量相匹配。当输配管网中任意支路的压差变化时，输送设备及时做出响应，以适应管网的阻力特性变化，输配管网的调节滞后性问题得到改善，管网的调节性能得到提高。

4.4.3 温差数字模型

在采用反馈控制的空调水系统中，空气处理机组根据回风温度来调节供冷（热）量，当空气处理机组的回风温度升高时，开大数字化电动调节阀开度，流量增加，相应的供冷（热）量随之增加，如图 4-8 所示。当空气处理机组的回风温度下降时，并关小数字化电动调节阀开度，流量降低，相应的供冷（热）量减小，如图 4-9 所示。由此可见，空气处理机组的供回水温差始终是一个失控量，若表冷器的空气处理能力与室内冷（热）负荷相匹配，空气处理机组的供回水温差等于设计温差；若表冷器的空气处理能力与室内冷（热）负荷不匹配，空气处理机组的供回水温差则偏离设计温差。

在采用数字化控制技术的空调水系统中，空气处理机组采用供回水温差作为调节数字电动调节阀的前置条件，当空气处理机组的供回水温差大于设计温差且小于经济温差（又称临界温差，其定义为当空气处理机组的供回水温差大于临界温差时，空气处理机组的除湿能力大幅下降，表冷器的成本大幅上升，临界温差与表冷器的结构特性有关，其取值范围通常为 8~12℃）时，数字化电动调节阀的开度始终保持不变，当空气处理机组的供回水温差小于设计温差时，关小数字化电动调节阀开度，当空气处理机组的供回水温差大于经济温差时，开大数字化电动调节阀开度。

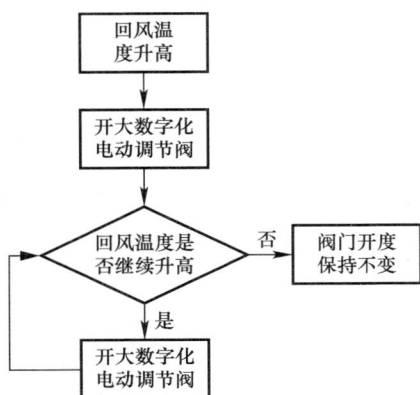

图 4-8　回风温度升高的反馈控制原理图　　图 4-9　回风温度下降的反馈控制原理图

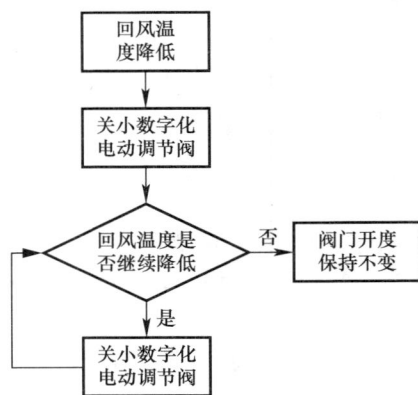

当空气处理机组的回风温度升高时，优先检测供回水温差，若空气处理机组的供回水温差大于设计温差且小于经济温差，数字化电动调节阀的开度保持不变；若空气处理机组的供回水温差大于经济温差，开大数字化电动调节阀，流量增加，供冷（热）量随之增加，如图 4-10 所示。

当空气处理机组的回风温度下降时，优先检测供回水温差，若空气处理机组的供回水温差大于设计温差，数字化电动调节阀的阀门开度保持不变；若空气处理机组的供回水温差小于设计温差，关小数字化电动调节阀开度，流量减小，供冷（热）量随之降低，如图 4-11 所示。

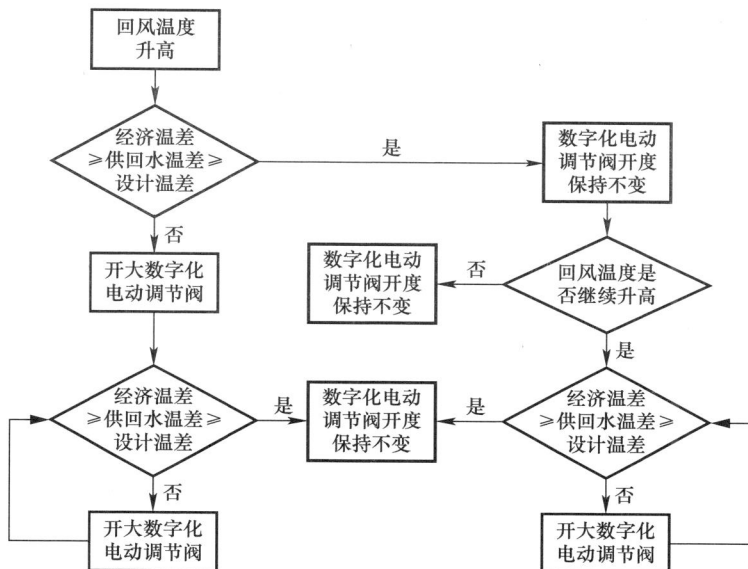

图 4-10 回风温度升高的数字控制原理图

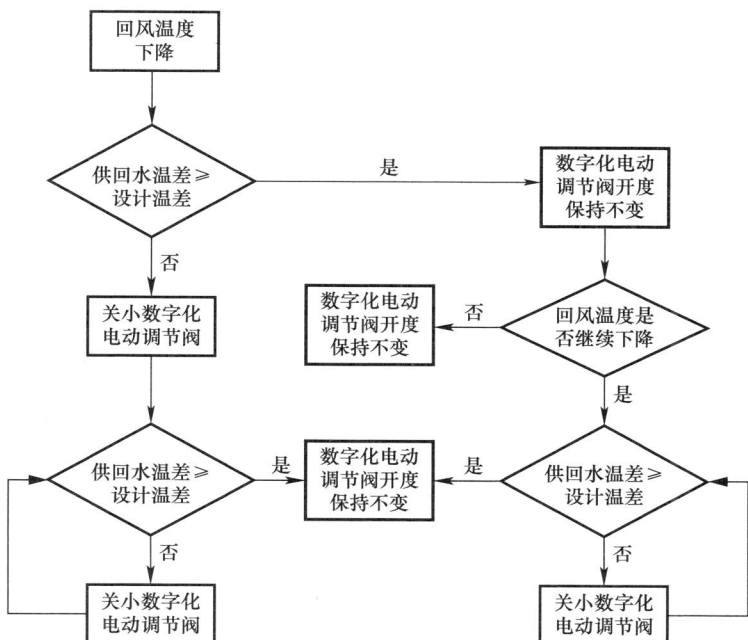

图 4-11 回风温度下降的数字控制原理图

在采用数字化控制技术的空调水系统中，空气处理机组采用数字化电动调节水阀和数字化电动调节风阀，数字化电动调节水阀可以采集空气处理机组的水流量、压力和温度等水系统的运行数据，数字化电动调节风阀可以采集空气处理机组的送风、回风、新风的温湿度等风系统的运行数据，可实时检测空气处理机组水系统的运行温差。

解决输配系统"大流量、小温差、高功耗"的唯一途径就是使任意空气处理机组的支路供回水温差都大于设计温差。将空气处理机组供回水温差作为调节数字化电动调节阀的前置条件，再根据回风温度的控制逻辑可以使任意空气处理机组的支路供回水温差都大于设计温差。

4.4.4 数据验证

以浙江湖州某工厂 6 个区域的 6 台空气处理机组为例，除西缓冲区的空气处理机组以外，其余空气处理机组水系统均采用了数字化控制技术，6 台空气处理机组可实时采集供回水压力、供回水温差、流量、冷量等运行参数，每 30s 测试一次数据，取 2023 年 7 月 4 日 10：00～12：00 的数据，如表 4-6 所示。

空气处理机组实时运行数据 表 4-6

采集时间	房间	供回水温度（℃）			供回水压力（kPa）			流量（m³/h）	冷量（kW）	房间温度（℃）
		供水	回水	温差	供水	回水	压差			
10：00：30	东缓冲区	9.34	14.5	5.16	350.046	318.844	31.202	36.58	220.21	29.6
	磨具间	9.22	15.26	6.04	364.823	330.26	34.563	27.65	194.84	29.1
	西缓冲区	9.31	10.9	1.59	375.656	356.412	19.244	6.66	12.35	31.9
	原材料区	9.26	15.79	6.53	364.59	332.959	31.631	29.72	226.42	30.2
	装箱区东	9.23	16.52	7.29	331.125	302.557	28.568	13.08	111.25	27.3
	装箱区西	9.42	16.97	7.55	325.742	319.572	6.17	11.61	102.26	26.9
10：30：01	东缓冲区	7.74	13.37	5.63	347.219	314.266	32.953	37.77	248.09	29.5
	磨具间	7.69	14.34	6.65	363.075	319.64	43.435	25.14	195.04	29.1
	西缓冲区	7.91	9.94	2.03	373.159	353.216	19.943	6.81	16.13	32.7
	原材料区	7.63	14.95	7.32	360.98	330.496	30.484	29.01	247.75	30.5
	装箱区东	7.78	16.11	8.33	329.063	301.045	28.018	13.14	127.70	27.7
	装箱区西	8.05	16.52	8.47	322.438	316.933	5.505	11.01	108.80	28
11：00：03	东缓冲区	7.49	12.79	5.3	343.539	306.25	37.289	41.45	256.30	29.5
	磨具间	7.30	14.11	6.81	361.108	321.53	39.578	28.03	222.70	29.2
	西缓冲区	7.54	9.27	1.73	371.235	350.321	20.914	6.78	13.68	33
	原材料区	7.37	14.78	7.41	366.19	327.917	38.273	29.36	253.82	30.5
	装箱区东	7.38	15.9	8.52	324.639	297.471	27.168	12.93	128.52	27.6
	装箱区西	7.41	16.46	9.05	320.634	316.157	4.477	11.27	118.99	29.1

续表

采集 时间	房间	供回水温度（℃）			供回水压力（kPa）			流量 （m³/h）	冷量 （kW）	房间温度 （℃）
		供水	回水	温差	供水	回水	压差			
11：30：01	东缓冲区	7.29	12.57	5.28	343.947	305.49	38.457	39.66	244.31	29.7
	磨具间	7.20	13.69	6.49	361.666	320.08	41.586	27.71	209.81	28.6
	西缓冲区	7.37	8.99	1.62	371.257	349.409	21.848	6.32	11.94	33.6
	原材料区	7.25	14.16	6.91	367.53	327.255	40.275	29.43	237.25	29.5
	装箱区东	7.29	15.87	8.58	325.363	297.241	28.122	12.46	124.72	27.6
	装箱区西	7.32	16.13	8.81	319.944	317.029	2.915	10.85	111.52	27.5

注：表中数据为空气处理机组实时运行数据库中的部分代表性数据。

由表 4-6 可知，水系统的流量和压力曲线是个动态曲线，最不利工况点是一个动态点，输配系统的管网特性阻力系数亦是一个变化值，输配系统水泵的流量可以通过式（4-14）计算，扬程可以通过式（4-15）计算，空调水系统水泵的流量可以实时按需分配，避免因水泵流量大于末端需求流量而导致旁通流量的产生。

由实时运行数据可绘制出任意时刻输配系统水压图、任一空气处理机组进出口压力和进出口压差随时间的变化曲线。以采集时间 10：00 的压力值为例，可以绘制出该时刻的输配系统水压图，如图 4-12 所示；以东缓冲区空气处理机组的进出口压力、进出口压差、供水温度数据为例，分别绘制出各个参数随时间的变化曲线，如图 4-13～图 4-15 所示。

由实时运行数据可知，不同区域空气处理机组水系统供回水平均温差分别为 5.43℃、6.66℃、1.83℃、7.09℃、8.38℃、8.48℃，只有未采用数字化控制技术的西缓冲区空气处理机组的供回水温差小于设计值，其余区域的供回水温差均大于设计值，可以通过式（4-6）计算出系统的混合回水温度。数字化控制技术可以有效控制系统"小温差、大流量"现象的发生。

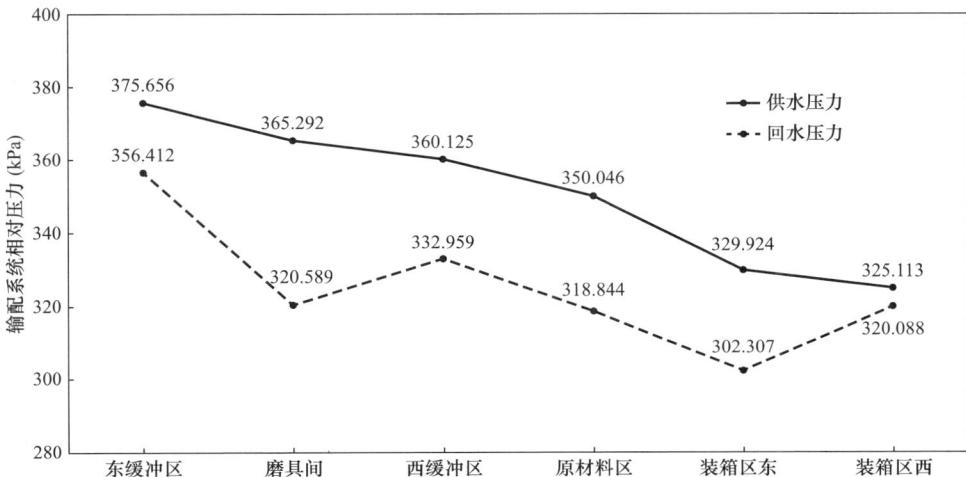

图 4-12 输配系统水压图

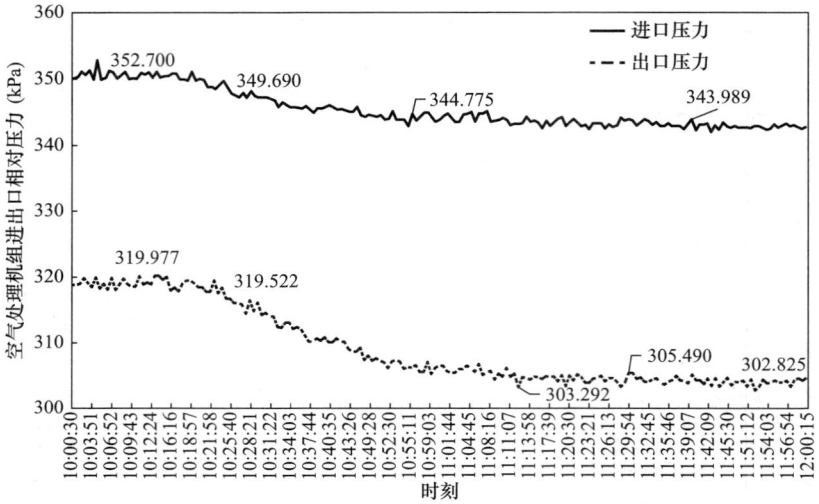

图 4-13　东缓冲区空气处理机组进出口压力随时间的变化曲线

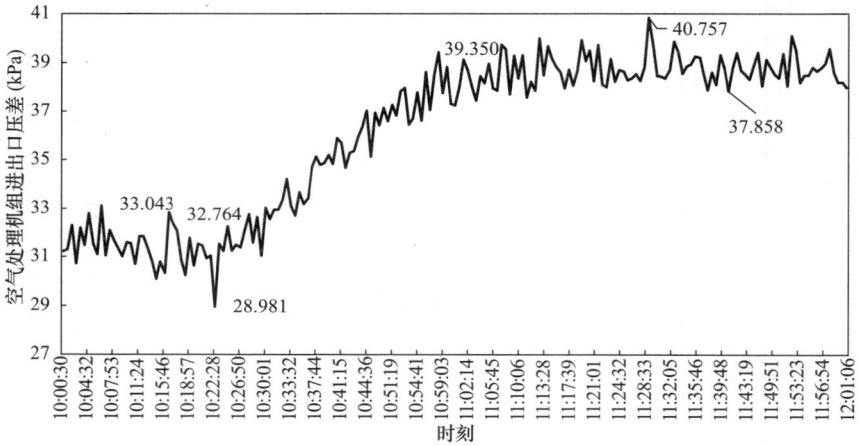

图 4-14　东缓冲区空气处理机组进出口压差随时间的变化曲线

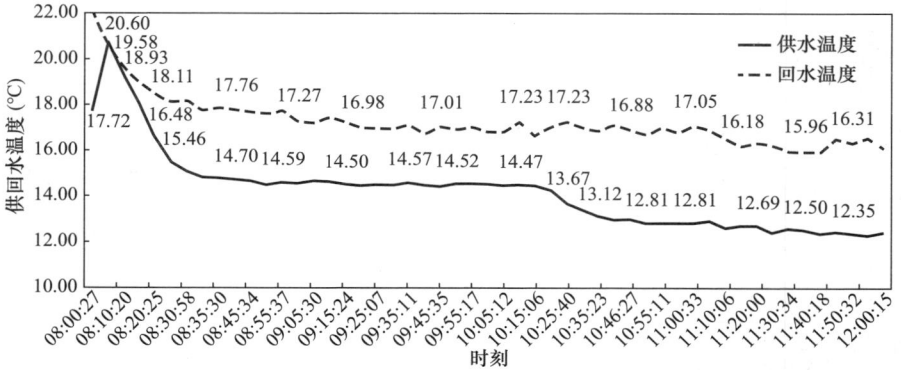

图 4-15　东缓冲区空气处理机组的供回水温度随时间的变化曲线

由东缓冲区空气处理机组及整个系统的实时运行数据，可绘制出东缓冲区空气处理机组的流量、整个空调系统流量随时间的变化情况，如图 4-16、图 4-17 所示。在数字化输配系统中，可以设定空气处理机组冷水供回水温差，通过调节空气处理机组的冷水流量来调节房间负荷，通过叠加系统中所有空气处理机组的冷水流量计算输配系统水泵的流量。

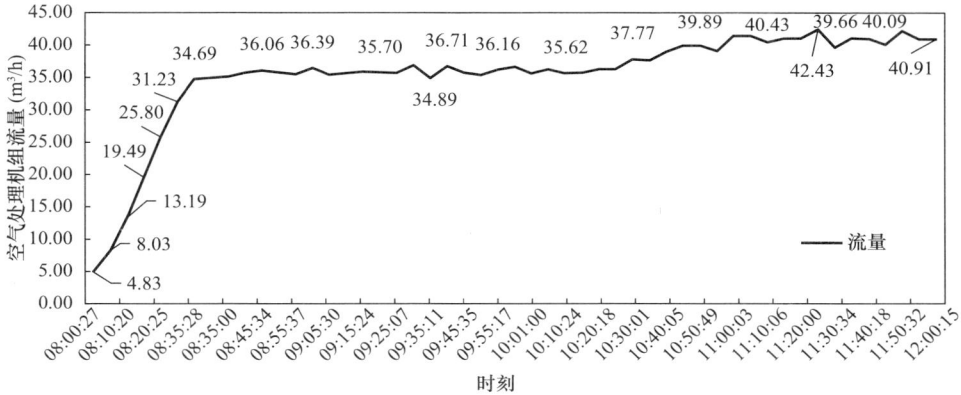

图 4-16　东缓冲区空气处理机组的流量随时间的变化曲线

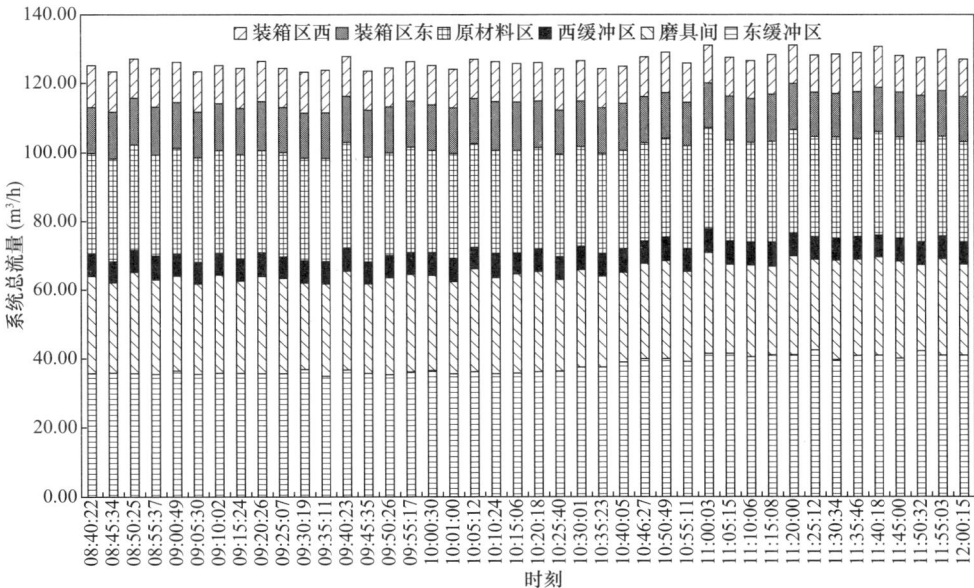

图 4-17　整个空调系统流量随时间的变化情况

根据东缓冲区、磨具间和装箱区西的实时运行数据可以绘制出空气处理机组冷负荷及整个空调系统冷负荷随时间的变化情况。图 4-18 给出了东缓冲区、磨具间和装箱区西的空气处理机组的负荷变化曲线，系统冷负荷随时间的变化情况如图 4-19 所示。

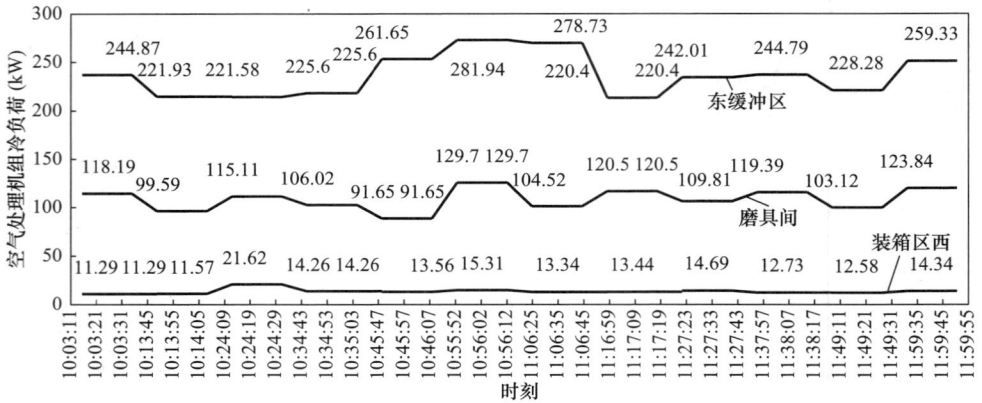

图 4-18　空气处理机组冷负荷随时间的变化曲线

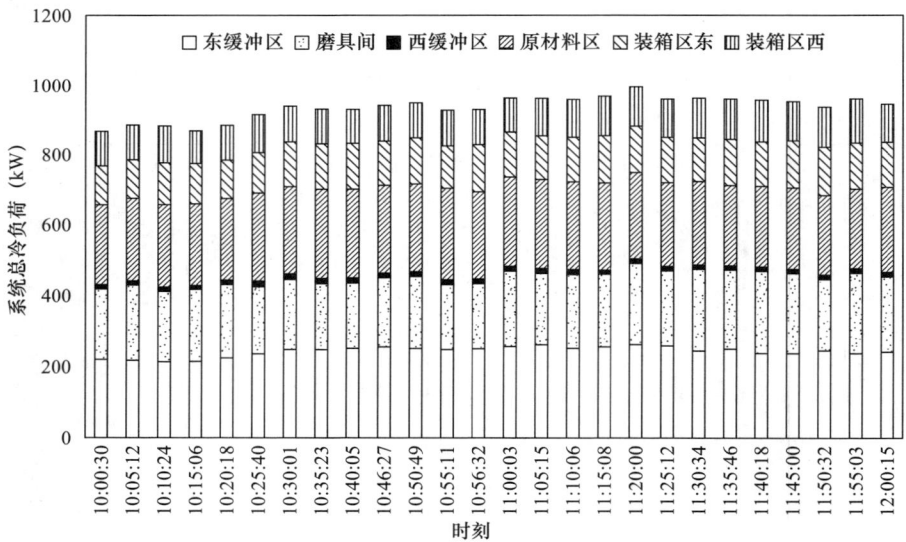

图 4-19　整个空调系统冷负荷随时间的变化情况

　　由图 4-19 可以看出，在水系统延迟较小或者延迟时间可以计算的条件下，可通过式（4-10）计算得出任意时刻的冷源供冷量，冷源的最大供冷量为 1038.98kW，最小供冷量为 847.02kW。可根据式（4-12）计算得出任一供冷量下耗功率最小的运行工况。

　　综上所述，为实现空调水系统的高效运行，以数字化控制技术为基础，本章提出了适用于双冷源空调水系统设计阶段的能量模型、水力模型、温差模型。

　　在数字化控制的空调水系统中，通过数字化电动调节阀测量空气处理机组水系统的流量、温度、压力和风系统的温度、湿度、压力等运行数据，利用运行数据、能量模型、水力模型和温差模型，可准确计算冷（热）源的供冷（热）量和输送设备的流量和扬程。

　　通过冷（热）源和输送设备性能曲线和运行数据模拟计算任意工况下的设备效率，确保机组效率最高、能耗最小。数字化控制的空调水系统通过控制任意空气处理机组的支路供回水温差都大于设计温差，可以有效解决输配系统"大流量、小温差、高功耗"的问题。

本章参考文献

［1］　毛颖杰，田向宁. 空调水系统等效模型的水力特性理论研究［J］. 流体机械，2021，49（3）：80-84.

［2］　谢湘鄂. 动力分散型空调水系统管网水力特性研究［D］. 武汉：华中科技大学，2013.

［3］　刘猛. 空调冷冻水管网特性研究［D］. 上海：东华大学，2013.

［4］　RISHEL J B. Twenty-five years′ experience with variable speed pumps on hot and chilled water systems［J］. ASHRAE Transactions，1989，94（21）：74-80.

［5］　WILLIAM P B，ERIC B P. Varying views on variable primary flow chilled water systems［J］. HPAC Engineering，2004，76（3）：5-9.

［6］　李连生，赵远扬. 适应建筑能耗测试与评定的 ISO/TC86 技术标准发展展望［J］. 流体机械，2016，44（10）：70-72.

［7］　蒋小强，龙惟定，王民，等. 空调水系统变流量的运行特性［J］. 流体机械，2010，38（3）：71-75.

［8］　陈文凭，杨昌智，余院生. 基于冷水机组性能曲线的中央空调水系统优化控制［J］. 流体机械，2008，36（8）：73-78.

［9］　贾晶，袁从杰，刘坤. 空调水系统优化方案与离心式冷水机组节能技术［J］. 流体机械，2006，34（6）：82-86.

［10］　WILLIAM P B，ERIC B P. Energy use and economic comparison of chilled water pumping system alternatives［J］. ASHRAE Transaction，2006，112：198-208.

［11］　田向宁，毛颖杰，李翠敏. 双冷源梯级空调系统的节能率分析［J］. 流体机械，2020，48（10）：71-75.

［12］　周亚素，陈沛霖. 空调冷冻水系统大温差设计的能耗分析［J］. 建筑热能通风空调，1999（2）：18-19.

［13］　田向宁，杨毅，丁德，等. 空气冷却除湿过程理论研究［J］. 暖通空调，2014，44（1）：121-124.

［14］　田向宁，李宁. 千岛湖地区千岛湖景区双冷源温湿耦合的空调系统研究［J］. 建筑科学，2017，32（10）：171-175.

［15］　田向宁，丁德，杨毅. 双冷源空调系统空气处理过程的探讨［J］. 流体机械，2014，42（9）：72-75.

［16］　赵阳，范成. 能源系统人工智能方法［M］. 北京：机械工业出版社，2023.

[17] 钱学森，戴汝为. 论信息空间的大成智慧：思维科学、文学艺术与信息网络的交融 [M]. 上海：上海交通大学出版社，2007.

[18] 丁国良，欧阳华. 制冷空调装置数字化设计 [M]. 北京：中国建筑工业出版社，2008.

[19] 陈英杰. 某学校空调设备数字化运维改造研究 [J]. 暖通空调，2022，52（3）：102-104.

[20] 沈慰峰，张辉，张庆波. 数字化热湿环境监测在医院中央空调节能中的应用 [J]. 中国数字医学，2010（8）：23-25.

[21] 庄叔平，谷波，方继华，等. 空调箱数字化设计与选型软件平台技术开发 [J]. 流体机械，2015，43（3）：83-87.

[22] 杨毅，田向宁. 暖通空调常见问题解析 [M]. 浙江：浙江大学出版社，2023.

第5章　系统能效评价和碳排放计算

据相关数据统计，我国建筑能耗占总能源消耗的 25％以上[1]。建筑能耗主要包括供暖、空调、通风、照明和建筑电气等，其中暖通空调能耗占建筑总能耗的 50％以上[2]，节能潜力较大。

为降低建筑能耗，一些学者针对空调系统展开了研究，提出了一些新型系统。例如，Jiang 等人提出了基于溶液除湿的温湿度独立控制空调系统，并在某办公楼进行了实验和示范[2,3]；Liu 等人对基于大滑移温度非共沸工质的双冷源制冷系统的性能进行了研究[1]。双冷源空调系统是一种采用高温和低温冷源共同承担空调负荷的新型节能空调系统。由冷水机组的制冷效率计算方法可知，高温冷源可极大地提高冷水机组的制冷效率，其 COP 可高达 8～9，远大于常规低温冷源。

双冷源空调系统节能效果明显，在这一领域已有一些相关研究[4-7]，但大部分研究都集中于空气处理过程[4]、冷源[5,6] 和送风系统[7] 等，针对系统整体的分析较少。而双冷源空调系统的进一步研究和应用，需要全面分析其节能效率并提出计算方法，明确其性能变化规律。本章以双冷源空调系统为模型，通过分析冷源系统、冷水输配系统、冷却水系统和空气处理系统四个主要组成部分的理论节能率，提出双冷源空调系统总效率的计算方法，并合理评估其节能潜力。

双冷源空调系统的能效评价指标有系统年制冷综合能效系数、系统性能系数、系统理论节能率等。

5.1　系统年制冷综合能效系数[8]

双冷源空调系统的能耗包括冷源能耗（包括高、低温冷源能耗）、输配系统能耗（包括冷水泵、冷却水泵和冷却塔风机能耗）、空气处理机组能耗（包括集中式、分散式空气处理机组风机能耗）、管理系统能耗。双冷源空调系统年制冷综合能效系数 $COP(y)$ 可按下式计算：

$$COP(y) = \frac{Q(y)}{N(y_1) + N(y_2) + N(y_3) + N(y_4)} \tag{5-1}$$

式中　$COP(y)$ ——双冷源空调系统年制冷综合能效系数；

　　　$Q(y)$ ——双冷源空调系统年供冷量，kWh；

$N(y_1)$、$N(y_2)$、$N(y_3)$、$N(y_4)$ —— 双冷源空调系统冷源、输配系统、空气处理机组和管理系统的年耗电量，kWh。

$$N(y_1) = \sum_{i=1}^{n} \sum_{j=1}^{m} \frac{T_{i,j} L_{i,j}}{COP_{i,j}} \tag{5-2}$$

式中　$N(y_1)$ —— 双冷源空调系统冷源的年耗电量，kWh；

$T_{i,j}$ —— 第 i 台冷源 j 时刻的累计运行时间，h；

$L_{i,j}$ —— 第 i 台冷源 j 时刻的制冷量，kW；

$COP_{i,j}$ —— 第 i 台冷源 j 时刻的制冷量对应的 COP；

n —— 冷源的数量，台；

m —— 不同工况下冷源制冷量的个数。

$$N(y_2) = \sum_{i=1}^{n} \sum_{j=1}^{m} N_{i,j} T_{i,j} \tag{5-3}$$

式中　$N(y_2)$ —— 水泵的年耗电量，kWh；

$T_{i,j}$ —— 第 j 台水泵输入功率为 $N_{i,j}$ 时的累计运行时间，h；

n —— 水泵台数，台；

m —— 不同工况下水泵输入功率的个数；

$N_{i,j}$ —— 第 i 台水泵 j 时刻的输入功率，kW，可按下式计算：

$$N_{i,j} = G_{i,j} H_{i,j} \rho g / (3600 \eta) \tag{5-4}$$

式中　$G_{i,j}$ —— 第 i 台水泵 j 时刻的运行流量，m³/h；

$H_{i,j}$ —— 第 i 台水泵 j 时刻的运行扬程，m；

ρ —— 水的密度，取 10^3kg/m^3；

g —— 重力加速度，取 9.8m/s^2；

η —— 水泵的效率，$\eta = \eta_A \eta_d \eta_c$，其中，$\eta_A$ 为水泵的设计工作点效率，根据设计文件或《清水离心泵能效限定值及节能评价值》GB 19762—2007 以及目前市场上的水泵性能情况可知：$G \leqslant 60 \text{m}^3/\text{h}$，$H = 20 \sim 30 \text{m}$，$\eta_A = 0.62$；$60 \text{m}^3/\text{h} < G \leqslant 200 \text{m}^3/\text{h}$，$H = 20 \sim 40 \text{m}$，$\eta_A = 0.70$；$G > 200 \text{m}^3/\text{h}$，$H = 20 \sim 40 \text{m}$，$\eta_A = 0.73$；$\eta_d$ 为水泵的电机效率，取 0.90；η_c 为水泵的传动效率，取 0.98。

$$N(y_3) = \sum_{i=1}^{n} \sum_{j=1}^{m} N_{i,j} T_{i,j} \tag{5-5}$$

式中　$N(y_3)$ —— 空气处理机组的年耗电量，kWh；

$T_{i,j}$ —— 第 j 台空气处理机组输入功率为 $N_{i,j}$ 时的累计运行时间，h；

n —— 空气处理机组的台数，台；

m —— 不同工况下空气处理机组输入功率的个数；

$N_{i,j}$——第 i 台空气处理机组 j 时刻的输入功率，kW，可按下式计算：

$$N_{i,j}=G_{i,j}P_{i,j}/(3600\eta_{cd}\eta_f) \tag{5-6}$$

式中　$G_{i,j}$——第 i 台风机 j 时刻的风量，m^3/h；

$\quad\quad P_{i,j}$——第 i 台风机 j 时刻的全压，Pa；

$\quad\quad \eta_{cd}$——风机电机的传动效率，取 0.855；

$\quad\quad \eta_f$——风机通风效率，按设计文件中标注的效率选择，设计文件不明确时，取 0.6。

$\quad\quad N(y_4)$ 根据电表计量或者估算得出。

5.2　系统性能系数[9]

双冷源空调系统系统名义工况能效比 EER_s 的定义为：在额定工况下，双冷源空调系统提供的冷量或热量与其本身所消耗的能量之比。

$$EER_s=\frac{Q_c}{W} \tag{5-7}$$

式中　Q_c——额定工况下双冷源空调系统提供的冷量或热量，kW；

$\quad\quad W$——额定工况下双冷源空调系统消耗的能量（双冷源管理系统的能耗可忽略），kW。

$$Q_c=Q_1+Q_2 \tag{5-8}$$

$$W=W_1+W_2+W_3+W_4=W(y_1+y_2+y_3+y_4) \tag{5-9}$$

式中　　　Q_1、Q_2——低温、高温冷源承担的空调负荷，kW；

W_1、W_2、W_3、W_4——双冷源空调系统中冷源、冷水输配系统、冷却水系统和空气处理系统的理论耗功率，kW；

y_1、y_2、y_3、y_4——双冷源空调系统中冷源系统的理论耗功率 W_1、冷水输配系统的理论耗功率 W_2、冷却水系统的理论耗功率 W_3、空气处理系统的理论耗功率 W_4 占系统理论耗功率 W 的比例，%。

表 3-6 参考了《高出水温度冷水机组》JB/T 12325—2015 的规定，但是表 3-6 中机组仅分水冷和风冷两种类型，给冷源的能效设计造成极大困难。因此，高温冷源的性能系数应按照表 5-1 设计，高温冷源性能参数详见本书附录 B。

双冷源空调系统名义工况能效比（EER_s）不宜低于表 5-2 的规定值[8]。对多台冷水机组、冷水泵、末端风机、冷却水泵和冷却塔组成的空调系统，应将实际参与运行的所有设备的名义制冷量和耗电功率综合统计计算，当机组类型不同时，其限值应按冷量加权方式确定。

高温型蒸气压缩循环冷水（热泵）机组性能系数（*COP*）和综合部分负荷性能系数（*IPLV*）

表 5-1

机组类型		名义制冷量 *CC*（kW）	定频机组 *COP*（W/W）	定频机组 *IPLV*（W/W）	变频机组 *COP*（W/W）	变频机组 *IPLV*（W/W）
水冷	螺杆式	*CC*≤528	6.5	7.5	6.1	9.0
		528＜*CC*≤1163	7.0	7.9	6.5	9.5
		CC＞1163	7.5	8.2	7.0	9.8
	离心式	*CC*≤528	7.2	8.3	6.7	9.9
		528＜*CC*≤1163	7.7	8.7	7.2	10.5
		CC＞1163	8.3	9.0	7.7	10.8
风冷或蒸发冷却	活塞式或涡旋式	*CC*≤50	3.6	4.0	3.3	4.5
		CC＞50	3.8	4.2	3.5	4.6
	螺杆式	*CC*≤50	3.8	4.2	3.5	4.6
		CC＞50	4.0	4.4	3.7	4.8

双冷源空调系统名义工况能效比（*EER*ₛ）

表 5-2

机组类型		名义制冷量 *CC*（kW）	*EER*ₛ
水冷	螺杆式	*CC*≤528	3.25
		528＜*CC*≤1163	3.50
		CC＞1163	3.75
	离心式	*CC*≤528	3.60
		528＜*CC*≤1163	3.85
		CC＞1163	4.15
风冷	涡旋式或活塞式	*CC*≤50	2.05
		CC＞50	2.16
	螺杆式	*CC*≤50	2.16
		CC＞50	2.27

5.3 系统理论节能率[9]

5.3.1 冷源系统的理论节能率

双冷源空调系统理论节能率 ε_1 为常规空调系统的耗功率 W_1' 和双冷源空调系

统的耗功率 W_1 的差值与常规空调系统的耗功率 W_1' 的比值：

$$\varepsilon_1 = \frac{W_1' - W_1}{W_1'} \times 100\% = \left(m - \frac{m}{n}\right) \times 100\% \tag{5-10}$$

$$W_1' = Q_c / COP_1 \tag{5-11}$$

由于蒸发温度的提高，高温冷源的 COP_2 显著高于常规低温冷源，高温冷源与低温冷源 COP_1 之比 n 和高温冷源承担的空调负荷比例 m，可按下式计算：

$$n = COP_2 / COP_1 \tag{5-12}$$

$$m = Q_2 / Q_c \tag{5-13}$$

式中　COP_2、COP_1——高、低温冷源的制冷性能系数。

双冷源空调系统冷源的理论耗功率 W_1 可按下式计算：

$$W_1 = \frac{Q_2}{COP_2} + \frac{Q_1}{COP_1} = \frac{Q_c}{COP_1}\left(\frac{m}{n} - m + 1\right) \tag{5-14}$$

可见，双冷源空调冷源系统的理论节能率 ε_1 不仅与 n 有关，还与 m 有关。根据前期研究，n 的取值范围一般为 $1.10 \sim 1.35$[10]，m 的取值范围一般为 $0.5 \sim 0.8$[11]。

5.3.2　冷水输配系统的理论节能率

冷水输配系统冷水泵的理论耗功率 W_2 可用下式计算[3]：

$$W_2 = \frac{\gamma}{E_d \cdot \Delta t_d \cdot c} \sum_{i=1}^{n} H_{di} Q_{di} \leqslant \frac{\gamma H_{max} Q}{E_d \cdot \Delta t_d \cdot c} \tag{5-15}$$

式中　γ——水的重度，kN/m^3；

　　　c——水的比热容，$kJ/(kg \cdot ℃)$；

　　　H_{di}——第 i 个冷水泵的扬程，kPa；

　　　Q_{di}——第 i 个冷水泵输送的空调冷负荷，kW；

　　　E_d——冷水泵的综合效率，%；

　　　Δt_d——冷水供回水温差，℃；

　　　H_{max}——最不利管路的阻力损失，kPa，可按下式计算：

$$H_{max} = H_1 + H_2 + H_3 \tag{5-16}$$

式中　H_1——冷源的蒸发器阻力损失，一般取 $30 \sim 100$kPa，当冷源串联时，冷源蒸发器的阻力损失即为高、低温冷源蒸发器的阻力损失之和；

　　　H_2——水系统管路的总阻力损失，包括管路的局部阻力损失和沿程阻力损失，kPa，可按式（5-17）计算；

　　　H_3——空气处理系统表冷器的总阻力损失，一般取 $20 \sim 50$kPa。

$$H_2 = \frac{SQ_c}{\Delta t_d^2 \cdot c^2} \tag{5-17}$$

式中 S——水系统管路的阻抗系数，s^2/m^2。

5.3.3   冷却水系统的理论节能率

冷却水系统的理论耗功率包括冷却塔风机的功率和冷却水泵的功率，可按下式计算[12]：

$$W_3 = \sum_{i=1}^{n} \frac{Q_{qi} \cdot c}{\Delta t_{qi} \cdot c} \left(\frac{c \cdot \Delta t_{qi} \cdot \Delta p_i}{\eta \cdot \Delta h_{qi}} + \frac{\gamma H_{qi}}{E_q} \right) \tag{5-18}$$

式中 H_{qi}、Q_{qi}——第 i 个冷却水泵的扬程和流量，kPa、m^3/s；

Δt_{qi}——第 i 个冷却塔供回水温差，一般取 5℃；

Δh_{qi}——第 i 个冷却塔进出空气的焓差，kJ/kg；

Δp_i——第 i 个冷却塔风机的全压，Pa；

η——冷却塔风机的效率，%；

E_q——冷却水泵的综合效率，%。

冷却水系统的理论节能率 ε_3 为节约的耗功率与常规系统耗功率的比值。在空调冷负荷相同的条件下，双冷源空调系统的冷却水系统与常规空调系统相比，高温冷源 COP_2 高于低温冷源，因而双冷源空调系统排向冷却塔的热量要小于常规空调系统，但对冷却水系统能耗的影响比较小。因此，双冷源空调系统冷却水系统的理论节能率 ε_3 近似等于零。

5.3.4   空气处理系统的理论节能率

双冷源空调系统有两种空气处理方式，即集中式和分散式。为满足除湿要求，双冷源空调系统仍然采用露点送风，且送风状态点与常规空调系统相同。因此，在空调冷负荷相同的条件下，其送风量与常规空调系统相同。

采用分散式空气处理方式时，双冷源空调系统采用"小流量、大温差"专用风机盘管，通过增加盘管的排数来提高其制冷和除湿能力，风机能耗因此增大。但研究表明，适当降低通过盘管的风速可抵消增加的风机能耗，使风机盘管的理论耗功率与常规空调系统相同[12]。

采用集中式空气处理方式时，空气处理机组风机全压 P_i 可按下式计算：

$$P_i = \Delta P_{1i} + \Delta P_{2i} + \Delta P_{3i} \tag{5-19}$$

式中 ΔP_{1i}——第 i 个组合式空气处理机组的阻力损失（除表冷器之外其余设备的阻力损失），Pa；

ΔP_{2i}——第 i 个组合式空气处理机组表冷器风系统的阻力损失，Pa；

ΔP_{3i}——第 i 个通风管路的阻力损失，Pa。

空气处理系统的理论节能率 ε_4 为其节约的耗功率与常规系统耗功率的比值，可按下式计算：

$$\varepsilon_4 = \left(1 - \frac{\sum_{i=1}^{n} x_i P_i L_i}{\sum_{i=1}^{n} P_i L_i}\right) \times 100\% \tag{5-20}$$

式中　P_i——双冷源空调系统第 i 个空气处理系统的风机全压，Pa；

　　　L_i——第 i 个空气处理系统的风机送风量，m^3/s；

　　　x_i——双冷源空调系统第 i 个空气处理系统的风机全压与常规空调系统的比值。

假定 $x_{max} = \max\{x_i\}$ （$0 \leqslant i \leqslant n$）、$z_{max} = \max\{z_i\}$ （$0 \leqslant i \leqslant n$），则 ε_4 可按下式计算：

$$\varepsilon_4 \geqslant (1 - x_{max}) \times 100\% = \frac{\lambda z_{max}}{\lambda (z_{max} - 1) - 1} \times 100\% \tag{5-21}$$

式中　λ——双冷源空调系统表冷器风系统阻力损失节约量与常规系统的比值，λ 的取值范围 $0.18 \sim 0.29$[13]。

注：z_i 为双冷源空调系统第 i 个空气处理系统的表冷器阻力损失与风机全压的比值。

5.3.5　系统理论节能率

综合以上分析，双冷源空调系统的理论节能率 ε 可按下式计算：

$$\varepsilon = 100\% - \frac{100\%}{y_1/(100\% - \varepsilon_1) + y_2/(100\% - \varepsilon_2) + y_3 + y_4/(100\% - \varepsilon_4)} \tag{5-22}$$

5.3.6　计算案例

以双冷源温湿耦合串联空调系统为例，其运行原理见图 4-3，系统包括高温冷源、低温冷源、高温集水器、低温分水器及流量传感器等设备。系统采用大温差冷水输送方式（7℃/17℃），先通过高温冷源将冷水降低到一定温度，再通过低温冷源降温。为满足系统要求，连接在低温分水器上的空调末端为独立开发的"小流量、大温差"专用风机盘管（FCU-SFCR-2019A），供/回水温度为 7℃/17℃，这种风机盘管具备低水阻、低能耗和效率高的特点，与双冷源空调系统配合应用具有节能和低成本运行的优势。

在双冷源温湿耦合串联空调系统中，采用高、低温冷源串联的方式，在给定高温冷源与低温冷源性能系数之比 n 的条件下，可以计算出不同高温冷源承担的空调负荷比例 m 下，双冷源空调系统冷源系统的理论节能率 ε_1，如图 5-1 所示。

由图 5-1 可知，在给定 n 的前提条件下，m 越大，双冷源空调系统冷源系统的理论节能率 ε_1 越大。在工程应用中，高温冷源承担的空负荷比例一般取 $50\% \sim 100\%$，取 n 值为 1.3，因此 ε_1 的取值范围为 $11.54\% \sim 28.57\%$。

冷水输配系统的理论节能率 ε_2 为双冷源空调系统节约耗功率与常规系统冷

水输送耗功率之比。双冷源空调系统采用 10℃ 大温差的冷水输配系统，在空调负荷、管路水系统和表冷器阻力损失相同的条件下，双冷源空调冷水输配系统的理论节能率 ε_2 可按下式计算：

$$\varepsilon_2 = \frac{7H_2 + H_3}{H_1 + 7H_2 + H_3} \times 100\% \tag{5-23}$$

可见，冷水输配系统的理论节能率 ε_2 与冷源蒸发器的阻力损失 H_1、管路水系统阻力损失 H_2 及表冷器阻力损失 H_3 有关。ε_2 随冷源蒸发器阻力损失 H_1 的变化规律如图 5-2 所示。

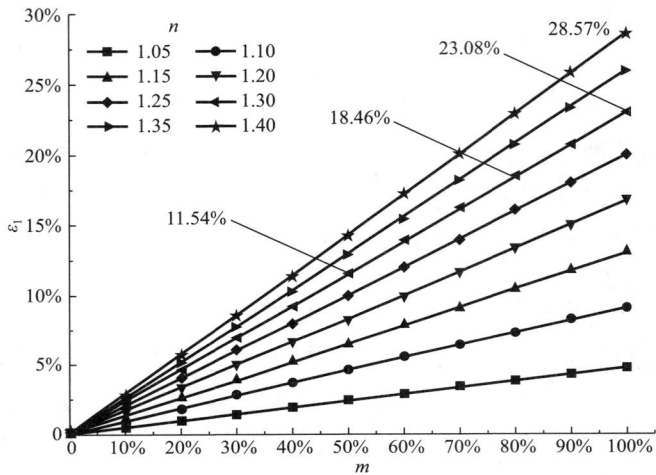

图 5-1　双冷源空调系统冷源系统的理论节能率 ε_1

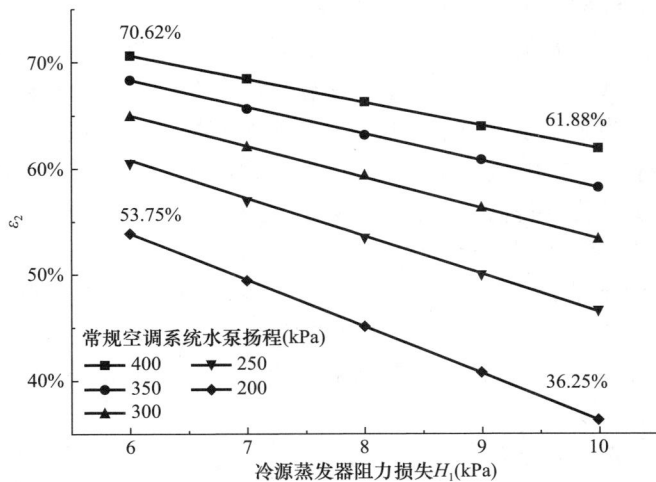

图 5-2　冷水输配系统的理论节能率 ε_2 随冷源蒸发器阻力损失 H_1 的变化规律

由图 5-2 可知，在已知常规输配系统总阻力损失的条件下，ε_2 随冷源蒸发器

阻力损失 H_1 的降低而增加，ε_2 的取值范围为 $36.25\%\sim70.62\%$。

前期研究表明，对于组合式空气处理机组的表冷器也可以通过增大盘管排数的方法获得大温差换热，如将排数由 4 排增加到 6 排或由 6 排增加到 8 排，温差可增大到 10℃，其性能接近于常规表冷器[13]，但此时空气通过表冷器的阻力将增加 $18\%\sim29\%$。

风机的理论耗功率还取决于表冷器的风系统阻力损失 ΔP_{2i} 与风机全压 P_i 的比值 z_i。根据工程经验，组合式空气处理机组的阻力损失 ΔP_{1i} 一般为 $100\sim200\mathrm{Pa}$；通风管路的阻力损失 ΔP_{3i} 与空调送风系统的管路截面积、长度、变径、弯头等有关，一般为 $400\sim600\mathrm{Pa}$。在风机全压 P_i 已知的条件下，可得到 z_i 随表冷器风系统阻力损失 ΔP_{2i} 的变化规律，如图 5-3 所示。

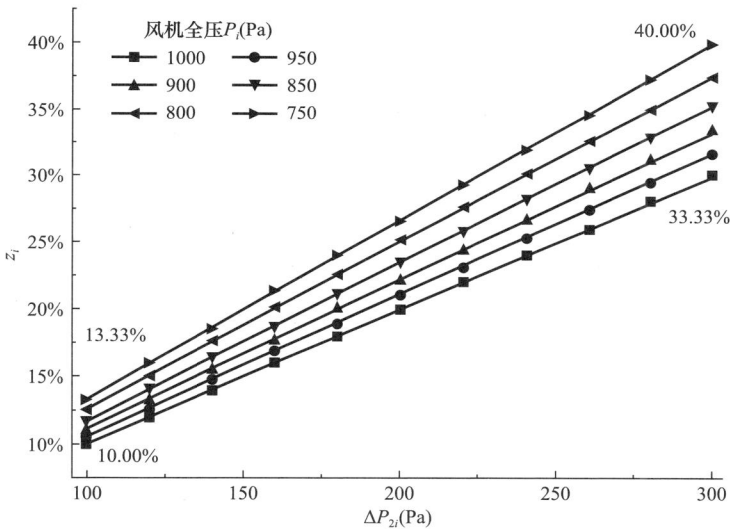

图 5-3　z_i 随 ΔP_{2i} 的变化规律

由图 5-3 可知，z_i 随 ΔP_{2i} 的增加而增大。在工程应用中，常规空调系统中 z_i 的经济合理取值范围为 $0.1\sim0.4$。对于 z_i 的一系列研究表明，可通过适当增加组合式空气处理机组横断面面积的方式降低面风速，从而降低表冷器的阻力损失，以控制 z_i 处于合理范围[13,14]。因此，一般情况下，双冷源空调系统中，$z_i\leqslant0.2$。

冷却水系统的理论耗功率与系统总耗功率的比值 y_3 变化范围较小，其取值范围为 $8\%\sim12\%$[10]，取 y_3 为 10% 并保持不变，可得到双冷源空调系统理论节能率 ε 随 y_1 和 y_2 的变化曲线，如图 5-4 所示。

由图 5-4 可知，在 y_3 不变的条件下，ε 随 y_1 和 y_2 的增加而增大。双冷源空调系统理论节能率 ε 的取值范围为 $6.85\%\sim39.67\%$。可见，该系统节能效果明显。

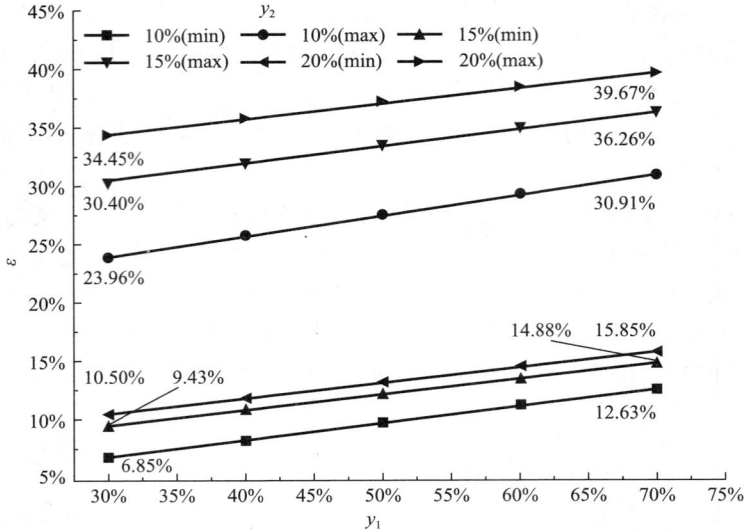

图 5-4 双冷源空调系统理论节能率 ε 随 y_1 和 y_2 的变化曲线

上文通过理论方法，分别分析了冷源系统、冷水输配系统、冷却水系统和空气处理系统的理论节能率变化规律，进而获得了双冷源空调系统理论节能率 ε 的计算方法，为双冷源空调系统的工程应用和进一步研究提供了理论依据。通过该方法得到如下结论：

①双冷源空调系统高温冷源承担的空调负荷比例越高，冷源系统的理论节能率 ε_1 越大，ε_1 的取值范围为 11.54%～28.57%。②在已知冷水输配系统总阻力损失的条件下，冷水输配系统的理论节能率 ε_2 随冷源蒸发器阻力损失 H_1 的降低而增加，ε_2 的取值范围为 36.25%～70.62%。③采用分散式空气处理方式时，双冷源空调系统的空气处理系统耗功率与常规空调系统相同，其理论节能率 ε_4 为零。采用集中式空气处理方式时，双冷源空调系统的空气处理系统的理论节能率 ε_4 的取值范围为 -4.71%～-3.15%。④双冷源空调系统理论节能率 ε 随 y_1 和 y_2 的增加而增大，ε 的取值范围为 6.85%～39.67%，系统节能效果明显。

5.4 双冷源空调系统碳排放计算[15]

联合国政府间气候变化专门委员会（IPCC）第四次评估报告指出，在温室气体的总增温效应中，二氧化碳（CO_2）贡献约占 63%，甲烷（CH_4）贡献约占 18%，氧化亚氮（N_2O）贡献约占 6%，其他贡献约占 13%。为统一度量整体温室效应的结果，需要一种能够比较不同温室气体排放的度量单位，由于 CO_2 增温效应的贡献最大，因此，二氧化碳当量为度量温室效应的基本单位。

一种气体的二氧化碳当量为这种气体的吨数乘以其产生温室效应的指数。这种气体的温室效应的指数叫全球变暖潜能值（GWP），该指数取决于气体的辐射属性和分子质量，以及气体体积分数随时间的变化情况。某一种气体的 GWP 表示在百年时间里，该温室气体对应于相同效应的二氧化碳的变暖影响，正值表示该气体使地球表面变暖。由定义知，CO_2 的 GWP 为 1，其他温室气体的 GWP 一般大于二氧化碳，但由于它们在空气中的量少，仍然认为 CO_2 是造成温室效应的主要气体。

不同温室气体对地球温室效应的贡献程度不同，二氧化碳是最重要的温室气体，但甲烷、一氧化氮等温室气体以及空气污染形成的烟雾等非二氧化碳气体的暖化效应也非常大。减少 1t 甲烷排放相当于减少 25t 二氧化碳排放，即 1t 甲烷的二氧化碳当量是 25t，部分气体的二氧化碳当量如表 5-3 所示。

部分气体的二氧化碳当量（$kgCO_2e$）　　　　　　　　　表 5-3

二氧化碳	1	HCFC-22	1760
甲烷	25	氧化亚氮	310
一氧化氮	296	氢氟碳化物	11700
六氟化硫	22200		

目前我国建筑领域处于快速发展阶段，对能源和环境的影响较大，对能源和资源的消耗量也比较高。因此，降低建筑的能源消耗十分重要。空调系统能耗在建筑总能耗中占比最大。因此，建立双冷源空调系统的碳排放计算范围和方法，规范双冷源空调系统的碳排放计算，引导双冷源空调系统全生命期节能减碳，可有效降低双冷源空调系统的碳排放。双冷源空调系统安装、运行、拆除过程中产生的温室气体主要为 CO_2；双冷源空调系统中各个设备的生产和运输及制冷剂排放的温室气体包括各种温室气体，其碳排放通常使用二氧化碳当量（$kgCO_2e$）表示。

国家标准《建筑节能与可再生能源利用通用规范》GB 55015—2021 第 2.0.5 条要求，建设项目可行性研究报告、建设方案和初步设计文件应包含建筑能耗、可再生能源利用及建筑碳排放分析报告。

双冷源空调系统全生命期内的碳排放计算以建筑用地红线为计算边界，安装阶段的碳排放量包括安装过程中的所有碳排放量但不包含设备生产和运输过程的碳排放量；运行阶段的碳排放量包括所有暖通空调设备运行过程（不包含设备维修过程）中产生的碳排放量；拆除阶段的碳排放量包括拆除现场的所有碳排放量但不包含垃圾运输过程的碳排放量。例如：当目标建筑采用市政热源或区域集中冷源供热供冷时，市政热源或区域集中冷源、输配系统的碳排放不在目标建筑的红线内，其碳排放量可不计算在内。双冷源空调系统采用外接冷热源时，冷热源及输配系统的碳排放量应追溯至冷热源侧。民用建筑双冷源空调系统碳排放计算仅计算民用建筑红线范围内的碳排放，建筑用地红线范围以外的外接冷热源的碳排放可不计入。

双冷源空调系统的碳排放量可按下式计算：

$$C = \sum_{i=1}^{n} E_{燃烧,i} ER_{燃料,i} + \sum_{i=1}^{n} E_{电力,i} ER_{电力,i} + \sum_{i=1}^{n} m_{r,i} GWP_{r,i} \qquad (5\text{-}24)$$

式中　C——双冷源空调系统的碳排放量，$kgCO_2$；

　　$E_{燃烧,i}$——双冷源空调系统第 i 种燃料的供热量，kJ；

　　$E_{电力,i}$——双冷源空调系统的耗电量，kWh；

　　$m_{r,i}$——双冷源空调系统的第 i 种制冷剂的充注量，kg；

　$ER_{燃料,i}$——第 i 种化石燃料单位热值二氧化碳排放因子，$kgCO_2/kJ$；

　$ER_{电力,i}$——第 i 个地区电力二氧化碳排放因子，$kgCO_2/kWh$；

　$GWP_{r,i}$——第 i 种制冷剂的地球变暖潜能值，$kgCO_2/kg$。

双冷源空调系统的碳排放包括直接碳排放和间接碳排放。直接碳排放指供冷、供热时，由化石燃料燃烧和制冷（热）工质泄漏直接产生的碳排放；间接碳排放指电力、热力等二次能源消耗所隐含的化石燃料燃烧导致的碳排放。

5.4.1　方案和初步设计阶段碳排放量计算

双冷源空调系统方案和初步设计阶段宜采用评估法计算安装、运行、拆除阶段的碳排放量。评估法是指通过建筑类型及其所在区域，评估建筑的夏季空调逐时冷负荷和冬季热负荷来估算运行阶段的碳排放量，安装和拆除阶段的碳排放量根据同类建筑的单位面积碳排放量计算。

方案和初步设计阶段，双冷源空调系统全生命期碳排放总量 C_Z 可按下式计算：

$$C_Z = C_A + A \left(\frac{K_1 T_1 ER_c}{EER_1} + \frac{K_r T_r ER_h}{EER_r} \right) + C_{Ch} \qquad (5\text{-}25)$$

式中　C_Z——双冷源空调系统全生命期碳排放总量，$kgCO_2$；

　　C_A——双冷源空调系统安装阶段的碳排放总量，$kgCO_2$；

　　C_{Ch}——双冷源空调系统拆除阶段的碳排放总量，$kgCO_2$；

　K_1、K_r——供冷（热）空调负荷面积指标，W/m^2；

　T_1、T_r——设计工况下的供冷（热）等效小时数，h；

　　EER_1——系统供冷效率，W/W；

　　EER_r——系统供热效率，W/W；

　　A——建筑面积，m^2；

ER_c、ER_h——电力和化石燃料的二氧化碳排放因子，按现行国家标准《建筑碳排放计算标准》GB/T 51366 或者政府机构公布的区域电网平均二氧化碳排放因子取值，tCO_2/kJ 或 tCO_2/kWh，详见本书附录 C。

年供冷天数根据建筑所在地区的气候条件和往年的经验确定，年供暖天数应根据现行国家标准《民用建筑供暖通风与空气调节设计规范》GB 50736 中的气象参数中日平均温度≤5℃的天数确定，估算得出方案阶段、初步设计阶段民用建筑双冷源空调系统的年碳排放总量。

在系统效率数据资料不完整的情况下，EER_1、EER_r 可采用经验值计算。通常情况下，水冷系统（含螺杆式、离心式等机组）EER_1 一般取 3.5～4.5；风冷系统（含涡旋式、螺杆式、热泵型多联式等机组）供冷时 EER_1 参考取值范围为 2.0～2.5，供暖时 EER_r 参考取值范围为 2.0～3.0；燃料直接燃烧的供热系统（如燃煤锅炉、燃气锅炉、生物质锅炉、直燃式溴化锂机组等）供热效率一般取 70%～80%；采用直燃式溴化锂机组供冷的系统 EER_1 取 0.5～0.6。

5.4.2　施工图设计阶段碳排放量计算

施工图设计阶段宜采用模拟法计算碳排放量，模拟法是指通过建立暖通空调系统安装、运行、拆除阶段的碳排放模型，运用模拟软件计算双冷源空调系统各类能源的消耗数据，获得双冷源空调系统的碳排放总量。

施工图设计阶段，双冷源空调系统全生命期碳排放总量（C_Z）应按下式计算：

$$C_Z = C_A + \sum_{i=1}^{n} C_{Y,i} + C_{Ch} \tag{5-26}$$

式中　C_Z——双冷源空调系统全生命期内碳排放总量，$kgCO_2$；
　　　C_A——双冷源空调系统安装阶段的碳排放总量，$kgCO_2$；
　　　$C_{Y,i}$——双冷源空调系统运行第 i 年碳排放总量，$kgCO_2$；
　　　C_{Ch}——双冷源空调系统拆除阶段的碳排放总量，$kgCO_2$。

双冷源空调系统全生命期年平均运行碳排放量按下式计算：

$$C_Z(a) = \frac{\sum_{i=1}^{n} C_{Y,i}}{n} \tag{5-27}$$

式中　$C_Z(a)$——双冷源空调系统全生命期年平均运行碳排放量，$kgCO_2/a$；
　　　n——双冷源空调系统生命周期，a。

双冷源空调系统全生命期年碳排放强度按下式计算：

$$C_Z(m) = \frac{C_A + \sum_{i=1}^{n} C_{Y,i} + C_{Ch}}{nA} \tag{5-28}$$

式中　$C_Z(m)$——双冷源空调系统全生命期年碳排放强度，$kgCO_2/(m^2 \cdot a)$；
　　　n——双冷源空调系统生命期，以年为单位，不足 1 年按照 1 年计；
　　　A——双冷源空调系统服务的建筑总面积，m^2。

双冷源空调系统运行阶段第 i 年的碳排放总量按下式计算：

$$C_{Y,i} = C_{1,i} + C_{r,i} + C_{s,i} + C_{m,i} + C_{k,i} \tag{5-29}$$

式中 $C_{Y,i}$——双冷源空调系统运行阶段第 i 年的碳排放总量，$kgCO_2$；

$\quad C_{l,i}$——双冷源空调系统运行阶段冷源第 i 年的碳排放总量，$kgCO_2$；

$\quad C_{r,i}$——双冷源空调系统运行阶段热源第 i 年的碳排放总量，$kgCO_2$；

$\quad C_{s,i}$——双冷源空调系统运行阶段输配系统第 i 年的碳排放总量，$kgCO_2$；

$\quad C_{m,i}$——双冷源空调系统运行阶段空气处理系统第 i 年的碳排放总量，$kgCO_2$；

$\quad C_{k,i}$——双冷源空调系统运行阶段管理系统第 i 年的碳排放总量，$kgCO_2$。

1. 冷热源系统

采用电机驱动的蒸气压缩循环冷水（热泵）机组时，其能源消耗量应根据机组制冷量以及不同时刻制冷量所对应的性能系数与运行时间进行计算：

$$C_{l,i} = C_{l,i}(Z) + C_{l,i}(J) \qquad (5\text{-}30)$$

式中 $C_{l,i}$——冷水（热泵）机组第 i 年的碳排放量，$kgCO_2$；

$\quad C_{l,i}(Z)$——冷水（热泵）机组第 i 年的直接碳排放量，$kgCO_2$；

$\quad C_{l,i}(J)$——冷水（热泵）机组第 i 年的间接碳排放量，$kgCO_2$。

电机驱动的蒸气压缩循环冷水（热泵）机组包括水冷冷水机组、风冷或蒸发冷却机组、单元式空气调节机组、风管送风式空调（热泵）机组、房间空气调节器、屋顶式空气调节机组、空气源热泵机组、地源热泵机组、地表水源热泵机组、深井水源热泵机组等。

电机驱动的蒸气压缩循环冷水（热泵）机组因使用制冷剂而产生的直接碳排放量应按下式计算：

$$C_{l,i}(Z) = m_{r,i} GWP_r \qquad (5\text{-}31)$$

式中 $C_{l,i}(Z)$——冷水（热泵）机组第 i 年的直接碳排放量，$kgCO_2$；

$\quad m_{r,i}$——冷水（热泵）机组第 i 年的制冷（热）剂的充注量，kg；

$\quad GWP_r$——制冷（热）剂的地球变暖潜能值，$kgCO_2/kg$。

假定冷水（热泵）机组达到使用寿命后，制冷剂不回收，$m_{r,i}$ 取制冷（热）剂的充注量；若制冷剂回收使用，$m_{r,i}$ 取泄漏量。HCFC22、HFC134、HFC-134a 的 GWP 分别为 1760、1120、1300。若制冷剂回收，可不计算电机驱动的蒸气压缩循环冷水（热泵）机组因使用制冷剂而产生的直接碳排放量。

蒸气压缩循环冷水（热泵）机组的间接碳排放量应按下式计算：

$$C_{l,i}(J) = ER_c \sum_{j=1}^{m} \frac{Q_{i,j} t_{i,j}}{COP_{i,j}} \qquad (5\text{-}32)$$

式中 $C_{l,i}(J)$——冷水（热泵）机组第 i 年的间接碳排放量，$kgCO_2$；

$\quad Q_{i,j}$——冷水（热泵）机组第 i 年 j 时刻的制冷量，kW；

$\quad COP_{i,j}$——冷水（热泵）机组第 i 年 j 时刻的性能系数，kW/kW；

$\quad t_{i,j}$——冷水（热泵）机组第 i 年 j 时刻累计运行时间，h。

电机驱动的蒸气压缩循环冷水（热泵）机组第 i 年 j 时刻累计运行时间为统

计时间，与建筑类型、气候条件、建筑内人员舒适需求等条件有关，准确预测计算下一年的运行时间非常困难，可根据《公共建筑节能设计标准》GB 50189—2015 附录 B 计算机组日运行时间，根据《民用建筑供暖通风与空气调节设计规范》GB 50736—2012 中设计计算用供暖天数来计算冬季运行天数，根据往年气象参数计算夏季运行天数。当机组运行参数不全时，可以采用设计工况下的等效小时数乘以冷源的额定功率估算碳排放量。

采用电机驱动的蒸气压缩循环冷水（热泵）机组时，可采用近似模型计算 COP 以及对应的运行时间。蒸气压缩循环冷水（热泵）机组间接碳排放量可按下式计算：

$$C_{1,i}(J) = ER_c \cdot Q_{1,i} \cdot T_{1,i} \left(\frac{x_1}{COP_1} + \frac{0.75x_2}{COP_2} + \frac{0.5x_3}{COP_3} + \frac{0.25x_4}{COP_4} \right) \quad (5\text{-}33)$$

式中　　　　　　　$C_{1,i}(J)$ ——冷水（热泵）机组第 i 年的间接碳排放量，$kgCO_2$；

$Q_{1,i}$ ——额定工况下冷水（热泵）机组第 i 年的制冷量，kW；

COP_1、COP_2、COP_3、COP_4 ——分别为第 i 年冷水机组 100%、75%、50%、25% 负荷时的性能系数，kW/kW；

x_1、x_2、x_3、x_4 ——分别为第 i 年冷水机组 100%、75%、50%、25% 负荷时冷水（热泵）机组对应的运行时间占总运行时间的比例；

$T_{1,i}$ ——冷水（热泵）机组第 i 年累计运行时间，h。

冷水（热泵）机组在额定工况下的制冷量根据建筑室内夏季逐时冷负荷计算确定，双冷源空调系统整个生命期内，冷水（热泵）机组在额定工况下的制冷量一旦选定始终恒定不变，但建筑室内冷负荷随室外气象参数和室内人员密度等条件的变化而变化，建筑室内冷负荷是一个变量，因而冷水（热泵）机组的供冷量及其运行时间亦是一个变量。冷水（热泵）机组性能系数随机组的负载变化和室外气象参数等条件变化，冷水（热泵）机组性能系数也是一个变量。因而施工图设计阶段根据建筑室内逐时冷负荷计算冷水（热泵）机组的年运行能耗是暖通空调专业多年以来的未解难题。

施工图设计阶段仅能通过建立近似模型的方法估算运行阶段的运行能耗。假定冷水（热泵）机组的运行时间采用《民用建筑供暖通风与空气调节设计规范》GB 50736—2012 中规定的机组所在地的供冷时间，冷水（热泵）机组在 100% 负荷时，机组的性能系数为 COP_1，运行时间占整个供冷季时间的百分比为 x_1；在 75% 负荷时，机组的性能系数为 COP_2，运行时间占整个供冷季时间的百分比为 x_2；在 50% 负荷时，机组的性能系数为 COP_3，运行时间占整个供冷季时间的百分比为 x_3；在 25% 负荷时，机组的性能系数为 COP_4，运行时间占整个供冷季

时间的百分比为 x_4。

风冷热泵型机组的运行直接碳排放量按下式计算：

$$C_{1,i}(Z) = ER_c \sum_{j=1}^{m} \frac{Q_j t_j}{APF_i} \tag{5-34}$$

式中　$C_{1,i}(Z)$——风冷热泵型机组第 i 年的直接碳排放量，$kgCO_2$；

　　　Q_j——风冷热泵型机组第 i 年 j 时刻的制冷量，kW；

　　　t_j——风冷热泵型机组第 i 年 j 时刻累计运行时间，h；

　　　APF_i——风冷热泵型机组系统第 i 年的全年运行性能系数，kW/kW。

风冷热泵型机组的全年运行性能系数 APF_i 与室外温度、部分负荷率等参数有关，施工图设计阶段很难确定不同负荷率下的 APF_i。一般风冷热泵型机组额定工况下制冷量与输入电量的比值为 2.5～3.5，制冷季的平均负荷率为 60%～80%；制热量与输入电量的比值为 2.0～3.2，制热季的平均负荷率为 50%～70%；风冷热泵型机组供冷或供热季的运行时间可参考《民用建筑供暖通风与空气调节设计规范》GB 50736—2012 中规定的机组所在地的供冷时间；通过以上数据可以估算出风冷热泵型机组全年的 APF_i。

双冷源空调系统采用天然气、柴油等化石燃料作为热源时，热源的能源消耗量应根据供暖热负荷、热源运行效率及运行时间进行计算。双冷源空调系统热源碳排放量应按下式计算：

$$C_{r,i} = C_{r,i}(Z) + C_{r,i}(J) \tag{5-35}$$

式中　$C_{r,i}$——双冷源空调系统热源第 i 年的碳排放量，$kgCO_2$；

　　$C_{r,i}(Z)$——双冷源空调系统热源第 i 年的直接碳排放量，$kgCO_2$；

　　$C_{r,i}(J)$——双冷源空调系统热源第 i 年的间接碳排放量，$kgCO_2$。

双冷源空调系统中采用天然气、柴油等化石燃料为能源的热源有锅炉、直燃式溴化锂机组等。双冷源空调系统中热源的直接碳排放量应按下式计算：

$$C_{r,i}(Z) = ER_h \sum_{j=1}^{m} \frac{Q_{r,i,j} t_{i,j}}{\eta_{i,j}} \tag{5-36}$$

式中　$C_{r,i}(Z)$——双冷源空调系统热源第 i 年的直接碳排放量，$kgCO_2$；

　　　$Q_{r,i,j}$——双冷源空调系统热源第 i 年 j 时刻的供热量，kW；

　　　$t_{i,j}$——双冷源空调系统热源第 i 年 j 时刻累计运行时间，h；

　　　$\eta_{i,j}$——双冷源空调系统热源第 i 年 j 时刻运行效率，通常取 0.90。

双冷源空调系统中热源的间接碳排放量应按下式计算：

$$C_{r,i}(J) = ER_c \sum_{j=1}^{m} N_{i,j} t_{i,j} \tag{5-37}$$

式中　$C_{r,i}(J)$——双冷源空调系统热源第 i 年的间接碳排放量，$kgCO_2$；

　　　$N_{i,j}$——双冷源空调系统热源第 i 年 j 时刻的耗功率，kW；

　　　$t_{i,j}$——双冷源空调系统热源第 i 年 j 时刻累计运行时间，h。

采用溴化锂吸收式（热泵）机组时，机组的碳排放量应根据制冷量、制热量、燃料的形式以及不同时刻制冷（热）量所对应的性能系数及运行时间进行计算。溴化锂吸收式（热泵）机组的碳排放量应按下式计算：

$$C_{x,i} = C_{xl,i}(Z) + C_{xr,i}(Z) + C_{x,i}(J) \qquad (5\text{-}38)$$

式中　$C_{x,i}$——溴化锂吸收式（热泵）机组第 i 年的碳排放量，$kgCO_2$；

$C_{xl,i}(Z)$——溴化锂吸收式（热泵）机组第 i 年供冷工况下直接碳排放量，$kgCO_2$；

$C_{xr,i}(Z)$——溴化锂吸收式（热泵）机组第 i 年供热工况下直接碳排放量，$kgCO_2$；

$C_{x,i}(J)$——溴化锂吸收式（热泵）机组第 i 年供冷（热）工况下间接碳排放量，$kgCO_2$。

锅炉、溴化锂吸收式（热泵）机组供热能耗计算应按不同负载率下的机组能效逐时计算。当设计文件未明确不同负荷率下的机组能效时，燃烧器、风机电量应按输入功率不变计算，锅炉和溴化锂吸收式（热泵）机组不同负荷率下的效率按设计效率不变计算。

溴化锂吸收式（热泵）机组供冷工况下直接碳排放量应按下式计算：

$$C_{xl,i}(Z) = ER_h \sum_{j=1}^{m} \frac{Q_{x,i,j} t_{i,j}}{\eta_{x,i,j}} \qquad (5\text{-}39)$$

式中　$Q_{x,i,j}$——溴化锂吸收式（热泵）机组第 i 年 j 时刻的制冷量，kW；

$t_{i,j}$——溴化锂吸收式（热泵）机组第 i 年 j 时刻累计运行时间，h；

$\eta_{x,i,j}$——溴化锂吸收式（热泵）机组第 i 年 j 时刻运行性能参数，当设计资料不全时，推荐溴化锂吸收式单效机组运行性能参数取 0.7、溴化锂吸收式双效机组运行性能参数取 1.2、溴化锂吸收式半效机组运行性能参数取 0.4。

2. 输配系统

施工图设计阶段，输配系统的碳排放量应包括冷水泵、热水泵、冷却水泵、冷却塔风机等设备的碳排放量。

双冷源空调系统运行阶段输配系统第 i 年的碳排放总量应按下式计算：

$$C_{s,i} = C_{sl,i} + C_{sr,i} + C_{sq,i} + C_{sf,i} \qquad (5\text{-}40)$$

式中　$C_{s,i}$——双冷源空调系统运行阶段输配系统第 i 年的碳排放总量，$kgCO_2$；

$C_{sl,i}$——双冷源空调系统运行阶段冷水泵第 i 年的碳排放总量，$kgCO_2$；

$C_{sr,i}$——双冷源空调系统运行阶段热水泵第 i 年的碳排放总量，$kgCO_2$；

$C_{sq,i}$——双冷源空调系统运行阶段冷却水泵第 i 年的碳排放总量，$kgCO_2$；

$C_{sf,i}$——双冷源空调系统运行阶段冷却塔风机第 i 年的碳排放总量，$kgCO_2$。

双冷源空调系统运行阶段单台冷水泵第 i 年的碳排放总量应按下式计算：

$$C_{sl,i} = \frac{\rho_r g ER_c}{3600 \times 1000} \sum_{j=1}^{m} \frac{G_{sl,i,j} H_{sl,i,j} t_{i,j}}{\eta_{sl,i,j}} \qquad (5\text{-}41)$$

$$\eta_{sl,i,j} = \eta_{b,i,j} \eta_{d,i,j} \eta_{c,i,j} \qquad (5\text{-}42)$$

式中 $C_{\mathrm{sl},i}$——双冷源空调系统的输配系统中冷水泵第 i 年的碳排放总量，$\mathrm{kgCO_2}$；

$\qquad G_{\mathrm{sl},i,j}$——第 i 年 j 时刻冷水泵设计流量，$\mathrm{m^3/h}$；

$\qquad H_{\mathrm{sl},i,j}$——第 i 年 j 时刻冷水泵设计扬程，$\mathrm{mH_2O}$；

$\qquad \rho_{\mathrm{r}}$——流体密度，水的密度取 $10^3\mathrm{kg/m^3}$；

$\qquad g$——重力加速度，取 $9.8\ \mathrm{m/s^2}$；

$\qquad \eta_{\mathrm{sl},i,j}$——冷水泵效率；

$\qquad \eta_{\mathrm{b},i,j}$——第 i 年 j 时刻冷水泵设计工作点的效率；

$\qquad \eta_{\mathrm{d},i,j}$——第 i 年 j 时刻冷水泵电机效率，取 0.90；

$\qquad \eta_{\mathrm{c},i,j}$——第 i 年 j 时刻冷水泵传动效率，取 0.98；

$\qquad t_{i,j}$——第 i 年 j 时刻冷水泵累计运行时间，h。

$\eta_{\mathrm{b},i,j}$ 应根据设计文件取值。由于流量不同，水泵效率存在一定的差异，$\eta_{\mathrm{b},i,j}$ 按流量取值更符合实际情况，因此若设计文件未明确时可根据《清水离心泵能效限定值及节能评价值》GB 19762—2007 规定的水泵设计工作点效率按表 5-4 取值。

水泵设计工作点效率   表 5-4

水泵流量 G	$G{\leqslant}60\mathrm{m^3/h}$	$60\mathrm{m^3/h}{<}G{\leqslant}200\mathrm{m^3/h}$	$G{>}200\mathrm{m^3/h}$
设计工作点效率	0.62	0.70	0.73

当设计文件未明确水泵运行策略时，水泵是否开启应以输配系统总流量与水泵总设计流量的比值作为判断依据，当运行水泵负载率均大于或等于 90%，且持续时间大于 10min 时进行安全判断，开启另一台水泵，直至水泵设计流量之和能满足系统总流量需求；当水泵负载率小于 90% 时的水泵设计流量之和能满足系统总流量需求，可停一台水泵。

双冷源空调系统运行阶段单台冷水泵效率不变时，第 i 年的碳排放量可采用下式计算：

$$C_{\mathrm{sl},i}=ER_{\mathrm{c}}\sum_{j=1}^{m}W_{\mathrm{s},i,j}t_{i,j} \tag{5-43}$$

式中 $W_{\mathrm{s},i,j}$——第 i 年第 j 台冷水泵的设计额定功率，kW；

$\qquad t_{i,j}$——第 i 年第 j 台冷水泵设计工况下的等效小时数，h；

$\qquad m$——水泵台数，台。

热水泵、冷却水泵第 i 年的碳排放总量计算方法与冷水泵相同。

输配系统中冷却塔风机在运行阶段第 i 年的碳排放量应按下式计算：

$$C_{\mathrm{sf},i}=ER_{\mathrm{c}}\sum_{j=1}^{m}N_{i,j}t_{i,j} \tag{5-44}$$

式中 $N_{i,j}$——第 i 年 j 时刻冷却塔风机的额定功率，kW；

$\qquad t_{i,j}$——第 i 年 j 时刻冷却塔风机累计运行时间，h。

冷却塔风机碳排放量，根据冷却塔风机的设计功率及其对应的运行时间确定，冷却塔风机的耗功率按照不变频计算。

3. 空气处理系统

双冷源空调系统中单台空气处理设备第 i 年的碳排放量应按下式计算：

$$C_{m,i} = \sum_{j=1}^{m} \frac{ER_c G_{f,i,j} P_{f,i,j} t_{i,j}}{3600 \times 1000 \eta_{f,i,j}} \qquad (5\text{-}45)$$

式中　$C_{m,i}$——单台空气处理设备第 i 年的碳排放量，$kgCO_2$；

　　　$G_{f,i,j}$——第 i 年 j 时刻风机的设计流量，m^3/h；

　　　$P_{f,i,j}$——第 i 年 j 时刻风机的设计风压，Pa；

　　　$t_{i,j}$——第 i 年 j 时刻风机累计运行时间，h。

双冷源空调系统空气处理设备的碳排量应根据末端负载率与末端风机输入功率、运行时间进行计算。集中式空气处理系统中末端风机采用定频时，风机负载率按 100% 取值。末端风机采用变频时，风机负载率低于 30% 时，按 30% 取值；风机负载率大于或等于 30% 时，按实际负载率计算。分散式空气处理系统中末端风机 220V 电压配电时，输入功率按配电功率计算；380V 电压配电时，根据风机单位风量耗功率及风量计算。

双冷源空调系统空气处理系统的风机效率不变时，空气处理设备第 i 年的碳排放量可采用下式计算：

$$C_{m,i} = ER_c \sum_{j=1}^{m} N_{f,j} t_{i,j} \qquad (5\text{-}46)$$

式中　$N_{f,j}$——第 j 台空气处理设备的设计额定功率，kW；

　　　$t_{i,j}$——第 i 年第 j 台风机设计工况下的等效小时数，h；

　　　m——空气处理设备台数，台。

双冷源空调系统空气处理设备运行时间可参考现行国家标准《民用建筑供暖通风与空气调节设计规范》GB 50736 中的气象参数要求设计，空气处理设备包括集中式空气处理机组（又称组合式空气处理机组、柜式空气处理机组）、分散式空气处理机组（又称风机盘管）、通风风机、消防风机、人防风机等。

4. 管理系统

双冷源空调系统的管理系统第 i 年的碳排放量可采用下式计算：

$$C_{k,i} = ER_c \sum_{j=1}^{m} N_{k,j} t_j + C_{sk,i} \qquad (5\text{-}47)$$

式中　$C_{k,i}$——双冷源空调系统中的管理系统第 i 年的碳排放量，$kgCO_2$；

　　　$C_{sk,i}$——双冷源空调系统运行阶段控制阀门第 i 年的碳排放总量，$kgCO_2$；

　　　$N_{k,j}$——第 j 台控制设备的额定功率，kW；

　　　t_j——第 j 台控制设备的年运行时间，h；

　　　m——控制设备的数量，台。

管理系统中控制设备包括控制柜、变频器、电动开关阀、电动调节阀、传感器等耗电设备，管理系统的能耗较小时，碳排放量可忽略不计。

5. 可再生能源系统

可再生能源系统的碳排放量计算应包括地源热泵系统和地表水源热泵系统、空气源热泵系统、自然冷源系统等的碳排放量。双冷源空调系统采用光伏等可再生能源部分的碳排放量不应计入双冷源空调系统的碳排放总量。《绿色建筑评价标准（2024 年版）》GB/T 50378—2019 对可再生能源的三种形式进行了规定：可再生能源提供的生活用热水、可再生能源提供的空调用冷量和热量、可再生能源提供的电量。这三种形式分别对应的是太阳能光热系统、地源热泵系统（包括地埋管式及水源式）、太阳能光伏发电系统等。

可再生能源产生的能量应在对应的双冷源空调系统能源消耗量中直接扣除。严格意义上讲，双冷源空调系统并无可再生能源，不论是地源热泵系统、地表水源热泵系统还是采用了自然冷源的双冷源空调系统，仅仅是能源消耗比较小的双冷源空调系统，不产生直接碳排放，但是产生间接碳排放。

5.4.3 安装、运行和拆除阶段碳排放计算

安装、运行和拆除阶段宜采用统计法计算双冷源空调系统的碳排放量。统计法是指通过建立的双冷源空调系统能耗监测系统获取系统安装、运行、拆除阶段能耗，根据收集的各类数据，进行统计分析后获取实际运行数据，进而获得目标建筑双冷源空调系统的碳排放数据。

双冷源空调系统安装阶段的碳排放量应包括完成各分部分项工程施工及系统调试过程产生的碳排放量和各项措施项目实施过程中产生的碳排放量。双冷源空调系统安装阶段的碳排放量的计算边界应从项目开工起至项目竣工验收；施工场地区域内的机械设备、小型机具、临时设施等使用过程中消耗的能源产生的碳排放量应计入；现场制作的构件所产生的碳排放量应计入；工程配套的强电、弱电系统工程产生的碳排放量应计入；安装施工管理及附属临时用房等临时设施的施工和拆除产生的碳排放量可不计入。

1. 安装阶段碳排放量计算

双冷源空调系统安装阶段的碳排放量应按下式计算：

$$C_A = \sum_{j=1}^{m} E_{A,j} ER_j \tag{5-48}$$

式中 C_A——双冷源空调系统安装阶段的碳排放量，$kgCO_2$；

$E_{A,j}$——双冷源空调系统安装阶段第 j 类能源总用量，kWh 或 kg；

ER_j——第 j 类能源的二氧化碳排放因子，$kgCO_2/kWh$ 或 $kgCO_2/kJ$，按现行国家标准《建筑碳排放计算标准》GB/T 51366 或政府机构公布的区域电网平均二氧化碳排放因子取值。

双冷源空调系统安装阶段的碳排放量宜采用施工工序能耗估算法计算，可按

下式计算：

$$C_A = ER_c(E_{fx} + E_{cs}) \tag{5-49}$$

式中　C_A——双冷源空调系统安装阶段的碳排放量，$kgCO_2$；

　　　E_{fx}——双冷源空调系统分部分项工程总能源用量，kWh 或 kg；

　　　E_{cs}——双冷源空调系统措施项目总能源用量，kWh 或 kg；

　　　ER_c——双冷源空调系统安装阶段能源的二氧化碳排放因子，$kgCO_2/kWh$ 或 $kgCO_2/kg$。

双冷源空调系统分部分项工程总能源用量应按下式计算：

$$E_{fx} = \sum_{i=1}^{n} Q_{fx,i} f_{fx,i} \tag{5-50}$$

$$f_{fx,i} = \sum_{j=1}^{n} T_{i,j} R_j + E_{jj,i} \tag{5-51}$$

式中　$Q_{fx,i}$——双冷源空调系统分部分项工程中第 i 个项目的工程量，工程量计量单位；

　　　$f_{fx,i}$——双冷源空调系统分部分项工程中第 i 个项目的能耗系数，kWh/工程量计量单位；

　　　$T_{i,j}$——第 i 个项目单位工程量第 j 种施工机械台班消耗量，台班；

　　　R_j——第 i 个项目第 j 种施工机械单位台班的能源用量，kWh/台班，按《建筑碳排放计算标准》GB/T 51366—2019 附录 C 确定；

　　　$E_{jj,i}$——第 i 个项目中小型施工机具不列入机械台班消耗量，但其消耗的能源列入材料的部分能源用量，kWh。

管道支吊架、垂直运输等不构成工程实体且可计算工程量的措施项目，其能源用量应按下式计算：

$$E_{cs} = \sum_{i=1}^{n} Q_{cs,i} f_{cs,i} \tag{5-52}$$

$$f_{cs,i} = \sum_{j=1}^{n} T_{A-i,j} R_j \tag{5-53}$$

式中　$Q_{cs,i}$——措施项目中第 i 个项目的工程量，工程量计量单位；

　　　$f_{cs,i}$——措施项目中第 i 个项目的能耗系数，kWh/工程量计量单位；

　　　$T_{A-i,j}$——第 i 个措施项目单位工程量第 j 种施工机械台班消耗量，台班。

2. 拆除阶段碳排放量计算

双冷源空调系统拆除阶段的碳排放量应包括人工拆除、使用机械设备消耗的各种能源动力及垃圾外运产生的碳排放量。双冷源空调系统拆除阶段的用电配电箱应设置计量装置。

双冷源空调系统拆除阶段碳排放量的计算边界应从拆除起至分解拆除并从楼层运出，至材料存放场地止；施工场地区域内的机械设备、小型机具、临时措施等使用过程中消耗的能源产生的碳排放量应计入；用于拆除作业的部件现场加工产生的碳排放量应计入；与双冷源空调系统工程配套的强电、弱电系统工程产生的碳排放量应计入；安装使用的办公用房、生活用房和材料库房等临时设施的施工和拆除产生的碳排放量可不计入。空调系统静力破损拆除及机械整体性拆除的能源用量应根据拆除专项方案确定。

双冷源空调系统拆除阶段的碳排放量应按下式计算：

$$C_{Ch} = \sum_{j=1}^{m} E_{Ch,j} ER_j \tag{5-54}$$

式中　C_{Ch}——双冷源空调系统拆除阶段的碳排放量，$kgCO_2$；

$E_{Ch,j}$——双冷源空调系统拆除阶段第 j 类能源总用量，kWh 或 kg；

ER_j——第 j 类能源的二氧化碳排放因子，$kgCO_2/kWh$ 或 $kgCO_2/kJ$，按现行国家标准《建筑碳排放计算标准》GB/T 51366 或政府机构公布的区域电网平均二氧化碳排放因子取值。

双冷源空调系统人工拆除和机械拆除的能源用量应按下式计算：

$$E_{Ch} = \sum_{i=1}^{n} Q_{Ch,i} f_{Ch,i} \tag{5-55}$$

$$f_{Ch,i} = \sum_{j=1}^{n} T_{Bi,j} R_j + E_{jj.i} \tag{5-56}$$

式中　E_{Ch}——双冷源空调系统人工和机械拆除的能源用量，kWh 或 kg；

$Q_{Ch,i}$——第 i 个拆除项目的工程量，工程量计量单位；

$f_{Ch,i}$——第 i 个拆除项目每计量单位的能耗系数，kWh/工程量计量单位或 kg/工程量计量单位；

$T_{Bi,j}$——第 i 个拆除项目单位工程量第 j 种施工机械台班消耗量，台班。

本章参考文献

[1] LIU J, SHE X H, ZHANG X S, et al. Experimental study of a novel double tempera-ture chiller based on R32/R236fa [J]. Energy Conversion and Management, 2016, 124: 618-626.

[2] JING Y, GE T S, WANG R Z, et al. Experimental investigation on a novel temperature and humidity independent control air conditioning system-Part I: Cooling condition [J]. Applied Thermal Engineering, 2014, 73 (1): 784-793.

[3] ZHAO K, LIU X H, ZHANG T, et al. Performance of temperature and humidity inde-pendent control air-conditioning system in an office building [J]. Energy and Buildings, 2011, 43 (8): 1895-1903.

[4] 田向宁，丁德，杨毅. 双冷源空调系统空气处理过程的探讨 [J]. 流体机械，2014，42 (9): 72-76.

[5] 刘鹏. 双冷源空调在某学校项目上的应用探讨分析 [J]. 建筑热能通风空调，2018，37 (5): 34-37.

[6] 罗婷，胡文斌. 双温冷源空调系统中高温冷源温度设定值研究 [J]. 科学技术与工程，

2012，12 (23)：5925-5928.

[7]　张亚立，徐阳，金华国. 双盘管冷源温湿度独立控制系统新风送风方式研究 [J]. 暖通空调，2016，46 (6)：87-90.

[8]　中国工程建设标准化协会. 双冷源空调系统设计标准：T/CECS 1677—2024 [S]. 北京：中国建筑工业出版社，2024.

[9]　田向宁，毛颖杰，李翠敏. 双冷源梯级空调系统的节能率分析 [J]. 流体机械，2020，48 (10)：71-75.

[10]　刘晓华. 温湿度独立控制空调系统 [M]. 北京：中国建筑工业出版社，2006.

[11]　田向宁，李宁. 千岛湖地区千岛湖景区双冷源温湿耦合的空调系统研究 [J]. 建筑科学，2017，32 (10)：171-175.

[12]　柴菁. 空调系统热经济学分析与优化 [D]. 济南：山东建筑大学，2007.

[13]　于丹，陆亚俊. 冷水大温差对表冷器及风机盘管性能的影响 [J]. 暖通空调，2004，34 (3)：77-79.

[14]　初春玲，周俊彦. 圆形断面净化空调机组相关问题的探讨湿过程理论研究 [J]. 暖通空调，2013，43 (3)：99-10.

[15]　中国工程建设标准化协会. 民用建筑暖通空调系统碳排放计算标准：T/CECS 1653—2024 [S]. 北京：中国计划出版社，2024.

第6章 应用方案

6.1 千岛湖景区双冷源空调系统应用方案

千岛湖景区位于浙江省淳安县境内，属于国家 5A 级自然旅游景区。千岛湖景区地处亚热带中部，属亚热带季风气候区，冬季受北方高压控制，盛行西北风，以晴冷干燥天气为主，低温少雨；夏季受太平洋副热带高压控制，以东南风为主，高温湿热。千岛湖湖区水容量约为 178.4 亿 m^3，水质达到国家 I 类地面水水质标准；千岛湖湖区最深处达 100m，平均深度 34m；千岛湖湖区从水面到水面下 10m 处为变温层，水温在 10～30℃ 之间变动；10～25m 之间为温跃层，水温随深度发生变化，大约从 26℃ 降到 10℃，水深每增加 1m，水温下降约 1℃，从水深 25m 至湖底为滞温层，水温常年保持稳定，其中上半年滞温层为 25m 以下，下半年为 35m 以下，水温常年保持在 10℃ 左右[1]。

千岛湖景区内采用集中式空调系统的公共建筑有十几个，总建筑面积数十万平方米，由于千岛湖湖区优良的水质、水温条件，完全具备条件采用双冷源温湿耦合空调系统，可以间接采用千岛湖湖水作为高温冷源提供 14℃/19℃ 的高温冷水，低温冷源采用水源热泵提供 7℃/12℃ 的低温冷水，空调末端可以采用温湿耦合空气处理过程，输配系统采用四管制系统。但极为可惜的是，千岛湖景区的所有公共建筑几乎全部采用水源热泵空调系统，极个别公共建筑采用溶液调湿空调系统，且其高温冷水系统采用高温水源热泵机组。这种空调系统冷热源均为水源热泵机组，空调水输配系统采用两管制一次泵定频或者二次泵变频的系统，空调末端空气处理过程采用传统的温湿耦合空气处理过程。溶液调湿空调系统的高温冷源采用高温水源热泵机组，夏季供/回水温度一般为 14℃/19℃ 的高温冷水，冬季热源也采用水源热泵机组，提供 50℃/40℃ 的热水供空调系统供暖使用，高温冷水输配系统采用两管制的一次泵定频或者二次泵变频的系统，空气处理过程采用温湿解耦的空气处理过程，空气处理机组采用溶液除湿的专用新风机组或者集中式机组。

虽然千岛湖湖水作为冷却水的水源热泵能效比已经高于常规水源热泵机组，但是在具备优良水质、水温条件的千岛湖景区内，本可以通过技术手段最大限度地降低空调系统能耗，由于各种原因却未能实现，造成能源浪费。

由于千岛湖广阔的湖水水面及水容量，经过深入分析发现，周边建筑集中取热或者取冷不会对千岛湖水体常年温度或季节性水温深度分布产生影响。

6.1.1　冷源系统

双冷源空调系统在千岛湖景区的冷源配置方案如图 6-1 所示，高温冷源和低温冷源采用并联的方式联合供冷，高温冷源的供冷量和低温冷源的供冷量之和等于建筑物夏季总空调逐时计算冷负荷。高温冷源采用板式换热器，一次侧直接采用 10～12℃的千岛湖湖水，二次侧为高温冷源的供回水，供水温度可采用 12～14℃的高温水，供回水温差一般取 5℃；低温冷源采用水源热泵机组，提供 7℃的低温冷水，供回水温差一般取 5℃，水源热泵机组的冷却水可直接采用千岛湖湖水。若水源热泵机组直接采用温度低于 12℃的千岛湖湖水，导致水源热泵机组无法正常启动，可以采用经过板式换热器换热后的 12～17℃湖水。

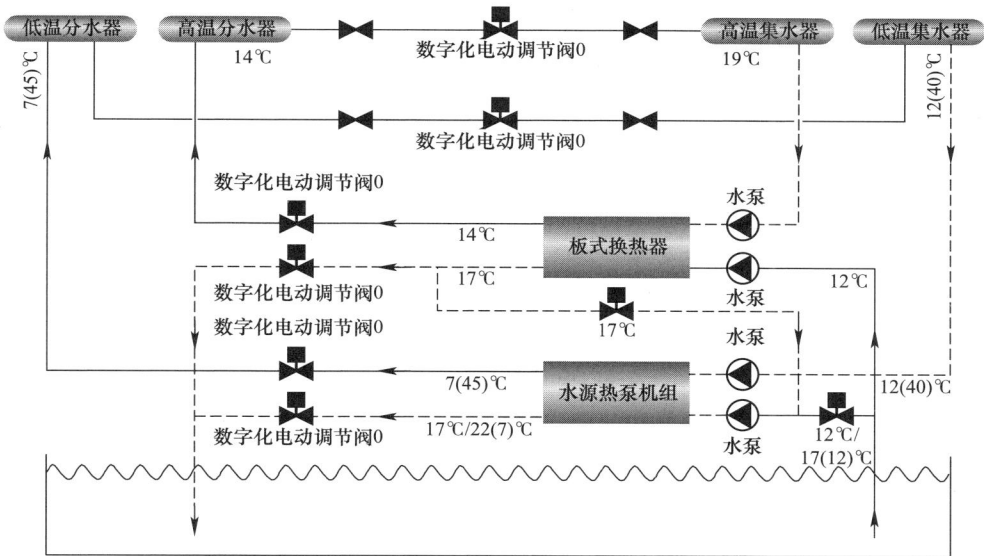

图 6-1　双冷源空调系统在千岛湖景区的冷源配置方案

6.1.2　输配系统

在千岛湖景区，高温冷源可采用千岛湖湖水，输配系统只能采用双冷源并联四管制空调水系统，如图 6-1 所示。

6.1.3　空气处理系统

1. 双冷源温湿耦合集中式空气处理过程

双冷源空调系统的空气处理方式为温湿耦合空气处理过程。如图 6-2 所示。先利用高温冷源将室外新风处理到状态点 L_1（该点空气干球温度为 t_L），同时将室内回风处理到状态点 L_2（该点空气的干球温度等于 t_L，相对湿度≤90%且大

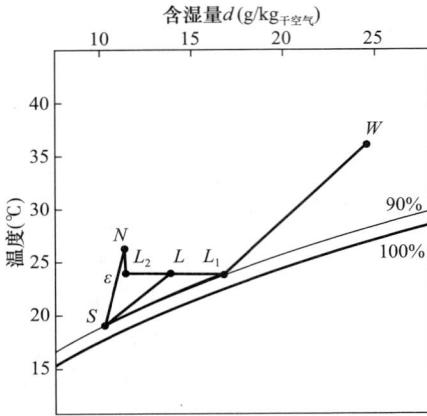

图 6-2 空气处理过程

于房间相对湿度的设计值），再将新风与室内回风混合至状态点 L（该点空气的干球温度为 t_L，相对湿度介于状态点 L_1 和状态点 L_2 之间），最后利用低温冷源处理到露点送风状态点 S（该点的干球温度即为送风温度 t_S），最后送到室内。

由图 6-2 可以看出，高温冷源承担的空调负荷 Q_1 可通过式（6-1）计算，低温冷源承担的空调负荷 Q_2 可通过式（6-2）计算：

$$Q_1 = \rho L \left[m(H_W - H_{L_1}) + (1-m)(H_n - H_{L_2}) \right] \tag{6-1}$$

$$Q_2 = \rho L (H_L - H_S) \tag{6-2}$$

式中，状态点 L_1 的空气焓值 H_{L_1}、状态点 L_2 的空气焓值 H_{L_2} 和混合状态点的空气焓值 H_L 可通过式（6-3）~式（6-5）计算：

$$H_{L_1} = 1.01 t_L + 0.001 d_{L_1}(2500 + 1.84 t_L) \tag{6-3}$$

$$H_{L_2} = 1.01 t_L + 0.001 d_n(2500 + 1.84 t_L) \tag{6-4}$$

$$H_L = (1-m)H_{L_2} + m H_{L_1} \tag{6-5}$$

式中　d_{L_1}——状态点 L_1 的空气含湿量，g/kg$_{干空气}$；

d_n——室内空气含湿量，g/kg$_{干空气}$；

t_L——状态点 L、L_1、L_2 的空气干球温度，℃；

m——新风比。

空气处理过程对应的空气处理机组原理如图 6-3 所示。

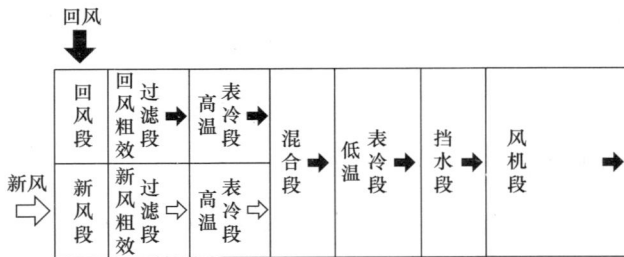

图 6-3 空气处理机组原理图

图 6-3 中所示空气处理机组不仅可以实现温湿耦合空气处理过程，还可以实现温湿解耦空气处理过程，该空气处理机组根据回风温湿度和新风温度可以自动选择空气耦合或者温湿解耦的空气处理过程，优先选择能耗较低的空气处理过程。

2. 双冷源温湿耦合分散式空气处理过程

在双冷源温湿解耦的空气—水处理过程中，新风依次采用高温冷水和低温冷水冷却除湿处理，风机盘管采用高温冷水。但是在双冷源温湿耦合的空气—水系统中，恰好相反，风机盘管采用低温冷水，新风系统只采用高温冷水，采用这种空气—水的处理过程的优点有两个：一是避免了新风再热问题，二是避免了风机盘管因采用高温表冷器而导致其体积增大的问题。

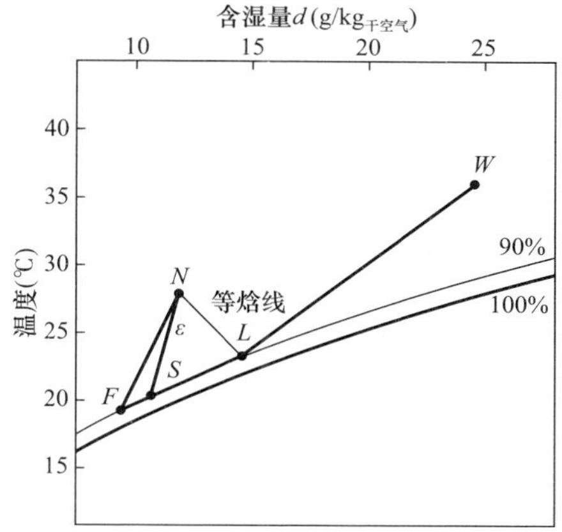

图 6-4　温湿耦合的空气—水系统处理过程

双冷源温湿耦合的空气—水处理过程在焓湿图上的表示如图 6-4 所示。室外新风利用高温冷水处理至状态点 L（相对湿度为 90%），且状态点 L 为室内空气状态点 N 的等焓点（或者室内空气状态点的等含湿量点）；室内回风利用低温冷水处理至状态点 F，且与新风混合至送风状态点 S，送入室内。

由以上分析可以看出：①在空气—水处理过程中，高温冷源承担了全部的新风负荷，低温冷源承担了全部的室内负荷。②当露点送风温度高于高温冷源供水温度时，双冷源空调系统可以实现纯自然冷源供冷，此时，空调冷源的能耗基本为零。

6.1.4　经济性分析

由以上分析可以看出，与常规的冷水机组加冷却塔形式相比，在千岛湖景区采用双冷源温湿耦合空调系统可以直接利用千岛湖湖水作为高温冷源，通常情况下，高温冷源可以承担 30%～70% 的空调负荷，因而整个空调系统的冷源能耗可以降低 30%～70%。

水源热泵机组不仅是夏季空调系统的低温冷源而且也是冬季空调系统的热源，因此水源热泵机组容量按照冬季热负荷选取，占总冷负荷的 50%～60%，因而整个空调系统的初投资可以降低 40%～50%。

任何空调系统的初投资均与建筑物类型、建筑规模以及后期的运行管理模式等诸多因素密切相关，双冷源温湿耦合空调系统也不例外，关于其经济性的定量分析需针对不同的建筑规模和类型分别讨论。

综上所述可知：①在千岛湖景区，集中式空调系统直接利用千岛湖湖水作为高温冷源、水源热泵机组作为低温冷源的双冷源系统，输配系统采用独立的高、低温冷水供回水系统的四管制系统，空气末端采用温湿耦合空气处理过程，系统能耗不仅低于单冷源温湿耦合空调系统，而且系统初投资也可大大降低。②双冷源温湿耦合空调系统在过渡季节或者建筑潜热负荷较小时，可以实现纯自然冷源供冷。双冷源空调系统将自然冷源作为高温冷源引入空调系统的空气处理中来，在满足舒适度的前提下，真正意义上实现了空调系统的"免费供冷"。

6.2 杭州市特殊康复中心双冷源空调系统应用方案

6.2.1 工程概况

杭州市特殊康复中心位于浙江省杭州市，总建筑面积为 30500m²，建筑高度为 59.85m。其中地上 13 层，面积为 24500m²；地下 1 层，面积为 6000m²。夏季设计逐时冷负荷为 3810kW，冬季设计热负荷 2001.4kW。

6.2.2 冷热源系统设计

该项目周边无自然冷源可以利用，设计采用高、低温冷源串联的两管制空调系统；项目对房间内温湿度无特殊要求，仅要求为舒适性空调，室内设计干球温度为 26℃±1℃，相对湿度≤70%，且项目的空调系统初投资有限，因此采用温湿耦合空气处理过程。空调冷源选用 2 台制冷量为 2039kW 的水冷离心式冷水机组（装机余量 5.0%），一台机组作为高温冷源，另一台作为低温冷源，采用串并联的连接方式组成冷源系统。热源系统采用 2 台制热量为 1400kW 的燃气真空热水机组与冷源系统并联，如图 6-5 所示。

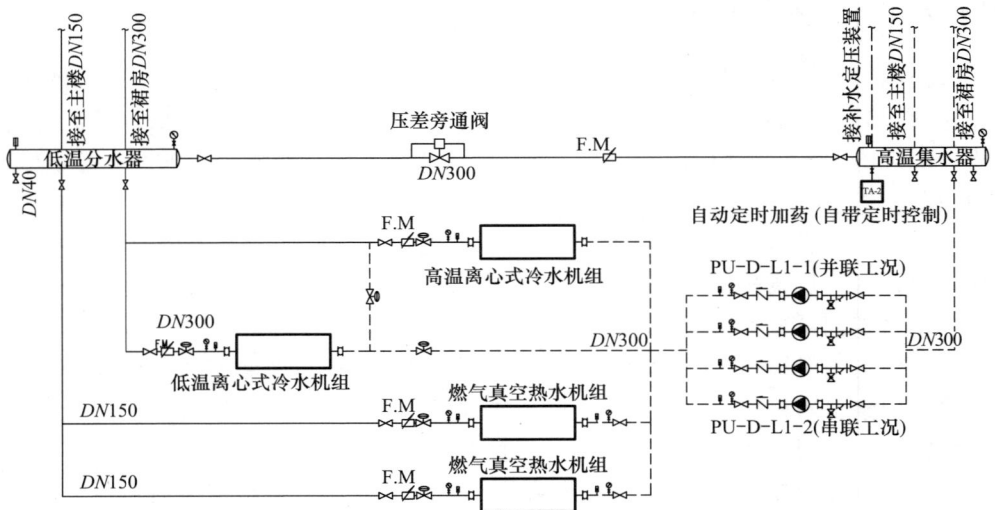

图 6-5 双冷源空调系统图

6.2.3　冷热源供回水温度设计

与单冷源空调系统不同，双冷源空调系统冷源的供回水温度有多种方案可供选择，需要通过计算不同供回水温度的系统能耗选择能耗最低的供回水温度。高、低温冷源串联的两管制空调系统供/回水温度有 6℃/16℃、7℃/17℃、8℃/16℃、9℃/17℃等多种方案，假定该项目空调冷源能耗、空气处理机组能耗、冷水输配系统能耗、冷却水系统能耗分别占系统总能耗的 51%、26%、12%、11%，可以估算出不同供回水温度下系统的节能率，如图 6-6 所示。

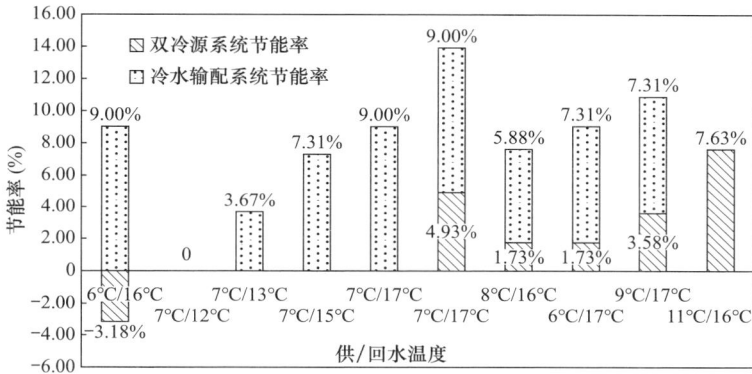

图 6-6　不同供/回水温度下系统的节能率

由图 6-6 可知，高、低温冷源串联的两管制空调系统供/回水温度 7℃/17℃时，估算系统节能率最高（13.93%），其中双冷源系统的节能率为 9.00%，冷水输配系统的节能率为 4.93%，因此该项目采用 7℃/17℃ 的供冷方案。冷源系统有三种运行工况，分别是高、低温冷源联合供冷工况、单独供冷工况、过渡季节高温冷源供冷工况。高、低温冷源联合供冷工况下，高温冷水供/回水温度为 7℃/17℃；单独供冷工况下，冷水供/回水温度为 7℃/12℃ 或者 12℃/17℃；过渡季节，高温冷源供冷工况下，冷水供/回水温度为 7℃/12℃，如图 6-6 所示。

6.2.4　输配系统设计

双冷源温湿耦合的两管制空调输配系统设计有高、低温冷源串联和高、低温冷源并联两种工况，需要分别计算不同运行工况下的水泵设计参数。高、低温冷源并联工况下，设计采用 2 台变频单级卧式离心冷水泵，流量为 200m^3/h、扬程为 37mH_2O；高、低温冷源串联工况下，设计采用 2 台变频单级卧式离心冷水泵，流量为 200m^3/h、扬程为 24mH_2O。经过计算，冬季供热工况下输配系统水泵流量为 112m^3/h、扬程为 18mH_2O，供热工况下水泵的设计参数与高、低温冷源串联工况下水泵设计参数接近且水泵为变频水泵，因此冬季供热系统可采用串联工况下的变频单级卧式离心冷水泵，以减少系统初投资，也可以单独选择两台供水泵用于冬季供热工况。当供水温度为 7℃ 时，输配系统能耗及水泵效率随供回水温差的变化曲线如图 6-7 所示。

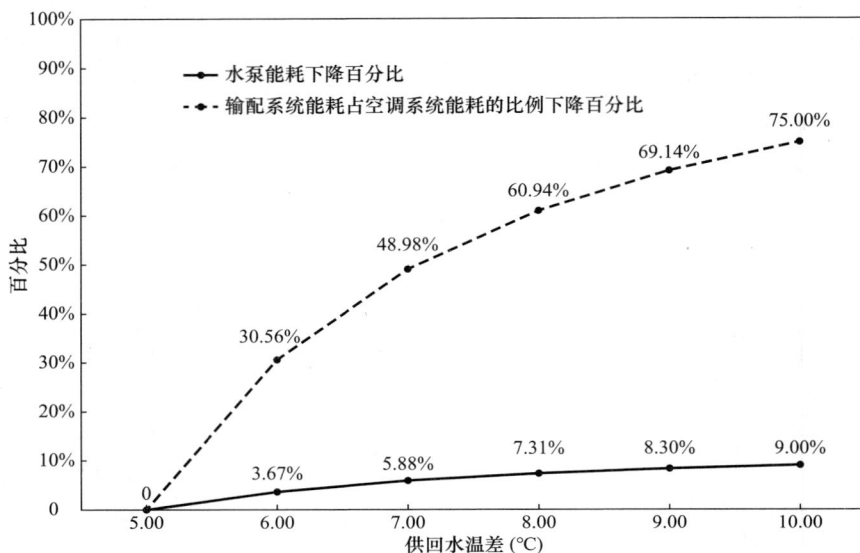

图 6-7　水泵能耗及输配系统能耗占空调系统能耗的比例下降百分比随供回水温差的变化曲线（供水温度为 7℃）

6.2.5　空气处理机组设计

双冷源空调系统的空气处理过程与冷源、输配系统的配置有关，在双冷源温湿耦合的两管制空调系统中，空气处理机组供/回水温度有 7℃/12℃、7℃/17℃ 和 12℃/17℃ 三种运行工况，需要分别计算空气处理机组表冷器在不同运行工况下的换热量。表冷器的换热量可由下式计算：

$$Q = KF\lambda \frac{\Delta t_1 - \Delta t_2}{\ln \dfrac{\Delta t_1}{\Delta t_2}} \tag{6-6}$$

式中　Q——表冷器换热量，kW；

　　　K——表冷器换热系数，W/(m² · K)；

　　　F——表冷器换热面积，m²；

　　　λ——修正系数，表冷器中空气与水之间为交叉流时，通常取 0.8～0.95；
　　　　　表冷器中空气与水之间为逆流时，取 1；

　　　Δt_1——流体入口端的温差（高温侧温差），℃；

　　　Δt_2——流体出口端的温差（低温侧温差），℃。

由式（6-6）可知，表冷器的换热量与表冷器的换热系数、换热面积、空气与水之间的流动形式、对数换热温差有关。双冷源温湿耦合空气处理机组的表冷器采用空气与水逆流的换热结构，在给定换热面积和换热系数的条件下，表冷器的换热量与对数换热温差成正比。因此，可以计算出在不同供回水温差条件下，对数换热温差随供水温度的变化曲线，如图 6-8 所示。

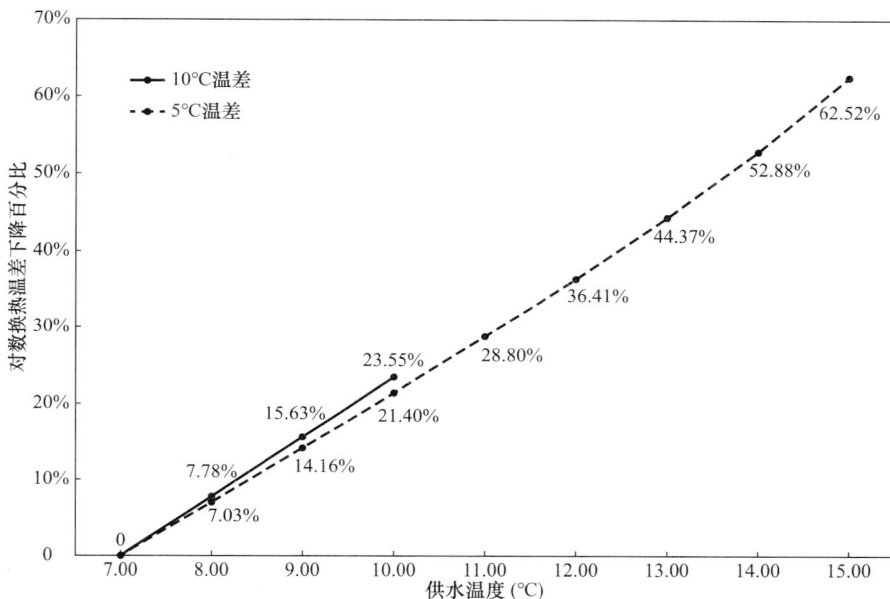

图 6-8　对数换热温差随供水温度的变化曲线

由图 6-8 可知，表冷器设计供/回水温度为 7℃/17℃时，当供水温度升高至 10℃时，空气与水之间的对数换热温差下降 23.55％；表冷器设计供/回水温度为 7℃/12℃时，当供水温度升高至 10℃时，空气与水之间的对数换热温差下降 21.40％。在双冷源空调系统中，表冷器通常采用增加换热面积的方法来保持换热量恒定不变，当换热面积增加后，必须校核表冷器的水阻力和空气阻力，以防因表冷器水阻力过大导致水泵能耗增加和空气阻力增加而导致风机能耗增加，表冷器的选型可参考本书附录 A。分别以 10000m³/h 和 20000m³/h 的风量为例，绘制出表冷器的水阻力在不同盘管数时的变化曲线，如图 6-9、图 6-10 所示。

由图 6-9、图 6-10 可知，在双冷源空调系统中，表冷器中空气水之间的对数温差减小后，可以通过优化盘管翅片的间距、盘管管径等方式降低表冷器水阻力和空气阻力，使得表冷器无论在新风工况还是回风工况下，供/回水温度无论是 7℃/17℃还是 7℃/12℃，其最大水阻力不超过 40kPa。以风量为 10000m³/h 的空气处理机组为例，当表冷器为 8 排盘管时，回风工况下供/回水温度为 7℃/17℃时水阻力为 29.16kPa，供/回水温度为 7℃/12℃时水侧阻力为 29.50kPa；当表冷器为 8 排盘管时，新风工况下供/回水温度为 7℃/17℃时水阻力为 28.10kPa，供/回水温度为 7℃/12℃时水阻力为 25.05kPa。综上所述，在双冷源空调系统中，当表冷器换热面积增加后，可以通过优化盘管翅片的间距、盘管管径等表冷器物理结构，避免因表冷器换热面积增加导致输配系统能耗的增加。

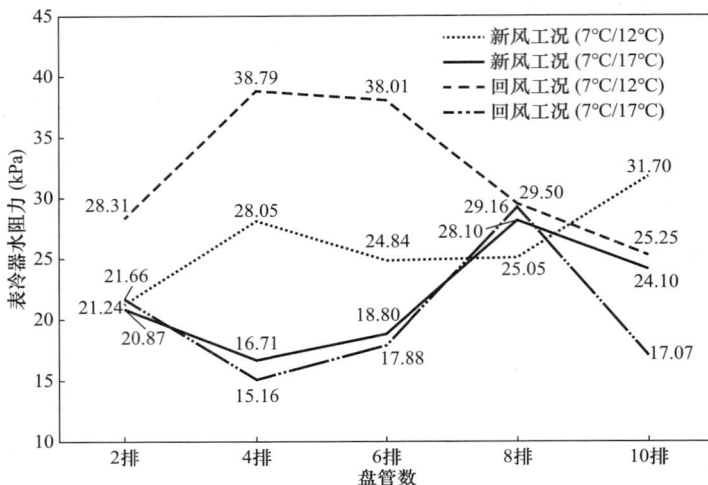

图 6-9　表冷器水阻力在不同盘管数时的变化曲线（风量为 $10000\text{m}^3/\text{h}$）

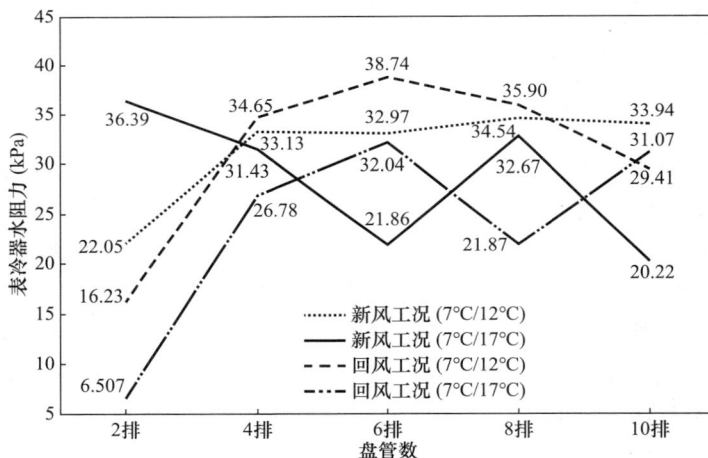

图 6-10　表冷器水阻力在不同盘管数时的变化曲线（风量为 $20000\text{m}^3/\text{h}$）

分别以 $10000\text{m}^3/\text{h}$ 和 $20000\text{m}^3/\text{h}$ 的风量为例，绘制出表冷器空气阻力在不同盘管数时的变化曲线，如图 6-11 所示。

由图 6-11 可知，在双冷源空调系统中，表冷器空气阻力与盘管数成正比，表冷器盘管每增加 2 排，空气阻力增加 20Pa 左右。当表冷器的供/回水温度由

7℃/12℃变化到 7℃/17℃时，其空气阻力相对整个空气处理机组的能耗极小，可忽略不计。

通过以上分析可知，在双冷源空调系统设计过程中，应先计算空调夏季逐时冷负荷，然后根据建筑室内需求选择空气处理过程，再根据空气处理过程设计冷源系统和输配系统，最后校核空气处理机组表冷器的水阻力和空气阻力，根据附录 A 选择表冷器。

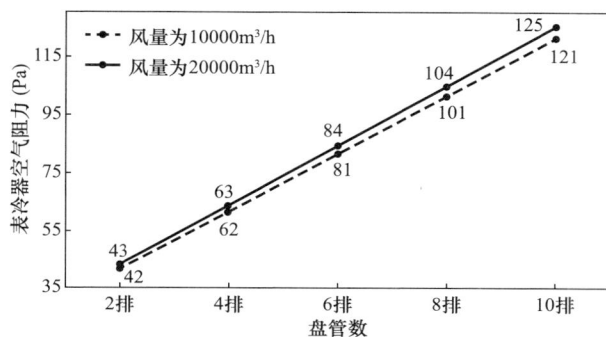

图 6-11　表冷器空气阻力在不同盘管数时的变化曲线

本章参考文献

[1]　田向宁，李宁．千岛湖景区双冷源温湿耦合的空调系统研究［J］．建筑科学，2017，33（10）：171-175.

附　　录

附录 A　表冷器性能参数[①]

集中式表冷器性能参数宜按照表 A-1～表 A-4 选取。

8 排管集中式表冷器新风工况性能参数表　　　　　表 A-1

风量 （m³/h）	进出水温差 ΔT（℃）	进水温度（℃）								
		7			8			9		
		全热 （kW）	水量 （L/s）	水阻力 （kPa）	全热 （kW）	水量 （L/s）	水阻力 （kPa）	全热 （kW）	水量 （L/s）	水阻力 （kPa）
1000	8	18.50	0.55	29.00	16	0.400	11.0	17	0.510	25.0
	10	16.30	0.40	12.00	—	—	—	—	—	—
1500	8	28.00	0.83	23.00	25	0.600	27.0	27	0.800	64.0
	10	26.20	0.60	30.00	—	—	—	—	—	—
2000	8	39.20	1.17	39.00	36	0.900	42.0	36	1.070	33.0
	10	37.30	0.90	46.00	—	—	—	—	—	—
2500	8	44.40	1.32	57.00	41	1.000	61.0	41	1.220	48.0
	10	42.40	1.00	66.00	—	—	—	—	—	—
3000	8	51.90	1.55	36.00	49	1.200	69.0	48	1.420	31.0
	10	50.80	1.20	57.00	—	—	—	—	—	—
4000	8	68.10	2.03	21.00	64	1.500	52.0	66	1.960	60.0
	10	67.10	1.60	57.00	—	—	—	—	—	—
5000	8	88.20	2.63	41.00	83	2.000	68.0	81	2.410	35.0
	10	83.60	2.00	45.00	—	—	—	—	—	—
6000	8	107.00	3.19	41.00	96	2.300	44.0	98	2.920	35.0
	10	100.80	2.40	48.00	—	—	—	—	—	—
7000	8	127.40	3.80	66.00	116	2.800	61.0	117	3.490	56.0
	10	120.70	2.90	67.00	—	—	—	—	—	—
8000	8	147.20	4.39	73.00	134	3.200	63.0	135	4.030	62.0
	10	140.20	3.30	70.00	—	—	—	—	—	—
9000	8	163.50	4.88	44.00	146	3.500	30.0	150	4.470	37.0
	10	152.50	3.60	33.00	—	—	—	—	—	—
10500	8	180.50	5.39	58.00	162	3.900	40.0	166	4.940	50.0
	10	169.50	4.00	44.00	—	—	—	—	—	—

---

① 数据来源：《双冷源空调系统设计标准》T/CECS 1677—2024 附录 D。

风量 （m³/h）	进出水 温差 ΔT （℃）	进水温度（℃）								
		7			8			9		
		全热 （kW）	水量 （L/s）	水阻力 （kPa）	全热 （kW）	水量 （L/s）	水阻力 （kPa）	全热 （kW）	水量 （L/s）	水阻力 （kPa）
12000	8	220.80	6.59	66.00	197	4.700	48.0	203	6.050	56.0
	10	206.40	4.90	52.00	—	—	—	—	—	—
13500	8	244.30	7.29	66.00	218	5.200	45.0	224	6.680	56.0
	10	228.70	5.50	50.00	—	—	—	—	—	—
15000	8	270.90	8.09	64.00	241	5.800	46.0	248	7.410	54.0
	10	252.60	6.00	50.00	—	—	—	—	—	—

注：工况参数：8排管新风工况，进风干球温度35℃，湿球温度28℃。

8排管集中式表冷器回风工况性能参数表　　　　表A-2

风量 （m³/h）	进出水 温差 ΔT （℃）	进水温度（℃）								
		7			8			9		
		全热 （kW）	水量 （L/s）	水阻力 （kPa）	全热 （kW）	水量 （L/s）	水阻力 （kPa）	全热 （kW）	水量 （L/s）	水阻力 （kPa）
1000	8	8.10	0.24	7.00	—	—	—	7.80	0.23	43.00
	10	8.10	0.20	23.00	7.30	0.20	19.00	—	—	—
1500	8	13.40	0.40	19.00	—	—	—	10.90	0.33	13.00
	10	12.80	0.30	59.00	11.60	0.30	49.00	—	—	—
2000	8	19.00	0.57	33.00	—	—	—	15.70	0.47	24.00
	10	15.70	0.40	10.00	16.70	0.40	66.00	—	—	—
2500	8	21.60	0.65	50.00	—	—	—	18.10	0.54	36.00
	10	18.80	0.40	16.00	16.90	0.40	13.00	—	—	—
3000	8	24.60	0.74	22.00	—	—	—	21.70	0.65	53.00
	10	22.70	0.50	24.00	20.50	0.50	20.00	—	—	—
4000	8	34.00	1.02	43.00	—	—	—	28.10	0.84	30.00
	10	31.40	0.70	46.00	28.40	0.70	38.00	—	—	—
5000	8	42.40	1.27	35.00	—	—	—	36.60	1.09	60.00
	10	40.90	1.00	48.00	37.20	0.90	64.00	—	—	—
6000	8	51.50	1.54	35.00	—	—	—	44.40	1.33	59.00
	10	49.30	1.20	54.00	44.80	1.10	69.00	—	—	—
7000	8	61.80	1.84	57.00	—	—	—	51.40	1.53	41.00
	10	55.80	1.30	44.00	50.60	1.20	37.00	—	—	—
8000	8	71.30	2.13	63.00	—	—	—	59.20	1.77	45.00
	10	64.90	1.60	46.00	58.80	1.40	38.00	—	—	—
9000	8	77.20	2.30	26.00	—	—	—	67.80	2.03	63.00
	10	74.60	1.80	64.00	67.70	1.60	54.00	—	—	—

风量 （m³/h）	进出水 温差 ΔT （℃）	进水温度（℃）								
		7			8			9		
		全热 （kW）	水量 （L/s）	水阻力 （kPa）	全热 （kW）	水量 （L/s）	水阻力 （kPa）	全热 （kW）	水量 （L/s）	水阻力 （kPa）
10500	8	86.00	2.57	35.00	—	—	—	71.00	2.12	25.00
	10	83.00	2.00	66.00	75.60	1.80	62.00	—	—	—
12000	8	105.40	3.15	40.00	—	—	—	87.10	2.60	28.00
	10	96.70	2.30	42.00	91.90	2.20	66.00	—	—	—
13500	8	115.80	3.46	40.00	—	—	—	95.30	2.85	28.00
	10	106.50	2.50	40.00	101.50	2.40	61.00	—	—	—
15000	8	128.60	3.84	38.00	—	—	—	105.90	3.16	27.00
	10	117.60	2.80	40.00	112.10	2.70	62.00	—	—	—

注：工况参数：8 排管回风工况，进风干球温度 27℃，湿球温度 19.5℃。

6 排管集中式表冷器新风工况性能参数表　　　　表 A-3

风量 （m³/h）	进出水 温差 ΔT （℃）	进水温度（℃）								
		7			8			9		
		全热 （kW）	水量 （L/s）	水阻力 （kPa）	全热 （kW）	水量 （L/s）	水阻力 （kPa）	全热 （kW）	水量 （L/s）	水阻力 （kPa）
1000	8	16.70	0.50	18.10	—	—	—	15.10	0.45	15.00
	10	16.30	0.40	59.00	15.60	0.40	54.00	—	—	—
1500	8	26.20	0.80	46.70	—	—	—	23.90	0.71	39.00
	10	22.40	0.50	17.00	21.10	0.50	15.00	—	—	—
2000	8	34.80	1.00	23.50	—	—	—	31.50	0.94	19.00
	10	32.80	0.80	27.00	31.10	0.70	25.00	—	—	—
2500	8	40.30	1.20	35.60	—	—	—	36.70	1.09	30.00
	10	38.20	0.90	41.00	36.40	0.90	37.00	—	—	—
3000	8	48.20	1.40	52.70	—	—	—	43.90	1.31	44.00
	10	45.80	1.10	60.00	43.60	1.00	55.00	—	—	—
4000	8	63.40	1.90	43.00	—	—	—	57.40	1.71	36.00
	10	58.40	1.40	33.00	55.40	1.30	30.00	—	—	—
5000	8	77.50	2.30	24.40	—	—	—	69.90	2.09	20.00
	10	76.80	1.80	64.00	73.10	1.70	59.00	—	—	—
6000	8	94.20	2.80	24.40	—	—	—	85.00	2.54	20.00
	10	92.40	2.20	58.00	87.90	2.10	62.00	—	—	—

风量 (m³/h)	进出水 温差 ΔT (℃)	进水温度（℃）								
		7			8			9		
		全热 (kW)	水量 (L/s)	水阻力 (kPa)	全热 (kW)	水量 (L/s)	水阻力 (kPa)	全热 (kW)	水量 (L/s)	水阻力 (kPa)
7000	8	113.90	3.40	40.10	—	—	—	103.30	3.08	33.00
	10	106.60	2.50	46.00	101.30	2.40	42.00	—	—	—
8000	8	131.20	3.90	44.70	—	—	—	118.90	3.55	37.00
	10	124.00	3.00	48.00	117.90	2.80	43.00	—	—	—
9000	8	150.20	4.50	62.30	—	—	—	136.40	4.07	52.00
	10	142.40	3.40	57.00	135.50	3.20	61.00	—	—	—
10500	8	166.70	5.00	84.10	—	—	—	151.80	4.53	60.00
	10	158.70	3.80	70.00	151.30	3.60	62.00	—	—	—
12000	8	203.90	6.10	94.30	—	—	—	185.80	5.55	69.00
	10	180.10	4.30	30.00	175.40	4.20	67.00	—	—	—
13500·	8	224.00	6.70	94.10	—	—	—	203.60	6.08	69.00
	10	197.70	4.70	28.00	194.30	4.60	62.00	—	—	—
15000	8	248.90	7.40	90.90	—	—	—	226.30	6.75	66.00
	10	218.30	5.20	29.00	215.50	5.10	62.00	—	—	—

注：工况参数：6 排管新风工况，进风干球温度 35℃，湿球温度 28℃。

6 排管集中式表冷器回风工况性能参数表　　表 A-4

风量 (m³/h)	进出水 温差 ΔT (℃)	进水温度（℃）								
		7			8			9		
		全热 (kW)	水量 (L/s)	水阻力 (kPa)	全热 (kW)	水量 (L/s)	水阻力 (kPa)	全热 (kW)	水量 (L/s)	水阻力 (kPa)
1000	8	7.30	0.22	37.00	—	—	—	6.80	0.20	26.00
	10	6.70	0.20	13.00	5.90	0.10	10.00	—	—	—
1500	8	11.10	0.33	10.00	—	—	—	10.70	0.32	51.00
	10	10.80	0.30	33.00	9.70	0.20	27.00	—	—	—
2000	8	16.30	0.49	19.00	—	—	—	13.00	0.39	13.00
	10	15.90	0.40	52.00	14.30	0.30	43.00	—	—	—
2500	8	19.10	0.57	30.00	—	—	—	15.60	0.47	21.00
	10	18.50	0.40	79.00	16.80	0.40	66.00	—	—	—
3000	8	22.90	0.68	44.00	—	—	—	18.80	0.56	31.00
	10	18.80	0.40	13.00	20.10	0.50	66.00	—	—	—

风量 (m³/h)	进出水温差 ΔT (℃)	进水温度 (℃)								
		7			8			9		
		全热 (kW)	水量 (L/s)	水阻力 (kPa)	全热 (kW)	水量 (L/s)	水阻力 (kPa)	全热 (kW)	水量 (L/s)	水阻力 (kPa)
4000	8	29.00	0.87	24.00	—	—	—	25.60	0.76	49.00
	10	26.10	0.60	25.00	23.10	0.60	20.00	—	—	—
5000	8	38.30	1.14	49.00	—	—	—	31.10	0.93	34.00
	10	35.00	0.80	50.00	31.40	0.70	41.00	—	—	—
6000	8	46.60	1.39	49.00	—	—	—	37.90	1.13	33.00
	10	42.10	1.00	53.00	37.70	0.90	44.00	—	—	—
7000	8	53.70	1.60	33.00	—	—	—	46.40	1.39	46.00
	10	51.40	1.20	68.00	46.30	1.10	62.00	—	—	—
8000	8	61.80	1.84	37.00	—	—	—	50.00	1.49	25.00
	10	59.70	1.40	51.00	53.80	1.30	65.00	—	—	—
9000	8	71.00	2.12	52.00	—	—	—	57.70	1.72	35.00
	10	63.20	1.50	36.00	56.40	1.30	29.00	—	—	—
10500	8	79.30	2.37	71.00	—	—	—	64.90	1.94	49.00
	10	71.40	1.70	49.00	64.10	1.50	41.00	—	—	—
12000	8	97.10	2.90	79.00	—	—	—	79.60	2.38	45.00
	10	86.80	2.10	58.00	77.90	1.90	48.00	—	—	—
13500	8	106.10	3.17	78.00	—	—	—	86.50	2.58	44.00
	10	95.10	2.30	54.00	85.10	2.00	45.00	—	—	—
15000	8	118.00	3.52	76.00	—	—	—	96.20	2.87	52.00
	10	105.00	2.50	55.00	94.00	2.20	45.00	—	—	—

注：供冷工况参数：6排管回风工况，进风干球温度27℃，湿球温度19.5℃。

分散式空气处理机组性能参数宜按照表 A-5～表 A-16 选取。

分散式空气处理机组选型表　　　　　　　　　表 A-5

性能参数		型号								
		FP-34	FP-51	FP-68	FP-85	FP-102	FP-136	FP-170	FP-204	FP-238
额定风量 (m³/h)	高	340	510	680	850	1020	1360	1700	2040	2380
	中	255	383	510	638	765	1020	1275	1530	1785
	低	170	255	340	425	510	680	850	1020	1190
供冷量 (W)	高	2022	2830	3858	4246	5263	6650	9053	9791	11629
供热量 (W)	高	3522	5040	6584	7957	9454	12443	15941	18632	21683

续表

性能参数		型号								
		FP-34	FP-51	FP-68	FP-85	FP-102	FP-136	FP-170	FP-204	FP-238
水量（L/s）	高	0.05	0.067	0.100	0.110	0.133	0.167	0.217	0.233	0.283
水阻力（kPa）	高	4.2	7.3	17.9	7.3	13.6	10.5	19.9	8.4	13.6
盘管	配管尺寸	盘管接管 $\frac{3}{4}$″内螺纹，凝结水盘接管 $\frac{3}{4}$″外螺纹								
	压力	最大工作压力 1.72MPa。试验压力 2.21MPa								
输入功率（W）	E12	29	42	56	74	94	128	144	194	247
	E30	34	49	60	82	98	140	159	204	256
	E50	37	53	72	88	112	154	176	251	338
额定电流（A）	E12	0.14	0.20	0.26	0.34	0.44	0.59	0.66	0.89	1.14
	E30	0.16	0.23	0.28	0.38	0.46	0.65	0.73	0.94	1.18
	E50	0.17	0.25	0.33	0.41	0.52	0.71	0.81	1.16	1.56
工作电源		单相交流电 220V，频率 50Hz								
噪声值〔dB(A)〕	E12	36	38.5	40	43	45	46	48	49	50
	E30	39	40.5	42	45	47	47.5	49.5	50.5	51
	E50	42	43	45	47	49	50	50	51.5	52
质量（kg）		17	19	22	24	26	33	43	48	55

注：1. 噪声值是指在消声室内、机组额定运行状态下、测点位于离机组前方、下方各1m位置的测定值。
　2. 供冷量是指进口空气干球温度为27℃，湿球温度为19.5℃，进水温度为7℃，供回水温差为10℃，4列盘管时的值。
　3. 供热量是指进口空气干球温度为21℃，进水温度为60℃，供回水温差为15℃，4列盘管时的值。
　4. 水量是指进口空气干球温度为27℃，湿球温度为19.5℃，进水温度为7℃，供回水温差为10℃时的值。
　5. 水量是指进口空气干球温度为27℃，湿球温度为19.5℃，进水温度为7℃，供回水温差为10℃时的值。

分散式空气处理机组性能参数表（供冷工况）

（室内设计条件：干球温度 27℃、湿球温度 19.5℃、相对湿度 50％）

表 A-6

型号	水温差 ΔT(℃)	进水温度（℃）											
		6				7				8			
		显热(W)	全热(W)	水量(L/s)	水阻力(kPa)	显热(W)	全热(W)	水量(L/s)	水阻力(kPa)	显热(W)	全热(W)	水量(L/s)	水阻力(kPa)
FP-34	8	1772	2645	0.083	9.4	1677	2430	0.083	9.4	1550	2123	0.067	6.3
	9	1709	2477	0.067	6.3	1623	2255	0.067	6.3	1486	1905	0.050	4.2
	10	1662	2375	0.067	6.3	1516	2022	0.050	4.2	1430	1810	0.050	4.2
	11	1578	2132	0.050	4.2	1483	1926	0.050	4.2	1314	1493	0.033	2.1

续表

型号	水温差 ΔT(℃)	进水温度（℃）											
		6				7				8			
		显热(W)	全热(W)	水量(L/s)	水阻力(kPa)	显热(W)	全热(W)	水量(L/s)	水阻力(kPa)	显热(W)	全热(W)	水量(L/s)	水阻力(kPa)
FP-51	8	2595	3762	0.117	19.9	2422	3364	0.100	15.8	2273	3030	0.100	15.8
	9	2483	3548	0.100	15.8	2307	3117	0.083	11.6	2202	2823	0.083	11.6
	10	2405	3294	0.083	11.6	2208	2830	0.067	7.3	2097	2557	0.067	7.3
	11	2255	3007	0.067	7.3	2136	2704	0.067	7.3	1973	2217	0.050	5.3
FP-68	8	3368	4881	0.150	34.6	3183	4361	0.133	28.4	2995	3890	0.117	23.1
	9	3279	4618	0.133	28.4	3078	4103	0.117	23.1	2851	3609	0.100	17.9
	10	3099	4245	0.100	17.9	2971	3858	0.100	17.9	2738	3299	0.083	12.6
	11	3029	4039	0.100	17.9	2845	3512	0.083	12.6	2628	2953	0.067	8.4
FP-85	8	4082	5750	0.183	21.0	3805	5074	0.150	14.7	3573	4466	0.133	12.6
	9	3902	5345	0.150	14.7	3715	4763	0.133	12.6	3450	4156	0.117	9.4
	10	3738	4854	0.117	9.4	3482	4246	0.100	7.3	3306	3801	0.100	7.3
	11	3562	4453	0.100	7.3	3342	3841	0.083	5.3	3214	3455	0.083	5.3
FP-102	8	4856	6744	0.200	27.3	4597	6129	0.183	23.1	4346	5432	0.167	19.9
	9	4691	6339	0.167	19.9	4418	5664	0.150	16.8	4138	4986	0.133	13.6
	10	4540	5974	0.150	16.8	4263	5263	0.133	13.6	4012	4612	0.117	10.5
	11	4322	5403	0.117	10.5	4003	4655	0.100	8.4	3857	4193	0.100	8.4
FP-136	8	6391	8876	0.267	23.1	5972	7859	0.233	17.9	5683	7016	0.217	15.8
	9	6148	8198	0.217	15.8	5772	7306	0.200	13.6	5403	6282	0.167	10.5
	10	5879	7537	0.183	11.6	5519	6650	0.167	10.5	5195	5647	0.133	7.3
	11	5617	6850	0.150	8.4	5252	5968	0.133	7.3	4994	5202	0.117	5.3
FP-170	8	8225	11585	0.350	46.2	7781	10515	0.317	38.9	7258	9305	0.283	32.5
	9	8003	10963	0.300	34.6	7469	9828	0.267	28.4	7018	8558	0.233	23.1
	10	7696	10262	0.250	26.3	7152	9053	0.217	19.9	6746	7936	0.200	17.9
	11	7414	9505	0.217	19.9	6847	8249	0.183	14.7	6499	7222	0.167	12.6
FP-204	8	9595	13144	0.400	22.0	8930	11750	0.350	16.8	8466	10324	0.317	14.7
	9	9206	12274	0.333	15.8	8559	10699	0.283	12.6	8088	9405	0.250	9.4
	10	8810	11295	0.283	12.6	8224	9791	0.233	8.4	7732	8591	0.217	7.3
	11	8294	9993	0.217	7.3	7891	8866	0.200	6.3	7461	7692	0.167	5.3
FP-238	8	11171	15515	0.467	31.5	10562	13717	0.417	26.3	9923	12251	0.367	21.0
	9	10759	14345	0.383	22.0	10120	12810	0.350	18.9	9524	11204	0.300	14.7
	10	10312	13221	0.317	15.8	9652	11629	0.283	13.6	9152	10283	0.250	10.5
	11	9902	12076	0.267	11.6	9305	10574	0.233	9.4	8726	9185	0.200	7.3

注：供冷工况中档、低档风量的制冷量见表 A-5。

分散式空气处理机组性能参数表（供冷工况）

（室内设计条件：干球温度 26℃、湿球温度 18.7℃、相对湿度 50%）

表 A-7

型号	水温差 ΔT(℃)	进水温度（℃）											
		6				7				8			
		显热 (W)	全热 (W)	水量 (L/s)	水阻力 (kPa)	显热 (W)	全热 (W)	水量 (L/s)	水阻力 (kPa)	显热 (W)	全热 (W)	水量 (L/s)	水阻力 (kPa)
FP-34	8	1686	2409	0.083	9.4	1550	2123	0.067	6.3	1479	1896	0.067	6.3
	9	1615	2243	0.067	6.3	1480	1898	0.050	4.2	1388	1692	0.050	4.2
	10	1521	2002	0.050	4.2	1430	1810	0.050	4.2	1277	1419	0.033	2.1
	11	1481	1924	0.050	4.2	1315	1494	0.033	2.1	1264	1345	0.033	2.1
FP-51	8	2412	3350	0.100	15.8	2301	3028	0.100	15.8	2135	2636	0.083	11.6
	9	2305	3115	0.083	11.6	2200	2821	0.083	11.6	2026	2383	0.067	7.3
	10	2209	2832	0.067	7.3	2096	2556	0.067	7.3	1918	2107	0.050	5.3
	11	2137	2704	0.067	7.3	1986	2231	0.050	5.3	1874	1993	0.050	5.3
FP-68	8	3183	4360	0.133	28.4	2993	3887	0.117	23.1	2781	3391	0.100	17.9
	9	3077	4102	0.117	23.1	2851	3609	0.100	17.9	2689	3126	0.083	12.6
	10	2961	3846	0.100	17.9	2769	3336	0.083	12.6	2558	2811	0.067	8.4
	11	2845	3513	0.083	12.6	2649	2976	0.067	8.4	2499	2659	0.067	8.4
FP-85	8	3833	5044	0.150	14.7	3572	4464	0.133	12.6	3359	3906	0.117	9.4
	9	3697	4740	0.133	12.6	3469	4180	0.117	9.4	3225	3583	0.100	7.3
	10	3485	4250	0.100	7.3	3308	3803	0.100	7.3	3138	3269	0.083	5.3
	11	3314	3853	0.083	5.3	3164	3476	0.083	5.3	2933	2933	0.067	4.2
FP-102	8	4589	6118	0.183	23.1	4345	5431	0.167	19.9	4098	4821	0.150	16.8
	9	4417	5663	0.150	16.8	4113	4955	0.133	13.6	3883	4363	0.117	10.5
	10	4262	5261	0.133	13.6	3985	4634	0.117	10.5	3743	3981	0.100	8.4
	11	4006	4658	0.100	8.4	3863	4199	0.100	8.4	3609	3609	0.083	6.3
FP-136	8	6016	7814	0.233	17.9	5684	7017	0.217	15.8	5294	6085	0.183	11.6
	9	5778	7314	0.200	13.6	5429	6312	0.167	10.5	5114	5558	0.150	8.4
	10	5564	6704	0.167	10.5	5250	5899	0.150	8.4	4960	5167	0.133	7.3
	11	5252	5969	0.133	7.3	5016	5226	0.117	5.3	4567	4567	0.100	4.2
FP-170	8	7764	10492	0.317	38.9	7284	9220	0.283	32.5	6875	8185	0.250	26.3
	9	7536	9787	0.267	28.4	7084	8638	0.233	23.1	6614	7516	0.200	17.9
	10	7149	9049	0.217	19.9	6747	8032	0.200	17.9	6369	6848	0.167	12.6
	11	6916	8333	0.183	14.7	6483	7285	0.167	12.6	6189	6380	0.150	10.5
FP-204	8	8983	11666	0.350	16.8	8485	10347	0.317	14.7	7887	8963	0.267	10.5
	9	8561	10701	0.283	12.6	8031	9449	0.250	9.4	7629	8203	0.217	7.3
	10	8225	9792	0.233	8.4	7734	8593	0.217	7.3	7336	7485	0.183	6.3
	11	7862	8934	0.200	6.3	7386	7694	0.167	5.3	6841	6841	0.150	4.2

续表

型号	水温差 ΔT(℃)	进水温度（℃）											
		6				7				8			
		显热 (W)	全热 (W)	水量 (L/s)	水阻力 (kPa)	显热 (W)	全热 (W)	水量 (L/s)	水阻力 (kPa)	显热 (W)	全热 (W)	水量 (L/s)	水阻力 (kPa)
FP-238	8	10559	13713	0.417	26.3	9813	12266	0.367	21.0	9263	10648	0.317	15.8
	9	10120	12811	0.350	18.9	9568	11256	0.300	14.7	8975	9863	0.267	11.6
	10	9677	11659	0.283	13.6	9150	10281	0.250	10.5	8676	8945	0.217	8.4
	11	9356	10632	0.233	9.4	8723	9182	0.200	7.3	8164	8164	0.183	6.3

供冷工况风速修正系数
（室内设计条件：干球温度 26℃、湿球温度 18.7℃、相对湿度 50%，进水温度 7℃、水温差 ΔT=10℃）　　　表 A-8

型号		FP-34	FP-51	FP-68	FP-85	FP-102	FP-136	FP-170	FP-204	FP-238
中速冷量	显热	0.79	0.79	0.80	0.80	0.80	0.78	0.79	0.79	0.79
	全热	0.81	0.83	0.84	0.85	0.84	0.82	0.84	0.85	0.84
低速冷量	显热	0.60	0.60	0.60	0.59	0.59	0.58	0.59	0.59	0.58
	全热	0.69	0.71	0.70	0.70	0.69	0.68	0.68	0.69	0.67

分散式空气处理机组性能参数表（供冷工况）
（室内设计条件：干球温度 25℃、湿球温度 17.9℃、相对湿度 50%）　　　表 A-9

型号	水温差 ΔT(℃)	进水温度（℃）											
		6				7				8			
		显热 (W)	全热 (W)	水量 (L/s)	水阻力 (kPa)	显热 (W)	全热 (W)	水量 (L/s)	水阻力 (kPa)	显热 (W)	全热 (W)	水量 (L/s)	水阻力 (kPa)
FP-34	8	1563	2113	0.067	6.3	1482	1901	0.067	6.3	1351	1590	0.050	4.2
	9	1478	1895	0.050	4.2	1387	1691	0.050	4.2	1312	1508	0.050	4.2
	10	1431	1812	0.050	4.2	1278	1436	0.033	2.1	1231	1269	0.033	2.1
	11	1319	1498	0.033	2.1	1250	1344	0.033	2.1	1191	1191	0.033	2.1
FP-51	8	2271	3029	0.100	15.8	2135	2635	0.083	11.6	1979	2249	0.067	7.3
	9	2200	2821	0.083	11.6	2020	2405	0.067	7.3	1930	2121	0.067	7.3
	10	2098	2559	0.067	7.3	1897	2108	0.050	5.3	1820	1896	0.050	5.3
	11	1951	2243	0.050	5.3	1876	1995	0.050	5.3	1779	1779	0.050	5.3
FP-68	8	2994	3888	0.117	23.1	2805	3506	0.117	23.1	2623	3015	0.100	17.9
	9	2852	3610	0.100	17.9	2689	3126	0.083	12.6	2532	2783	0.083	12.6
	10	2770	3338	0.083	12.6	2557	2810	0.067	8.4	2427	2528	0.067	8.4
	11	2601	2989	0.067	8.4	2501	2661	0.067	8.4	2250	2250	0.050	5.3
FP-85	8	3560	4506	0.133	12.6	3357	3904	0.117	9.4	3157	3395	0.100	7.3
	9	3469	4180	0.117	9.4	3254	3615	0.100	7.3	3033	3126	0.083	5.3
	10	3339	3838	0.100	7.3	3103	3301	0.083	5.3	2809	2809	0.067	4.2
	11	3195	3473	0.083	5.3	2933	2933	0.067	4.2	2690	2690	0.067	4.2

型号	水温差 ΔT(℃)	进水温度 （℃）											
		6				7				8			
		显热 (W)	全热 (W)	水量 (L/s)	水阻力 (kPa)	显热 (W)	全热 (W)	水量 (L/s)	水阻力 (kPa)	显热 (W)	全热 (W)	水量 (L/s)	水阻力 (kPa)
FP-102	8	4350	5438	0.167	19.9	4062	4835	0.150	16.8	3808	4185	0.133	13.6
	9	4114	4956	0.133	13.6	3886	4366	0.117	10.5	3684	3798	0.100	8.4
	10	3984	4633	0.117	10.5	3742	3981	0.100	8.4	3464	3464	0.083	6.3
	11	3794	4216	0.100	8.4	3624	3624	0.083	6.3	3308	3308	0.083	6.3
FP-136	8	5619	7024	0.217	15.8	5335	6133	0.183	11.6	4978	5411	0.167	10.5
	9	5459	6499	0.183	11.6	5059	5559	0.150	8.4	4795	4892	0.133	7.3
	10	5247	5895	0.150	8.4	4904	5162	0.133	7.3	4555	4555	0.117	5.3
	11	4954	5270	0.117	5.3	4572	4572	0.100	4.2	4202	4202	0.100	4.2
FP-170	8	7259	9307	0.283	32.5	6778	8167	0.250	26.3	6488	7209	0.217	19.9
	9	7016	8661	0.233	23.1	6615	7517	0.200	17.9	6235	6633	0.183	14.7
	10	6770	8059	0.200	17.9	6287	6909	0.167	12.6	6022	6022	0.150	10.5
	11	6481	7282	0.167	12.6	6126	6381	0.150	10.5	5644	5644	0.133	9.4
FP-204	8	8442	10422	0.317	14.7	7989	9183	0.283	12.6	7512	8078	0.250	9.4
	9	8029	9446	0.250	9.4	7596	8347	0.233	8.4	7192	7265	0.200	6.3
	10	7804	8671	0.217	7.3	7252	7554	0.183	6.3	6707	6707	0.167	5.3
	11	7380	7688	0.167	5.3	6840	6840	0.150	4.2	6294	6294	0.150	4.2
FP-238	8	9814	12268	0.367	21.0	9355	10878	0.333	17.9	8711	9468	0.283	13.6
	9	9452	11253	0.300	14.7	9000	9890	0.267	11.6	8489	8663	0.233	9.4
	10	9049	10283	0.250	10.5	8595	8954	0.217	8.4	8045	8045	0.200	7.3
	11	8707	9262	0.200	7.3	8165	8165	0.183	6.3	7356	7356	0.167	5.3

供冷工况风速修正系数

（室内设计条件：干球温度25℃、湿球温度17.9℃、相对湿度50%，进水温度7℃、水温差 $\Delta T = 10℃$） 表 A-10

型号		FP-34	FP-51	FP-68	FP-85	FP-102	FP-136	FP-170	FP-204	FP-238
中速 冷量	显热	0.83	0.82	0.81	0.79	0.79	0.65	0.80	0.78	0.79
	全热	0.91	0.90	0.89	0.82	0.84	0.80	0.85	0.82	0.83
低速 冷量	显热	0.63	0.63	0.59	0.59	0.57	0.57	0.59	0.58	0.57
	全热	0.77	0.76	0.71	0.71	0.68	0.66	0.68	0.68	0.67

分散式空气处理机组性能参数表（供冷工况）

（室内设计条件：干球温度24℃、湿球温度17℃、相对湿度50%） 表 A-11

型号	水温差 ΔT(℃)	进水温度 （℃）											
		6				7				8			
		显热 (W)	全热 (W)	水量 (L/s)	水阻力 (kPa)	显热 (W)	全热 (W)	水量 (L/s)	水阻力 (kPa)	显热 (W)	全热 (W)	水量 (L/s)	水阻力 (kPa)
FP-34	8	1481	1875	0.067	6.3	1349	1569	0.050	4.2	1278	1404	0.050	4.2
	9	1390	1675	0.050	4.2	1325	1505	0.050	4.2	1192	1192	0.033	2.1

型号	水温差 ΔT(℃)	进水温度（℃）											
		6				7				8			
		显热(W)	全热(W)	水量(L/s)	水阻力(kPa)	显热(W)	全热(W)	水量(L/s)	水阻力(kPa)	显热(W)	全热(W)	水量(L/s)	水阻力(kPa)
FP-34	10	1279	1421	0.033	2.1	1230	1268	0.033	2.1	1151	1151	0.033	2.1
	11	1263	1344	0.033	2.1	1192	1192	0.033	2.1	1094	1094	0.033	2.1
FP-51	8	2137	2606	0.083	11.6	1965	2233	0.067	7.3	1873	1992	0.067	7.3
	9	2025	2382	0.067	7.3	1926	2117	0.067	7.3	1779	1779	0.050	5.3
	10	1917	2107	0.050	5.3	1842	1880	0.050	5.3	1708	1708	0.050	5.3
	11	1874	1993	0.050	5.3	1779	1779	0.050	5.3	1485	1485	0.033	3.2
FP-68	8	2782	3352	0.100	17.9	2654	3016	0.100	17.9	2480	2611	0.083	12.6
	9	2685	3122	0.083	12.6	2532	2783	0.083	12.6	2373	2373	0.067	8.4
	10	2558	2811	0.067	8.4	2456	2506	0.067	8.4	2152	2152	0.050	5.3
	11	2499	2658	0.067	8.4	2250	2250	0.050	5.3	2043	2043	0.050	5.3
FP-85	8	3397	3904	0.117	9.4	3160	3398	0.100	7.3	3021	3052	0.100	7.3
	9	3223	3581	0.100	7.3	3028	3122	0.083	5.3	2822	2822	0.083	5.3
	10	3134	3265	0.083	5.3	2809	2809	0.067	4.2	2576	2576	0.067	4.2
	11	2933	2933	0.067	4.2	2690	2690	0.067	4.2	2449	2449	0.067	4.2
FP-102	8	4104	4772	0.150	16.8	3851	4185	0.133	13.6	3629	3665	0.117	10.5
	9	3871	4349	0.117	10.5	3694	3770	0.100	8.4	3423	3423	0.100	8.4
	10	3743	3982	0.100	8.4	3460	3460	0.083	6.3	3159	3159	0.083	6.3
	11	3608	3608	0.083	6.3	3308	3308	0.083	6.3	2877	2877	0.067	4.2
FP-136	8	5343	6072	0.183	11.6	5043	5365	0.167	10.5	4719	4719	0.150	8.4
	9	5112	5557	0.150	8.4	4841	4890	0.133	7.3	4360	4360	0.117	5.3
	10	4960	5167	0.133	7.3	4551	4551	0.117	5.3	4016	4016	0.100	4.2
	11	4576	4576	0.100	4.2	4208	4208	0.100	4.2	3645	3645	0.083	3.2
FP-170	8	6914	8134	0.250	26.3	6477	7118	0.217	19.9	6124	6379	0.200	17.9
	9	6615	7517	0.200	17.9	6232	6629	0.183	14.7	5827	5827	0.167	12.6
	10	6359	6838	0.167	12.6	6023	6023	0.150	10.5	5380	5380	0.133	9.4
	11	6122	6377	0.150	10.5	5640	5640	0.133	9.4	4991	4991	0.117	7.3
FP-204	8	7885	8960	0.267	10.5	7534	8015	0.250	9.4	7031	7031	0.217	7.3
	9	7599	8171	0.217	7.3	7200	7273	0.200	6.3	6569	6569	0.183	6.3
	10	7344	7494	0.183	6.3	6705	6705	0.167	5.3	6016	6016	0.150	4.2
	11	6841	6841	0.150	4.2	6086	6086	0.133	3.2	5534	5534	0.133	3.2
FP-238	8	9270	10655	0.317	15.8	8823	9386	0.283	13.6	8255	8255	0.250	10.5
	9	8975	9863	0.267	11.6	8487	8660	0.233	9.4	7769	7769	0.217	8.4
	10	8677	8945	0.217	8.4	8044	8044	0.200	7.3	7043	7043	0.167	5.3
	11	8173	8173	0.183	6.3	7352	7352	0.167	5.3	6534	6534	0.150	5.3

供冷工况风速修正系数

（室内设计条件：干球温度 24℃、湿球温度 17℃、相对湿度 50％；进水温度 7℃，
水温差 $\Delta T = 10℃$）　　　　　　　表 A-12

型号		FP-34	FP-51	FP-68	FP-85	FP-102	FP-136	FP-170	FP-204	FP-238
中速冷量	显热	0.81	0.81	0.78	0.83	0.79	0.80	0.77	0.80	0.78
	全热	0.90	0.89	0.82	0.86	0.81	0.82	0.82	0.80	0.78
低速冷量	显热	0.61	0.57	0.58	0.59	0.59	0.56	0.56	0.57	0.57
	全热	0.76	0.69	0.69	0.68	0.69	0.62	0.66	0.62	0.64

分散式空气处理机组性能参数表（一）（供热工况）

（室内设计条件：干球温度 21℃，湿度不控制）　　　　表 A-13

型号	水温差 ΔT(℃)	进水温度（℃）											
		45			50			55			60		
		全热(W)	水量(L/s)	水阻力(kPa)	全热(W)	水量(L/s)	水阻力(kPa)	全热(W)	水量(L/s)	水阻力(kPa)	全热(W)	水量(L/s)	水阻力(kPa)
FP-34	12	2023	0.050	4.2	2542	0.050	4.2	3112	0.067	6.3	3665	0.083	9.4
	13	1880	0.033	2.1	2503	0.050	4.2	3071	0.067	6.3	3594	0.067	6.3
	14	1836	0.033	2.1	2455	0.050	4.2	2977	0.050	4.2	3562	0.067	6.3
	15	1785	0.033	2.1	2417	0.050	4.2	2936	0.050	4.2	3522	0.067	6.3
FP-51	12	2883	0.067	7.3	3706	0.083	11.6	4488	0.100	15.8	5279	0.117	19.9
	13	2742	0.050	5.3	3581	0.067	7.3	4401	0.083	11.6	5186	0.100	15.8
	14	2675	0.050	5.3	3523	0.067	7.3	4344	0.083	11.6	5142	0.100	15.8
	15	2605	0.050	5.3	3458	0.067	7.3	4226	0.067	7.3	5040	0.083	11.6
FP-68	12	3756	0.083	12.6	4809	0.100	17.9	5825	0.117	23.1	6874	0.150	34.6
	13	3592	0.067	8.4	4718	0.100	17.9	5755	0.117	23.1	6760	0.133	28.4
	14	3509	0.067	8.4	4582	0.083	12.6	5639	0.100	17.9	6662	0.117	23.1
	15	3396	0.067	8.4	4504	0.083	12.6	5541	0.100	17.9	6584	0.117	23.1
FP-85	12	4515	0.100	7.3	5780	0.117	9.4	7077	0.150	14.7	8332	0.167	17.9
	13	4334	0.083	5.3	5676	0.117	9.4	6930	0.133	12.6	8183	0.150	14.7
	14	4221	0.083	5.3	5519	0.100	7.3	6792	0.117	9.4	8105	0.150	14.7
	15	3957	0.067	4.2	5298	0.083	5.3	6692	0.117	9.4	7957	0.133	12.6
FP-102	12	5387	0.117	10.5	6937	0.150	16.8	8419	0.167	19.9	9925	0.200	27.3
	13	5193	0.100	8.4	6764	0.133	13.6	8312	0.167	19.9	9776	0.183	23.1
	14	4943	0.083	6.3	6572	0.117	10.5	8158	0.150	16.8	9617	0.167	19.9
	15	4798	0.083	6.3	6352	0.100	8.4	7973	0.133	13.6	9454	0.150	16.8
FP-136	12	7054	0.150	8.4	9080	0.183	11.6	11080	0.233	17.9	13061	0.267	23.1
	13	6782	0.133	7.3	8831	0.167	10.5	10856	0.200	13.6	12893	0.250	19.9
	14	6503	0.117	5.3	8607	0.150	8.4	10658	0.183	11.6	12646	0.217	15.8
	15	6166	0.100	4.2	8326	0.133	7.3	10431	0.167	10.5	12443	0.200	13.6
FP-170	12	9037	0.183	14.7	11622	0.233	23.1	14134	0.283	32.5	16668	0.333	42.0
	13	8799	0.167	12.6	11375	0.217	19.9	13938	0.267	28.4	16452	0.317	38.9

型号	水温差 ΔT(℃)	进水温度 (℃)										
		45			50			55			60		
		全热 (W)	水量 (L/s)	水阻力 (kPa)	全热 (W)	水量 (L/s)	水阻力 (kPa)	全热 (W)	水量 (L/s)	水阻力 (kPa)	全热 (W)	水量 (L/s)	水阻力 (kPa)
FP-170	14	8455	0.150	10.5	11101	0.200	17.9	13651	0.233	23.1	16212	0.283	32.5
	15	8112	0.133	9.4	10849	0.183	14.7	13396	0.217	19.9	15941	0.267	28.4
FP-204	12	10497	0.217	7.3	13566	0.283	12.6	16567	0.333	15.8	19513	0.400	22.0
	13	10026	0.183	6.3	13195	0.250	9.4	16208	0.300	13.6	19253	0.367	18.9
	14	9595	0.167	5.3	12772	0.217	7.3	15901	0.283	12.6	18923	0.333	15.8
	15	9202	0.150	4.2	12441	0.200	6.3	15523	0.250	9.4	18632	0.300	13.6
FP-238	12	12248	0.250	10.5	15802	0.317	15.8	19245	0.383	22.0	22759	0.467	31.5
	13	11753	0.217	8.4	15381	0.283	13.6	18916	0.350	18.9	22365	0.417	26.3
	14	11356	0.200	7.3	15052	0.267	11.6	18510	0.317	15.8	22031	0.383	22.0
	15	10881	0.183	6.3	14520	0.233	9.4	18166	0.300	14.7	21683	0.350	18.9

供热工况风速修正系数

（室内设计条件：干球温度 21℃，湿度不控制；进水温度 60℃，水温差 ΔT＝15℃）

表 A-14

型号		FP-34	FP-51	FP-68	FP-85	FP-102	FP-136	FP-170	FP-204	FP-238
中速冷量	全热	0.90	0.89	0.82	0.86	0.81	0.82	0.82	0.80	0.78
低速冷量	全热	0.76	0.69	0.69	0.68	0.69	0.62	0.66	0.62	0.64

分散式空气处理机组性能参数表（供热工况）

（室内设计条件：干球温度 22℃，湿度不控制）

表 A-15

型号	水温差 ΔT(℃)	进水温度 (℃)										
		45			50			55			60		
		全热 (W)	水量 (L/s)	水阻力 (kPa)	全热 (W)	水量 (L/s)	水阻力 (kPa)	全热 (W)	水量 (L/s)	水阻力 (kPa)	全热 (W)	水量 (L/s)	水阻力 (kPa)
FP-34	12	1910	0.050	4.2	2432	0.050	4.2	3004	0.067	6.3	3564	0.083	9.4
	13	1777	0.033	2.1	2396	0.050	4.2	2970	0.067	6.3	3491	0.067	6.3
	14	1734	0.033	2.1	2358	0.050	4.2	2874	0.050	4.2	3454	0.067	6.3
	15	1671	0.033	2.1	2313	0.050	4.2	2838	0.050	4.2	3425	0.067	6.3
FP-51	12	2743	0.067	7.3	3548	0.083	11.6	4348	0.100	15.8	5087	0.100	15.8
	13	2600	0.050	5.3	3425	0.067	7.3	4251	0.083	11.6	5044	0.100	15.8
	14	2510	0.050	5.3	3369	0.067	7.3	4189	0.083	11.6	4949	0.083	11.6
	15	2436	0.050	5.3	3215	0.050	5.3	4069	0.067	7.3	4894	0.083	11.6
FP-68	12	3562	0.083	12.6	4603	0.100	17.9	5637	0.117	23.1	6640	0.133	28.4
	13	3421	0.067	8.4	4460	0.083	12.6	5501	0.100	17.9	6581	0.133	28.4

型号	水温差 ΔT (℃)	进水温度（℃）										
		45			50			55			60		
		全热 (W)	水量 (L/s)	水阻力 (kPa)	全热 (W)	水量 (L/s)	水阻力 (kPa)	全热 (W)	水量 (L/s)	水阻力 (kPa)	全热 (W)	水量 (L/s)	水阻力 (kPa)
FP-68	14	3307	0.067	8.4	4383	0.083	12.6	5429	0.100	17.9	6465	0.117	23.1
	15	3095	0.050	5.3	4226	0.067	8.4	5291	0.083	12.6	6340	0.100	17.9
FP-85	12	4199	0.083	5.3	5536	0.117	9.4	6780	0.133	12.6	8089	0.167	17.9
	13	4075	0.083	5.3	5383	0.100	7.3	6693	0.133	12.6	7951	0.150	14.7
	14	3835	0.067	4.2	5267	0.100	7.3	6557	0.117	9.4	7811	0.133	12.6
	15	3720	0.067	4.2	5069	0.083	5.3	6357	0.100	7.3	7725	0.133	12.6
FP-102	12	5034	0.100	8.4	6598	0.133	13.6	8143	0.167	19.9	9631	0.200	27.3
	13	4884	0.100	8.4	6411	0.117	10.5	7974	0.150	16.8	9489	0.183	23.1
	14	4658	0.083	6.3	6298	0.117	10.5	7802	0.133	13.6	9338	0.167	19.9
	15	4506	0.083	6.3	6075	0.100	8.4	7690	0.133	13.6	9172	0.150	16.8
FP-136	12	6597	0.133	7.3	8702	0.183	11.6	10679	0.217	15.8	12692	0.267	23.1
	13	6306	0.117	5.3	8446	0.167	10.5	10494	0.200	13.6	12484	0.233	17.9
	14	6121	0.117	5.3	8230	0.150	8.4	10252	0.183	11.6	12279	0.217	15.8
	15	5788	0.100	4.2	7959	0.133	7.3	10021	0.167	10.5	12096	0.200	13.6
FP-170	12	8575	0.183	14.7	11156	0.233	23.1	13640	0.283	32.5	16204	0.333	42.0
	13	8327	0.167	12.6	10874	0.200	17.9	13386	0.250	26.3	15950	0.300	34.6
	14	7868	0.133	9.4	10570	0.183	14.7	13174	0.233	23.1	15676	0.267	28.4
	15	7605	0.133	9.4	10246	0.167	12.6	12938	0.217	19.9	15470	0.250	26.3
FP-204	12	9857	0.200	6.3	12907	0.267	10.5	15949	0.317	14.7	18919	0.383	19.9
	13	9462	0.183	6.3	12558	0.233	8.4	15678	0.300	13.6	18626	0.350	16.8
	14	9050	0.167	5.3	12215	0.217	7.3	15319	0.267	10.5	18316	0.317	14.7
	15	8442	0.133	3.2	11882	0.200	6.3	14976	0.250	9.4	18014	0.300	13.6
FP-238	12	11524	0.233	9.4	15061	0.300	14.7	18584	0.383	22.0	22034	0.450	29.4
	13	11136	0.217	8.4	14724	0.283	13.6	18169	0.333	17.9	21629	0.400	24.1
	14	10554	0.183	6.3	14258	0.250	10.5	17867	0.317	15.8	21284	0.367	21.0
	15	10030	0.167	5.3	13916	0.233	9.4	17398	0.283	13.6	20943	0.333	17.9

供热工况风速修正系数

（室内设计条件：干球温度22℃，湿度不控制；进水温度60℃，水温差 $\Delta T = 15$℃）

表 A-16

型号		FP-34	FP-51	FP-68	FP-85	FP-102	FP-136	FP-170	FP-204	FP-238
中速冷量	全热	0.80	0.80	0.81	0.80	0.80	0.80	0.80	0.80	0.80
低速冷量	全热	0.57	0.59	0.59	0.59	0.59	0.59	0.59	0.59	0.59

附录 B　冷源性能参数[①]

高温螺杆式、离心式制冷机组变工况的性能参数应按照表 B-1、表 B-2 设计。

高温螺杆式制冷机组变工况的性能参数　　　　　　表 B-1

制冷量(RT)	冷水出水温度(℃)	冷水进水温度(℃)	冷却水进水温度（℃）							
			25		30		32		35	
			冷却水出水温度（℃）							
			30		35		37		40	
			制冷量(kW)	输入功率(kW)	制冷量(kW)	输入功率(kW)	制冷量(kW)	输入功率(kW)	制冷量(kW)	输入功率(kW)
300	7	12	1210	168.9	1160	185.7	1140	192.9	1101	203.3
	9	14	1313	169.6	1259	189.4	1237	195.5	1196	206.3
	11	16	1392	162.6	1464	192.7	1340	199.6	1295	207.2
	13	18	1392	142.2	1392	179	1392	192.2	1392	209.4
	7	17	1210	167.5	1160	184	1140	191.5	1101	202
	8	18	1261	168	1209	186.1	1188	192.5	1148	202.9
	9	19	1313	167.6	1259	188.1	1237	194.1	1196	204.5
400	7	12	1577	220.3	1512	240.4	1486	249.8	1436	262.5
	9	14	1712	221.5	1641	246.6	1613	253.9	1559	266.9
	11	16	1815	212.5	1778	251.3	1747	259.9	1688	269
	13	18	1815	185.6	1815	233.7	1815	250.7	1815	272.7
	7	17	1577	218.4	1512	238.9	1486	248	1436	260.9
	8	18	1644	219.2	1576	241.9	1549	249.7	1497	262.3
	9	19	1712	218.9	1641	244.8	1613	252.3	1559	264.6
500	7	12	1943	272	1863	296.7	1830	307.6	1769	323.1
	9	14	2109	273.1	2022	304.6	1987	313.4	1920	328.3
	11	16	2236	261.5	2191	310.1	2153	321	2080	331.1
	13	18	2236	228.2	2236	288	2236	309.3	2236	336.6
	7	17	1943	269.6	1863	294.9	1830	305.5	1769	321.1
	8	18	2025	270.4	1942	298.8	1908	308	1844	323
	9	19	2109	269.9	2022	302.3	1987	311.4	1920	325.6
550	7	12	2053	289.5	1969	313.7	1935	324.2	1870	339
	9	14	2229	291.3	2137	323.2	2100	331.6	2030	345.7
	11	16	2363	279.3	2316	330	2275	340.8	2199	351
	13	18	2363	243.5	2363	307.1	2363	329.2	2363	357.1
	7	17	2053	287.1	1969	311.9	1935	322.1	1870	337.1
	8	18	2140	288.2	2052	316.3	2017	325.4	1949	339.7
	9	19	2229	287.9	2137	320.9	2100	329.6	2030	343

①　数据来源：《双冷源空调系统设计标准》T/CECS 1677—2024 附录 B。

续表

制冷量 （RT）	冷水 出水 温度 （℃）	冷水 进水 温度 （℃）	冷却水进水温度（℃）							
			25		30		32		35	
			冷却水出水温度（℃）							
			30		35		37		40	
			制冷量 （kW）	输入功率 （kW）	制冷量 （kW）	输入功率 （kW）	制冷量 （kW）	输入功率 （kW）	制冷量 （kW）	输入功率 （kW）
600	7	12	2212	327.4	2121	351.2	2084	361.1	2014	375.7
	9	14	2401	330.4	2302	363.6	2262	371.6	2186	384.9
	11	16	2545	317.8	2494	373.1	2451	383.9	2369	393.1
	13	18	2545	277.4	2545	348.8	2545	373	2545	402.3
	7	17	2212	324.8	2121	349.5	2084	359.1	2014	373.8
	8	18	2306	326.6	2211	355.7	2172	363.9	2099	377.5
	9	19	2401	326.7	2302	361.4	2262	369.6	2186	382.2

注：1RT≈3.5kW。

高温离心式制冷机组变工况的性能参数　　　　表 B-2

制冷量 （RT）	冷水 出水 温度 （℃）	冷水 进水 温度 （℃）	冷却水进水温度（℃）							
			25		30		32		35	
			冷却水出水温度（℃）							
			30		35		37		40	
			制冷量 （kW）	输入功率 （kW）	制冷量 （kW）	输入功率 （kW）	制冷量 （kW）	输入功率 （kW）	制冷量 （kW）	输入功率 （kW）
300	12	17	1055	115.7	1055	137.9	1055	140.8	1055	132.5
	13	18	1055	107.6	1055	135.4	1055	139	1055	130
	14	19	1055	99.89	1055	132.4	1055	134.7	1055	128.8
	15	20	1055	92.61	1055	126.9	1055	130.9	1055	126.3
	12	22	1055	113.3	1055	136.1	1055	140.5	—	—
	13	23	1055	105.4	1055	134.9	1055	137.9	—	—
	14	24	1055	97.67	1055	131	1055	133	—	—
400	12	17	1406	151.6	1406	183.1	1406	199.2	—	—
	13	18	1406	142.5	1406	172.4	1406	191.6	—	—
	14	19	1406	133.7	1406	171.5	1406	181.5	—	—
	15	20	1406	124.8	1406	163.7	1406	176.9	1406	195.9
	12	22	1406	148.5	1406	180.3	1406	197.3	—	—
	13	23	1406	139.8	1406	175.4	1406	188.8	—	—
	14	24	1406	131	1406	169.2	1406	178	—	—
500	12	17	1758	185.3	1758	224.1	1758	245.9	1758	260.8
	13	18	1758	174.6	1758	218.4	1758	235.7	1758	255.9
	14	19	1758	163.5	1758	211	1758	222.3	1758	250.1
	15	20	1758	152.6	1758	200.7	1758	218.4	1758	241.2

制冷量（RT）	冷水出水温度（℃）	冷水进水温度（℃）	冷却水进水温度（℃）							
			25		30		32		35	
			冷却水出水温度（℃）							
			30		35		37		40	
			制冷量（kW）	输入功率（kW）	制冷量（kW）	输入功率（kW）	制冷量（kW）	输入功率（kW）	制冷量（kW）	输入功率（kW）
500	12	22	1758	182.6	1758	221.4	1758	243.6	1758	259.7
	13	23	1758	172	1758	217	1758	232.5	1758	254.8
	14	24	1758	161	1758	209	1758	218.9	1758	248.3
550	12	17	1934	206.6	1934	254.1	1934	273.4	1934	280.3
	13	18	1934	193.2	1934	246.3	1934	263.5	1934	277.1
	14	19	1934	179.9	1934	237.6	1934	248.9	1934	272.8
	15	20	1934	167.3	1934	225.4	1934	244.8	1934	265.3
	12	22	1934	203.1	1934	250.4	1934	271.6	1934	279.5
	13	23	1934	189.8	1934	244.8	1934	260.3	1934	276.3
	14	24	1934	176.8	1934	235	1934	245.1	1934	271.2
600	12	17	2110	224	2110	271.5	2110	297.1	—	—
	13	18	2110	211	2110	264	2110	284.7	—	—
	14	19	2110	197.5	2110	255.1	2110	268.4	—	—
	15	20	2110	184.4	2110	242.8	2110	264	2110	291.8
	12	22	2110	220.7	2110	267.5	2110	294.2	—	—
	13	23	2110	207.8	2110	262.4	2110	281.3	—	—
	14	24	2110	194.6	2110	252.7	2110	264.7	—	—
800	12	17	2813	292.7	2813	358.8	2813	383.1	2813	393.4
	13	18	2813	274.7	2813	337.7	2813	370.6	2813	387.4
	14	19	2813	256.4	2813	332.9	2813	352.5	2813	381.7
	15	20	2813	238.4	2813	317.8	2813	341.4	2813	372.6
	12	22	2813	287.6	2813	352.9	2813	380.6	2813	391.2
	13	23	2813	269.4	2813	340.1	2813	365.8	2813	385.8
	14	24	2813	250.9	2813	328.3	2813	346	2813	379.1
900	12	17	3164	331	3164	405.4	3164	437.7	—	—
	13	18	3164	310.5	3164	380.8	3164	421.4	3164	445.1
	14	19	3164	289.8	3164	378.1	3164	399	3164	437.7
	15	20	3164	269.8	3164	359.6	3164	389.2	3164	425.3
	12	22	3164	325.2	3164	399	3164	433.4	—	—
	13	23	3164	304.6	3164	387.3	3164	415.3	3164	443.2
	14	24	3164	283.8	3164	373.2	3164	391.2	3164	434.7
1100	12	17	3868	397.1	3868	481.6	3868	524.1	3868	554.9
	13	18	3868	374.8	3868	452.4	3868	504.3	3868	544

续表

制冷量(RT)	冷水出水温度(℃)	冷水进水温度(℃)	冷却水进水温度(℃)							
			25		30		32		35	
			冷却水出水温度(℃)							
			30		35		37		40	
			制冷量(kW)	输入功率(kW)	制冷量(kW)	输入功率(kW)	制冷量(kW)	输入功率(kW)	制冷量(kW)	输入功率(kW)
1100	14	19	3868	351.3	3868	450.2	3868	477.5	3868	532
	15	20	3868	328	3868	429.3	3868	465.4	3868	515
	12	22	3868	390.7	3868	474	3868	519.1	3868	550.9
	13	23	3868	367.6	3868	461	3868	497.1	3868	540.9
	14	24	3868	344.1	3868	444.6	3868	468.2	3868	527.6
1200	12	17	4219	440.4	4219	540.2	4219	578.8	4219	590.9
	13	18	4219	412.8	4219	507.7	4219	558.1	4219	582
	14	19	4219	385	4219	502.3	4219	530.1	4219	574
	15	20	4219	357.9	4219	478.4	4219	515.2	4219	560.3
	12	22	4219	435.9	4219	535.4	4219	576.6	4219	589.3
	13	23	4219	407.7	4219	515.2	4219	553.7	4219	581.2
	14	24	4219	379.8	4219	498.1	4219	524.1	4219	571.7
1400	12	17	4922	506.4	4922	613.8	4922	666.1	4922	705.2
	13	18	4922	478.4	4922	578.4	4922	641.8	4922	691.4
	14	19	4922	448.7	4922	573.7	4922	608.5	4922	677.1
	15	20	4922	419.3	4922	548.2	4922	591.6	4922	655.5
	12	22	4922	501.8	4922	607.7	4922	662.5	4922	703.2
	13	23	4922	473.3	4922	587.4	4922	636	4922	688.5
	14	24	4922	443.5	4922	569.7	4922	601.8	4922	673.4
1600	12	17	5626	584.2	5626	707.6	—	—	—	—
	13	18	5626	551.5	5626	666.5	—	—	—	—
	14	19	5626	517.5	5626	661.8	5626	701.5	—	—
	15	20	5626	483.3	5626	632.1	5626	682.7	—	—
	12	22	5626	578.8	5626	701.5	—	—	—	—
	13	23	5626	547.5	5626	677.8	5626	734.4	—	—
	14	24	5626	511	5626	657.2	5626	693.7	—	—
1800	12	17	6329	634.2	6329	799.1	—	—	—	—
	13	18	6329	612.7	6329	750.8	6329	829.5	—	—
	14	19	6329	571.7	6329	744.6	6329	786.2	—	—
	15	20	6329	532.3	6329	708.7	6329	766.2	6329	837.1
	12	22	6329	644.1	6329	789.1	—	—	—	—
	13	23	6329	603.3	6329	764.4	6329	820.9	—	—
	14	24	6329	562.6	6329	736.8	6329	774.6	6329	830.6

续表

制冷量（RT）	冷水出水温度（℃）	冷水进水温度（℃）	冷却水进水温度（℃） 25		30		32		35	
			冷却水出水温度（℃） 30		35		37		40	
			制冷量（kW）	输入功率（kW）	制冷量（kW）	输入功率（kW）	制冷量（kW）	输入功率（kW）	制冷量（kW）	输入功率（kW）
2200	12	17	7735	799.9	7735	977.9	7735	1058	7735	1100
	13	18	7735	751	7735	917.6	7735	1018	7735	1082
	14	19	7735	701.3	7735	912.2	7735	963.3	7735	1063
	15	20	7735	653.3	7735	868.2	7735	939.9	7735	1030
	12	22	7735	789.3	7735	965.7	7735	1051	7735	1096
	13	23	7735	740.2	7735	937.6	7735	1007	7735	1079
	14	24	7735	690	7735	903.6	7735	949.1	7735	1055

注：1RT≈3.5kW。

附录C　主要能源二氧化碳排放因子

化石燃料二氧化碳排放因子应按表 C-1 选取。

化石燃料二氧化碳排放因子　　　　　　　表 C-1

分类	燃料类型	单位热值含碳量（kgC/kJ）	碳氧化率（%）	单位热值二氧化碳排放因子（kgCO$_2$/kJ）	燃料燃烧热值（kJ/kg）	燃烧单位质量燃料的碳排放量（kgCO$_2$/kg）
固体燃料	无烟煤	27.4×10^{-6}	0.94	94.44×10^{-6}	29307	2.77
	烟煤	26.1×10^{-6}	0.90	89.00×10^{-6}	29307	2.61
	褐煤	28.0×10^{-6}	0.96	98.56×10^{-6}	29307	2.89
	炼焦煤	25.4×10^{-6}	0.98	91.27×10^{-6}	29307	2.67
	型煤	33.6×10^{-6}	0.90	110.88×10^{-6}	29307	3.25
	焦炭	29.5×10^{-6}	0.93	100.60×10^{-6}	29307	2.95
	其他焦化产品	29.5×10^{-6}	0.93	100.60×10^{-6}	—	—
液体燃料	原油	20.1×10^{-6}	0.98	72.23×10^{-6}	41816	3.02
	燃料油	21.1×10^{-6}	0.98	75.82×10^{-6}	41816	3.17
	汽油	18.9×10^{-6}	0.98	67.91×10^{-6}	43070	2.92
	柴油	20.2×10^{-6}	0.98	72.59×10^{-6}	42652	3.10
	喷气煤油	19.5×10^{-6}	0.98	70.07×10^{-6}	43070	3.02
	一般煤油	19.6×10^{-6}	0.98	70.43×10^{-6}	43070	3.03
	NGL 天然气凝液	17.2×10^{-6}	0.98	61.81×10^{-6}	—	—
	LPG 液化石油气	17.2×10^{-6}	0.98	61.81×10^{-6}	50179	3.10
	炼厂干气	18.2×10^{-6}	0.98	65.40×10^{-6}	46055	3.01

续表

分类	燃料类型	单位热值含碳量 (kgC/kJ)	碳氧化率 (%)	单位热值二氧化碳排放因子 (kgCO₂/kJ)	燃料燃烧热值 (kJ/kg)	燃烧单位质量燃料的碳排放量 (kgCO₂/kg)
液体燃料	石脑油	20.0×10^{-6}	0.98	71.87×10^{-6}	—	—
	沥青	22.0×10^{-6}	0.98	79.05×10^{-6}	—	—
	润滑油	20.0×10^{-6}	0.98	71.87×10^{-6}	—	—
	石油焦	27.5×10^{-6}	0.98	98.82×10^{-6}	—	—
	石化原料油	20.0×10^{-6}	0.98	71.87×10^{-6}	—	—
	其他油品	20.0×10^{-6}	0.98	71.87×10^{-6}	—	—
气体燃料	天然气	15.3×10^{-6}	0.99	55.54×10^{-6}	—	—

注：1. 燃料燃烧热值的数据来源于《综合能耗计算通则》GB/T 2589—2020，其他数据来源于《建筑碳排放计算标准》GB/T 51366—2019；
2. 燃烧单位燃料的碳排放量指每消耗 1kg 燃料的碳排放量。

其他能源二氧化碳排放因子应按表 C-2 选取。

其他能源二氧化碳排放因子　　　　　　表 C-2

能源类型		缺省碳含量 (kgC/kJ)	缺省氧化因子	有效二氧化碳排放因子 (kgCO₂/kJ)		
				缺省值	95%置信区间	
					较低	较高
城市废弃物（非生物量比例）		25.0×10^{-6}	1	91.7×10^{-6}	73.3×10^{-6}	121.0×10^{-6}
工业废弃物		39.0×10^{-6}	1	143.0×10^{-6}	110.0×10^{-6}	183.0×10^{-6}
废油		20.0×10^{-6}	1	73.3×10^{-6}	72.2×10^{-6}	74.4×10^{-6}
泥炭		28.9×10^{-6}	1	106.0×10^{-6}	100.0×10^{-6}	108.0×10^{-6}
固体生物燃料	木材/木材废弃物	30.5×10^{-6}	1	112.0×10^{-6}	95.0×10^{-6}	132.0×10^{-6}
	亚硝酸盐废液（黑液）	26.0×10^{-6}	1	95.3×10^{-6}	80.7×10^{-6}	110.0×10^{-6}
	木炭	30.5×10^{-6}	1	112.0×10^{-6}	95.0×10^{-6}	132.0×10^{-6}
	其他主要固体生物燃料	27.3×10^{-6}	1	100.0×10^{-6}	84.7×10^{-6}	117.0×10^{-6}
液体生物燃料	生物汽油	19.3×10^{-6}	1	70.8×10^{-6}	59.8×10^{-6}	84.3×10^{-6}
	生物柴油	19.3×10^{-6}	1	70.8×10^{-6}	59.8×10^{-6}	84.3×10^{-6}
	其他液体生物燃料	21.7×10^{-6}	1	79.6×10^{-6}	67.1×10^{-6}	95.3×10^{-6}
气体生物燃料	填埋气体	14.9×10^{-6}	1	54.6×10^{-6}	46.2×10^{-6}	66.0×10^{-6}
	污泥气体	14.9×10^{-6}	1	54.6×10^{-6}	46.2×10^{-6}	66.0×10^{-6}
	其他生物气体	14.9×10^{-6}	1	54.6×10^{-6}	46.2×10^{-6}	66.0×10^{-6}
其他非化石燃料	城市废弃物（生物显比例）	27.3×10^{-6}	1	100.0×10^{-6}	84.7×10^{-6}	117.0×10^{-6}

注：上述数据来源于《建筑碳排放计算标准》GB/T 51366—2019。

不同能源的折标准煤系数按表 C-3 取值。

不同能源的折标准煤系数 表 C-3

能源名称	平均低位发热量	折标准煤系数
汽油	43124kJ/kg (10300kcal/kg)	1.4714kgce/kg
柴油	42705kJ/kg (10200kcal/kg)	1.4571kgce/kg
液化石油气	50242kJ/kg (12000kcal/kg)	1.7143kgce/kg
液化天然气	51498kJ/kg (12300kcal/kg)	1.7572kgce/kg
天然气	36157kJ/m³ (8638kcal/m³)	1.234kgce/m³
热力（当量值）	—	0.03412kgce/MJ
热力（等价值）	—	按供热煤耗计算
电力（当量值）	—	0.1229kgce/kWh
电力（等价值）	—	按上年电厂发电标准煤耗计算或 0.33kgce/kWh*

* 数据来源于《建筑节能与可再生能源利用通用规范》GB 55015—2021。

注：表中数据除注明外，均来源于《综合能耗计算通则》GB/T 2589—2020。

2022 年全国电力二氧化碳排放因子如表 C-4 所示。

2022 年全国电力平均二氧化碳排放因子 表 C-4

区域	二氧化碳排放因子 (kgCO$_2$/kWh)	区域	二氧化碳排放因子 (kgCO$_2$/kWh)	区域	二氧化碳排放因子 (kgCO$_2$/kWh)	区域	二氧化碳排放因子 (kgCO$_2$/kWh)
全国	0.5366	北京	0.5580	上海	0.5849	湖北	0.4364
华北	0.6776	天津	0.7041	江苏	0.5978	湖南	0.4900
东北	0.5564	河北	0.7252	浙江	0.5153	广东	0.4403
华东	0.5617	山西	0.7096	安徽	0.6782	广西	0.4044
华中	0.5395	内蒙古	0.6849	福建	0.4092	海南	0.4184
西北	0.5857	辽宁	0.5626	江西	0.5752	重庆	0.5227
南方	0.3869	吉林	0.4932	山东	0.6410	四川	0.1404
西南	0.2268	黑龙江	0.5368	河南	0.6058	贵州	0.4989
—	—	云南	0.1073	甘肃	0.4772	宁夏	0.6423
—	—	陕西	0.6558	青海	0.1567	新疆	0.6231
2022 年全国电力平均二氧化碳排放因子（不包括市场化交易的非化石能源电量）				0.5856 （kgCO$_2$/kWh）			
2022 年全国化石能源电力二氧化碳排放因子				0.8325 （kgCO$_2$/kWh）			

注：上述数据来源于生态环境部、国家统计局发布的《关于发布 2022 年电力二氧化碳排放因子的公告》。